Autoren: Marion Barmeier, Wolfram Bäurle, Manfred Bergau, Irmgard Bohm, Günter Ganz, Gerda Hagen, Klaus Hell, Barbara Hoppe, Claudia Lissé-Thöneböhn, Helmut Prechtl, Burkhard Schäfer, Hans-Jürgen Seitz, Silva Wallaschek, Charlotte Willmer-Klumpp

Unter Mitarbeit von: Wolfgang Zink, Gregor Svoboda

1. Auflage 1 6 5 4 3 2 | 2010 09 08 07 06

Alle Drucke dieser Auflage sind unverändert und können im Unterricht nebeneinander verwendet werden. Die letzten Zahlen bezeichnen jeweils die Auflage und das Jahr des Druckes.

Internetadresse: www.klett.de

Redaktion: Ute Schuhmacher, Rolf Strecker

Layoutkonzeption und Gestaltung: Matthias Balonier, Infografik, Lützelbach
Unter Mitarbeit von: Elke Kurz, Kernen i. R.; Karin Mall, Berlin
Mediengestaltung: Jörg Adrion, Horst Andres

Illustrationen: Matthias Balonier, Lützelbach; Udo Buffler, Marburg; d. Biografiker, München; Joachim Hormann, Stuttgart; Jeanne Kloepfer, Lindenfels; Angelika Kramer, Stuttgart; Karin Mall, Berlin; Tom Menzel, Rohlsdorf; Gerhart Römer, Ihringen; Prof. Jürgen Wirth, Darmstadt
Umschlaggestaltung: KOMA AMOK®, Kunstbüro für Gestaltung, Stuttgart
Reproduktion: Meyle + Müller, Medien-Management, Pforzheim
Druck: Aprinta, Wemding

Printed in Germany
ISBN-13: 978-3-12-068605-7
ISBN-10: 3-12-068605-0

9 783120 686057

38 Anpassung an den Lebensraum

Bewegung in Technik und Natur

86 Körper in Bewegung

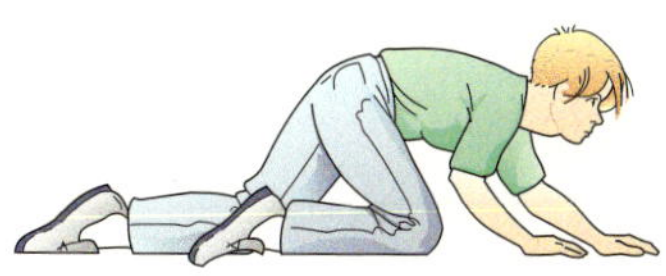

100 Bewegung hält fit und macht Spaß

Luft – mehr als nichts

116 Luft und Feuer

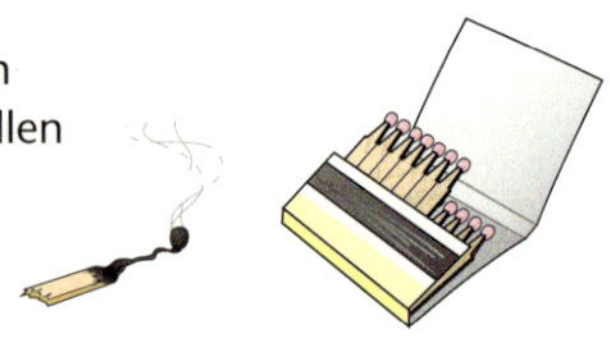

132 Alles nur Luft

154 Wetter und Klima

Wir werden erwachsen

180 Eine neue Zeit beginnt

Anhang

Museen

1 Staatliches Museum für Naturkunde, Karlsruhe

2 Schwarzwälder Freilichtmuseum Vogtsbauernhof, Gutach

3 Staatliches Museum für Naturkunde, Stuttgart

4 Museumsbergwerk Schauinsland, Freiburg

5 Naturkundliches Bildungszentrum, Ulm

6 Bodensee-Naturmuseum, Konstanz

7 Carl Bosch Museum, Heidelberg

8 Optisches Museum der Firma Carl Zeiss, Oberkochen

9 Mercedes-Benz-Museum, Stuttgart

10 Zeppelin Museum, Friedrichshafen

11 Besucherbergwerk Tiefer Stollen, Aalen-Wasseralfingen

12 Bergbaumuseum, Bergbaulehrpfad, Sulzburg

13 Freilichtmuseum Neuhausen ob Eck, Tuttlingen

14 Urweltmuseum Hauff, Holzmaden

15 Adelhauser Museum für Natur- und Völkerkunde, Freiburg

16 Museum im Ritterhaus, Offenburg

17 Hegau-Museum, Singen

18 Salinenmuseum Unteres Bohrhaus, Rottweil

19 Auto- und Technikmuseum, Sinsheim

20 Heimatmuseum, Trossingen

Ökologische Schwerpunkte

21 Mundenhof Naturerlebnispark, Freiburg

22 Ökostation Freiburg, Freiburg

23 Haus des Waldes, Stuttgart

24 Naturschutzzentrum „Schopflocher Alb“, Schopfloch

25 Naturschutzzentrum Obere Donau, Beuron

26 Schulbauernhof Pfitzingen, Niederstetten

27 Lachsteppen, Iffezheim

28 Affenberg, Salem

29 Eriskircher Ried, Eriskirch

30 Wilhelma, Stuttgart

31 Steinwasen-Park, Oberried

32 Zoo Karlsruhe

33 Schwarzwaldpark, Löffingen

34 Walderlebnispfad Heidelberg

35 Waldschulheim Indelhausen

36 Waldschulheim Höllhof

37 Waldschulheim Burg Hornberg

38 Waldschulheim Kloster Schöntal

39 Luisenpark, Mannheim

40 „Grüne Schule“, Insel Mainau

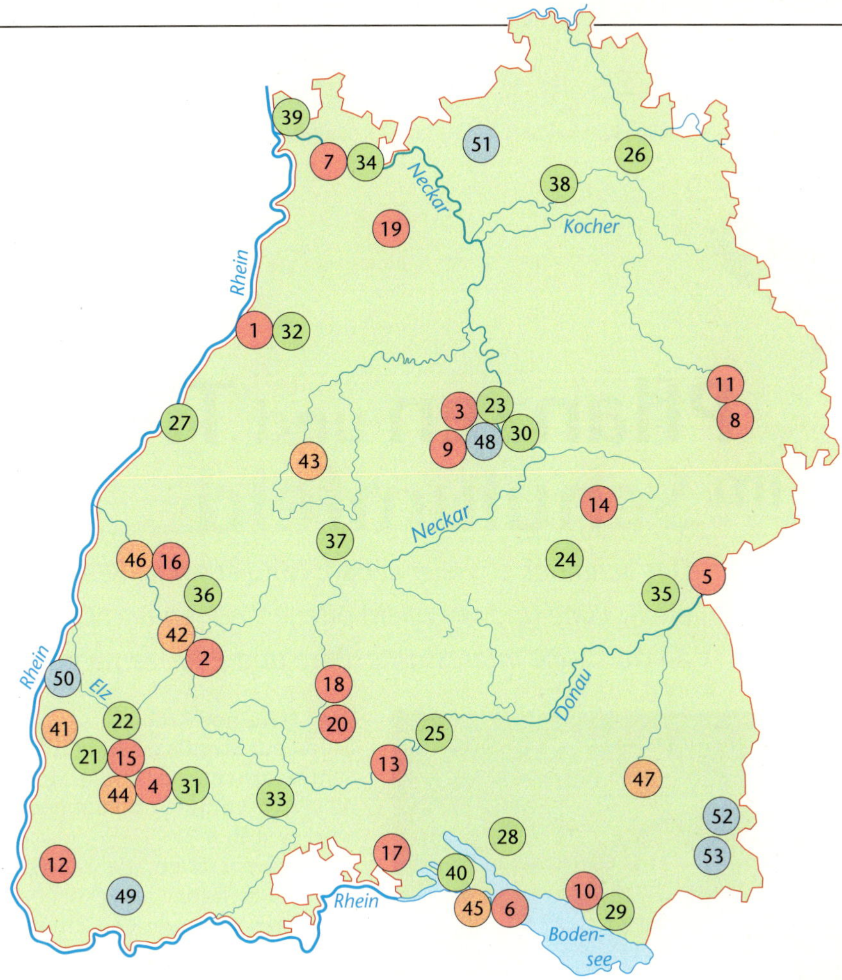

Ausstellungen

41 Naturschutzzentrum Kaiserstuhl

42 Glasbläserhütte, Hausach

43 Rußhütte Enzklösterle, Kulturdenkmal der Chemiegeschichte, Darstellung alter Waldberufe

44 Besucherbergwerk Teufelsgrund, Münstertal

45 Sea Life, Konstanz

46 Ernährungszentrum Südlicher Oberrhein, Offenburg

47 Ernährungszentrum Bodensee-Oberschwaben, Bad Waldsee

Sonstiges

48 Schwäbische Sternwarte, Stuttgart

49 Erdmannshöhle, Hasel

50 Science Days, Rust

51 Tropfsteinhöhle, Eberstadt

52 Allgäuer Kräuterschaugarten, Eglofs

53 Hammer- und Kunstschmiede, Argenbühl

Ökomobil

BioLab Baden-Württemberg

Pflanzen und Tiere im Schulumfeld

Der Schulhof ist voller Leben! Mit Fernglas, Bestimmungsbuch, Lupe und vor allem offenen Augen und Ohren kannst du dort viele interessante Tiere und Pflanzen entdecken.

Die „Schulhof-Krähe"
Es hat zur Stunde geläutet. Die letzten Schülerinnen und Schüler sind im Gebäude verschwunden und auf dem Schulhof wird es still.
Zwei Rabenkrähen, die während der Pause auf dem Schuldach gesessen haben, fliegen herab und streiten sich um den Rest eines belegten Brotes, das einem Schüler auf den Boden gefallen ist. Der stärkere Vogel zieht sich mit dem Futter an seinen Stammplatz auf der Ecke des Schuldaches zurück.

Von diesem Platz aus kann die Rabenkrähe das gesamte Schulgelände übersehen. Da sie ein Allesfresser ist, gibt es für sie überall etwas zu finden: am Schulteich, unter der Hecke und auf den Rasenflächen.

Der Schulhof lebt!
Der Schulhof lockt nicht nur Krähen an. Auch andere Vogelarten finden hier Futter. Einige suchen nach Resten von Obst oder picken die Beeren auf, die unter den Sträuchern liegen. Andere machen Jagd auf Insekten, die sich auf den erwärmten Steinen des gepflasterten Schulhofs aufhalten.

In den Sträuchern füttern Amseln ihre Jungen und in einem Nistkasten brüten Kohlmeisen. Rasen, Sportgelände und Wegränder sind voller Gänseblümchen und Löwenzahnblüten. Am Schulteich schwirren Libellen über die Wasserfläche.

Du siehst, es gibt überall etwas zu entdecken.

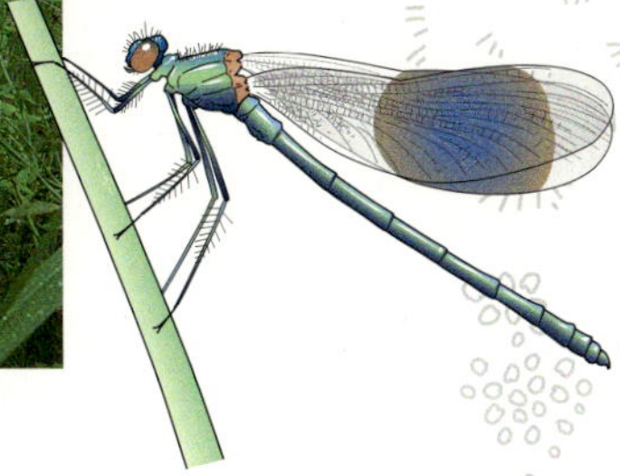

1 Kröte im Kellerschacht

Fallgruben auf dem Schulgelände
Mithilfe des Hausmeisters kannst du „Fallgruben“ auf deinem Schulgelände untersuchen. Das sind z. B. Außentreppen zum Keller, die Schächte unter den Kellerfenstern und unter den Fußrosten.
Hier findest du vor allem Tiere, die in der Nacht auf Beutefang waren und dabei in diese Fallgruben gerieten (▷ B 1).

Welche Tiere leben unter Brettern und Steinen?
Viele der kleinen Tiere sind nur in der Nacht aktiv. Manche von ihnen sind empfindlich gegen Sonnenstrahlen, denn sie würden schnell austrocknen. Deshalb verstecken sie sich am Tag unter Steinen, Brettern oder sonstigen Gegenständen, die auf dem Boden liegen.

Lebensraum Schulteich
Am Schulteich gibt es immer etwas Besonderes zu sehen. Am Ufer wachsen Schilf und die schöne, gelb blühende Sumpfschwertlilie.

Über dem Wasser fliegen im Sommer zahlreiche Libellen. Das Wasser selbst ist voller interessanter Tiere, vielleicht entdeckst du sogar einmal einen Teichmolch. Mit einem Kescher kannst du die Tiere fangen und dann beobachten.

▶ Achtung: Befreie gefangene Tiere und setze sie nach der Beobachtung wieder in ihren Lebensraum zurück!

Aufgaben

1 Fange vorsichtig verschiedene Kleintiere auf dem Schulgelände.
a) Betrachte die Kleintiere mit der Becherlupe. Bestimme die Tiere mit einem Bestimmungsbuch.
b) Notiere die Namen der Tiere in deinem Heft und informiere dich über die Lebensweise dieser Tiere.
Tipp: Informationen dazu findest du in Fachbüchern oder im Internet.

2 Bereitet in Gruppenarbeit eine Ausstellung zum Thema „Tiere auf dem Schulgelände“ vor.
Erstellt zu jedem Lebensraum ein Plakat.

2 Tiere und Pflanzen auf dem Schulgelände

1 Trittrasen

2 Breitblättriger Wegerich

3 Löwenzahn

Einige Pflanzen nehmen Tritte nicht übel

Der Rasen des Sportplatzes ist sehr gepflegt. Nur direkt vor den Fußballtoren will das Gras nicht so richtig gedeihen (▷B 1). Zu viele Füße trampeln hier herum. Untersuche diese Stellen einmal genauer. Du kannst feststellen, dass der Boden durch die vielen Tritte fester und härter geworden ist als auf der übrigen Rasenfläche. Bei starkem Regen bleibt das Wasser dort länger stehen, weil es nicht versickern kann.

Nicht nur der Boden ist anders. Es wachsen dort auch Pflanzen, denen es überhaupt nichts ausmacht, ständig getreten zu werden. Die Biologen nennen diese Pflanzen „**Trittpflanzen**" und eine Lebensgemeinschaft aus solchen Pflanzen einen „**Trittrasen**". Die meisten Pflanzen, die hier wachsen, haben ihre Blätter flach auf dem Boden ausgebreitet; sie bilden eine Rosette (▷B 2 und 3). Die Wurzeln reichen sehr tief in den Boden, um die Pflanze auch bei längerer Trockenheit noch mit Wasser versorgen zu können. Die Blätter und Stängel sind hart und nur schwer zu zerreißen.

Trittpflanzen sind widerstandsfähig; sie vertragen Tritte, Trockenheit und Nässe. Ihre Stängel sind hart und die Blätter liegen meist flach auf dem Boden auf.

Aufgaben

1 a) Untersuche, welche Pflanzen vor dem Fußballtor auf dem Sportplatz wachsen.
b) Kennzeichne mit einer langen Schnur, die du auf den Rasen legst, den Bereich vor einem Fußballtor, in dem der Breitblättrige Wegerich wächst. Was fällt dir auf?
c) Vergleiche die Pflanzen der Pflasterritzen mit denen vor dem Fußballtor. Gibt es Unterschiede?

2 Wo könntest du noch weitere Trittpflanzen finden?

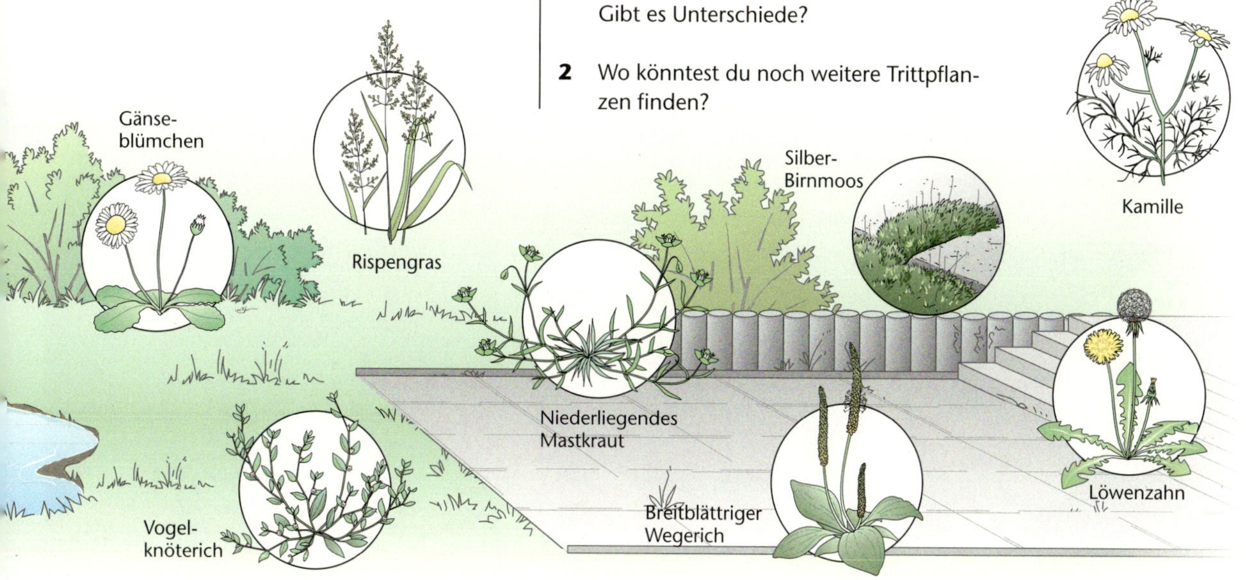

1 Eichhörnchen

2 Rotkehlchen

3 Turmfalke

Viele Lebensräume in der Stadt
„In der Stadt gibt es kaum Natur, Tiere kann man nur in der freien Landschaft beobachten!" Stimmt gar nicht: Allein in Berlin brüten über 140 verschiedene Vogelarten und Wissenschaftler schätzen, dass in jeder europäischen Großstadt etwa 18 000 verschiedene Tierarten leben. Dabei werden natürlich auch sehr kleine Tiere mitgezählt. In der Stadt gibt es sogar mehr Tierarten als auf den Äckern oder Weiden.

Die Stadt bietet viele verschiedene Lebensräume: In Parks leben Tiere des Waldes wie Rotkehlchen, Eichhörnchen und Igel. Türme und Mauern sind **künstliche Felsen**, an denen Turmfalke und Mauersegler brüten. Abfalleimer locken Krähen, Ratten, Mäuse und sogar Füchse und Waschbären an. Auf Gewässern schwimmen Enten und Gänse.
Die meisten Tiere haben in der Stadt nur wenige natürliche Feinde und verlieren oft auch die Scheu vor den Menschen. Tiere, die bevorzugt in menschlichen Siedlungen leben, nennt man **Kulturfolger**.

Der Waschbär – ein Einwanderer aus Amerika
Erst vor wenigen Jahren ist der Waschbär in unseren Städten heimisch geworden. Der Kleinbär hat seine Heimat in den Wäldern Nordamerikas. Seit 1929 gibt es ihn auch in Mitteleuropa. Er entwich aus Pelztierfarmen oder wurde ausgesetzt. Seit einigen Jahren wird er immer häufiger in Städten gesehen. Als Allesfresser durchstöbert er nachts die Mülltonnen nach Nahrung (▷ B 10).

Ungeliebte Nager
Nicht alle Tiere, die den Menschen in Städte und Dörfer folgten, sind dort willkommen. Besonders unbeliebt ist die Wanderratte (▷ B 6). Sie frisst kleinere Tiere, benagt Lebensmittel und sogar Elektrokabel. Ratten können Krankheiten übertragen, unter anderem die Pest, an der im Mittelalter viele Millionen Menschen starben. Auch noch heute müssen Städte und Gemeinden viel Geld ausgeben, um die Nagetiere zu bekämpfen, die sich in Kanälen, verlassenen Gebäuden und auf Müll ausgesprochen wohl fühlen. Auch Hausmäuse (▷ B 5) nagen Lebensmittel, Kleidung und gelagerte Gegenstände an.

Marder – Raubtiere in unseren Städten
Auch der Steinmarder (▷ B 12) hat sich die menschliche Kulturlandschaft erobert. Ursprünglich war er Bewohner von steinigen Schluchten und Gebieten mit vielen Felsen. Heute fühlt er sich in Ställen, Spei-

4 Igel

5 Hausmaus

6 Wanderratte

7 Mauersegler

8 Stockenten, Pärchen

9 Tauben in der Stadt

chern, Schuppen und sogar auf Dachböden sehr wohl. Als Raubtier jagt er nachts Mäuse und Ratten, aber auch junge Vögel, vor allem Stadttauben, stehen auf seinem Speiseplan.
Durch seine Vorliebe für Autos hat sich der Steinmarder bei manchen Autobesitzern äußerst unbeliebt gemacht. Die neugierigen Tiere kriechen in den Motorraum und zerbeißen dort Zündkabel, Wasserschläuche und andere Dinge aus Gummi oder Kunststoff. Dies kann recht teuer und gefährlich werden und einen wirksamen Schutz scheint es nicht zu geben.

Wildkaninchen
In fast allen Dörfern und Städten haben sich Wildkaninchen (▷B 11) angesiedelt und stark vermehrt. Zum Ärger der Bewohner fressen sie die Blumen in den Parks und Gärten und schonen auch die Bepflanzungen von Gräbern nicht. Die Zahl der Kaninchen steigt schnell an, da die natürlichen Feinde – vor allem Fuchs und Habicht – in den Städten sehr selten sind. Immer wieder breitet sich aber eine Krankheit unter den Tieren aus, an der fast der gesamte Bestand stirbt.

Tauben werden zum Problem
In manchen Städten werden verwilderte Haustauben (▷B 9) zum Problem. Sie nisten in Mauernischen und beschmutzen mit ihrem Kot die Gebäude. Die Vögel finden überall ausreichend Futter und viele Menschen füttern sie sogar noch. Sie tragen so dazu bei, dass sich die Tiere noch stärker vermehren. Der Bestand wird größer und Krankheiten breiten sich schnell aus.
Kaum einer weiß, dass diese Tauben von der Felsentaube abstammen, die in einsamen Felsenhöhlen am Mittelmeer und am Atlantik brütet. In den Mauernischen alter Gebäude finden die Vögel einen guten Ersatz für die Felsen ihrer früheren Heimat.

Mit dem Menschen sind zahlreiche Tiere in Dorf und Stadt eingewandert. Sie werden Kulturfolger genannt.

Aufgaben

1 Erstelle eine Tabelle und trage in die eine Spalte Kulturfolger ein. Schreibe in die andere Spalte Namen von Tieren, die fast nie in der Stadt vorkommen (Kulturflüchter).

2 Warum ist es in vielen Städten verboten, Tauben zu füttern?

3 Nenne Gründe dafür, dass einige Tierarten in der Stadt in größerer Zahl vorkommen als in der freien Landschaft.

10 Waschbären

11 Wildkaninchen

12 Steinmarder

1 Natursteinmauer

Schöllkraut

Die Steinmauer als Lebensraum

Obwohl **Mauern** kleine Lebensräume sind, haben sie doch eine Menge zu bieten. Du kannst dort an warmen Tagen Eidechsen beobachten und in den Fugen der Mauer wachsen viele interessante Pflanzen. Besonders artenreich sind Mauern, die ohne Mörtel aufgeschichtet wurden (Trockenmauern) oder Kalkmörtelfugen haben. Sie sind künstliche Felsen, auf denen Farnarten und Kräuter wachsen, wie sie oft nur in den Bergen vorkommen. Einige dieser Pflanzen bevorzugen die Sonnen-, andere mehr die Schattenseite der Mauer (▷ B 1).

Die Pflanzen der Sonnenseite sind oft mit kleinen, dickfleischigen Blättern ausgestattet, in denen sie Wasser speichern. So können sie lange ohne Wasser auskommen.

Wenn die Mauer von der Sonne beschienen wird, speichern die Steine die Wärme, sodass sie nachts schön warm bleiben. Kleine Tiere wie Eidechsen, Spinnen und Insekten haben hier ideale Lebensbedingungen. Die Tiere finden in den vielen Ritzen genügend Schutz vor zu starker Sonneneinstrahlung und vor Feinden.

Große Brennnessel

Weiße Taubnessel

Auch der Fuß der Mauer, also der Boden direkt vor der Mauer, ist ein besonderer Lebensraum. Es ist dort warm und weil der Regen an der Mauer herabrinnt, gibt es stets genügend Feuchtigkeit. Abfälle und Pflanzenreste düngen den Boden sehr gut.
Wenn der Mauerfuß nicht von Wildkräutern freigehalten wird, wachsen dort u.a. Schöllkraut, Weiße Taubnessel, Große Brennnessel sowie das Kanadische Berufkraut.

▶ Mauern sind künstliche Felsen und Lebensraum für Wärme liebende Tiere. Die Pflanzen der Mauern können Wassermangel ertragen.

Versuche

1 Miss an einem warmen Tag die Temperaturen an verschiedenen Stellen einer Mauer (Sonnenseite, Schattenseite, Mauerkrone, Mauerfuß). Notiere die Werte.

2 a) Untersuche eine Mauer und bestimme mithilfe eines Bestimmungsbuches die Pflanzen an der Sonnenseite, auf der Mauerkrone und am Fuß der Mauer.
b) Trage in eine Tabelle ein, wo die Pflanzen an der Mauer wachsen.

Aufgabe

1 Eidechsen kannst du besonders häufig an Mauern beobachten. Begründe, warum ihnen dieser Lebensraum gefällt.

Scharfer Mauerpfeffer

Mauer-Zimbelkraut

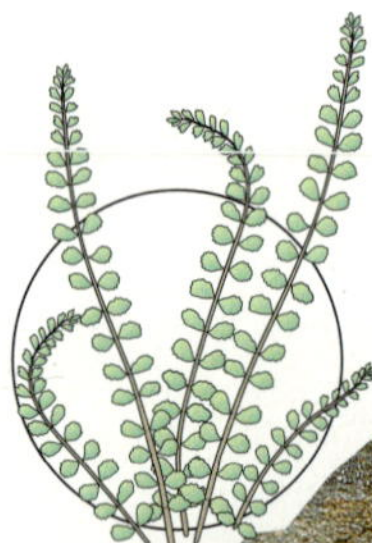

Braunstieliger Streifenfarn

Kanadisches Berufkraut

Mauerraute

Hecken sind wertvolle Lebensräume

1 Die Singdrossel frisst die Früchte des Schneeballstrauches.

2 Blühende Hecke

Auf dem Schulgelände gibt es eine Hecke. Die Sträucher bieten im Sommer Schatten und der Wind kann nicht mehr so stark über den Hof pfeifen.
Im Frühling ist die Hecke voller Blüten (▷ B 2), die von Schmetterlingen und Bienen besucht werden. An einem warmen Sommerabend entdecken Kinder eine Igelfamilie, die im alten Laub unter der Hecke nach Insekten sucht.

Am schönsten ist die Hecke aber im Herbst. Dann haben sich die Blätter verfärbt und die Früchte leuchten in vielen Farben. Selbst im Winter finden viele Vögel noch einige Beeren, die sie fressen können (▷ B 1). Wenn die Sträucher ohne Laub sind, kannst du manches Vogelnest entdecken, das im Sommer gut versteckt war.

Hecken und Sträucher sind Lebensräume für viele Tiere. Sie bieten Nahrung und Schutz.

Aufgaben

1 Stelle in einer Liste zusammen, welche Vorteile die Laubhecke dem Menschen und der Tierwelt bringt.

2 Hat eine Hecke aus Nadelhölzern für Menschen und Tiere die gleichen Vorteile wie eine Laubhecke? Diskutiert die Frage.

Brennpunkt

Vorsicht Giftpflanzen!

1 Seidelbast

Manche Früchte unserer Heckensträucher sehen zwar schön aus, sind aber sehr giftig. Schon das Essen weniger dieser Früchte kann Übelkeit, Magenschmerzen, Erbrechen oder sogar den Tod herbeiführen. Am besten vermeidest du grundsätzlich, Blätter, Blüten oder Früchte unbekannter Pflanzen in den Mund zu nehmen. Bei Vergiftungserscheinungen muss unbedingt ein Arzt aufgesucht werden!

Achtung: Die Informationszentrale gegen Vergiftungen in Freiburg ist unter der Telefonnummer **0761/19 240** Tag und Nacht zu erreichen!

2 Heckenkirsche

3 Eibe

4 Goldregen

1 Ein Amselmännchen warnt andere Männchen.

2 Amselweibchen beim Nestbau

Amseleltern

Mit Gesang lockt das Amselmännchen im Frühjahr ein Weibchen an. Nun umwirbt es die Amsel. Dabei läuft es mit gesenkten Schwanzfedern um sie herum. Ist auch das Weibchen in Paarungsstimmung, fordert es das Männchen mit aufgestellten Schwanzfedern und gestreckter Körperhaltung zur Paarung auf.
Schaust du einmal im Garten einem Amselweibchen hinterher, das mit Grashalmen im Schnabel davonfliegt, kannst du leicht seinen Nistplatz entdecken. Er befindet sich meistens nicht weit entfernt in einer Hecke oder auf einem Baum.

4 Elterntier am Nest

Arbeitsteilung

Das Nest baut bei den Amseln das Weibchen alleine (▷B2). Dazu trägt es trockene Pflanzenteile herbei. Halme, Blätter und kleine Zweige legt es in einer Astgabel ab und tritt sie fest. So entsteht die Nestgrundlage. Mit Drehungen des Körpers und scharrenden Beinbewegungen formt es darin eine Mulde. Überstehende Halme flicht es mit dem Schnabel geschickt in die Wand ein. Das Nestinnere wird mit feuchtem Lehm verklebt und mit weichen Pflanzenteilen ausgepolstert.
Das Weibchen braucht die Technik des Nestbauens nicht zu lernen. Sie ist angeboren.

3 Eier von Amseln

▶ Die Technik des Nestbauens ist den Vögeln angeboren.

Das Männchen sichert inzwischen die Umgebung des Nistplatzes. Es warnt andere Männchen durch seinen Gesang davor, dem eigenen **Revier** zu nahe zu kommen. Damit ist der Lebensraum gemeint, in dem die Tiere brüten und nach Nahrung suchen. Wird diese eindeutige Warnung nicht beachtet, so folgen Drohrufe und manchmal sogar heftige Angriffe gegen den Eindringling. Das Amselrevier hat eine Fläche von etwa 45 m x 45 m. Zum Vergleich: Auf ein Fußballfeld würden etwa vier Amselreviere passen.

▶ Der Gesang der Vögel dient der Reviermarkierung und lockt Weibchen an.

Aufgaben

1 Schreibe ein Naturtagebuch über den Fahrplan des Frühlings: Welche Vogelart singt als erste? Welche Zugvögel sind als erste zurück? Notiere die Reihenfolge.

2 Beobachte das Brutverhalten einer Vogelart. Achte bei deinen Beobachtungen auf einen großen Abstand zum Nistplatz. Du gefährdest sonst den Bruterfolg!
Beispiele für Beobachtungsaufgaben:
a) Welche Vogelarten haben im Garten oder in Schulnähe ihr Revier?
b) Hat das Männchen einen bevorzugten Platz, an dem es singt?
Beschreibe diese Singwarte genau.
c) Wo wird das Nest gebaut?
In welcher Höhe?
d) Wer baut das Nest?
e) Aus welchem Material wird das Nest gebaut?
f) Wie lange dauert es, bis das Nest fertig ist?

Im Unterschied zu Amseln bauen Kohlmeisen ihr Nest in einer Bruthöhle (▷ B 4). Die Höhle kann ein Astloch in einem alten Baum sein oder auch ein künstlicher Nistkasten. Als Nistmaterial verwenden Kohlmeisen Halme, Moos, Haare und Federn.

Junge Amseln und Meisen sind Nesthocker
Das Weibchen brütet zwei Wochen, bis das erste Meisenjunge schlüpft. Bis zu 14 Geschwister drängeln sich dann in dem kleinen Nest zusammen. So viele Nachkommen sind auch erforderlich, denn während der ersten 10 Monate sterben bereits etwa 8 von 10 Jungvögeln. Die Jungvögel sind vielen Gefahren ausgesetzt. Hauskatzen, aber auch Greifvögel wie der Sperber oder der Waldkauz, sind ihre Hauptfeinde.

Beide Eltern sorgen für Nahrung. Bis die Jungen flügge sind, bringen sie bis zu 14 000 Mal Insekten und Insektenlarven heran. Die jungen Meisen sind wie die Amseln **Nesthocker**, die erst nach 15 bis 20 Tagen flügge, das bedeutet flugfähig, werden und dann ihr Nest verlassen. Sie werden anschließend noch 1 bis 2 Wochen von den Eltern betreut. Erst dann können sie allein auf Nahrungssuche gehen.

1 Junge Stockenten mit Muttertier

2 Junge Höckerschwäne mit Muttertier

	Brutdauer (Tage)	**Aufenthalt im Nest** (Tage)
Nestflüchter:		
Höckerschwan	35,5	
Stockente	22–26	
Lachmöwe	22–24	
Kiebitz	24	
Nesthocker:		
Buchfink	12–13	13–14
Kohlmeise	13–14	15–20
Amsel	13–14	13–15
Mäusebussard	28–31	42–49
Weißstorch	31–34	54–55

3 Brutdauer verschiedener Vögel

4 Junge Kohlmeisen im Nest

Junge Stockenten sind Nestflüchter
Anfang Mai beginnen die Stockenten zu brüten. Das Nest wird meist in Wassernähe, zwischen hohen Kräutern versteckt, angelegt. Die Jungvögel verlassen ihr Nest bereits während der ersten Tage nach dem Schlüpfen. Sie sind **Nestflüchter**, die schon nach einer Woche zum ersten Mal ins Wasser gehen (▷ B 1).

▶ Nesthocker bleiben nach dem Schlüpfen noch einige Zeit im Nest und werden dort gefüttert. Nestflüchter verlassen gleich nach dem Schlüpfen das Nest und folgen ihrer Mutter.

Aufgabe

1 Im Internet findest du so genannte Web-Cams (Kameras), die Bilder aus Vogelnestern übertragen. Gib die Suchwörter „Vögel" und „Web-Cam" ein und durchsuche die Trefferergebnisse. Du kannst auch gezielt nach einer Vogelart suchen, z. B. dem Weißstorch. Fertige über einen Zeitraum von etwa einer halben Stunde ein Beobachtungsprotokoll an.

1 Schulgarten

2 Gartenarbeit

3 Komposthaufen

Ein eigener Garten an der Schule
Aus dem eigenen Garten Gemüse, Blumen und Obst ernten, das Jahr über Freude an Blumen haben, immer Schmetterlinge, Bienen und andere Gartentiere in Schulnähe beobachten können! Das alles ist möglich, wenn ihr einen Schulgarten anlegt.

Was ist zu bedenken, bevor ihr einen Schulgarten anlegt?
Wenn ihr einen Schulgarten plant, müsst ihr einiges beachten:
- Wo soll der Garten angelegt werden?
- Ist der Boden geeignet und nah genug am Schulgebäude?
- Habt ihr genügend Helfer für die Gartenarbeit?
- Wen müsst ihr vorher um Genehmigung bitten?
- Gibt es jemanden, der das Projekt ständig begleitet?
- Wer trägt die Kosten, die sicherlich entstehen werden?
- Wer kümmert sich in den Ferien um den Garten?
- Wo bleiben die Früchte oder das Gemüse, das ihr erntet?

Gärtnern ohne Gift
Kaum ist der Garten angelegt, werdet ihr feststellen, dass eine Menge Tiere – besonders Insekten – ebenfalls an den Pflanzen Gefallen finden. Die mühevoll gezogenen Jungpflanzen schmecken Schnecken und Blattläusen natürlich auch. Ihr solltet diese ungebetenen Gäste durchaus bekämpfen – aber nicht mit Gift, denn darunter würden auch andere Tiere leiden. Eine **Brennnesselbrühe** ist gegen einige dieser Schädlinge ein gutes Mittel. Noch besser ist es, wenn ihr im Garten für die natürlichen Feinde dieser Tiere Unterschlupf und Niststätten baut. Besorgt euch dazu Tipps und Bauanleitungen von den Naturschutzverbänden.

Ein Komposthaufen gehört in jeden Garten
Auf einem Komposthaufen könnt ihr alle Gartenabfälle und die gejäteten Wildkräuter entsorgen. Auch Küchenabfälle, Laub und Grasschnitt gehören in den Kompost. Speisereste sollte man aber nicht hinzufügen; sie würden Ratten und Mäuse anlocken.
Nach etwa einem Jahr haben Kleintiere wie Regenwürmer, Asseln und Tausendfüßer ganze Arbeit geleistet: Das Pflanzenmaterial ist verrottet und kann als fruchtbarer Humus auf die Beete ausgebracht werden. Der Komposthaufen darf nicht zu groß sein, da er von allen Seiten ausreichend mit Luft versorgt werden muss. Er wird aus Brettern an einer halbschattigen Stelle gebaut und darf nicht zu nass werden.

4 Schädlinge

Rezept für Brennnesselbrühe

Jeweils ein Kilogramm frische Brennnesseln wird mit 10 Liter Regenwasser in einem Holz- oder Plastikbottich angesetzt.

Nach zwei Tagen kann man die Brühe auf die Pflanzen spritzen oder mit der Gießkanne verteilen.

Die Behandlung sollte nach 14 Tagen wiederholt werden.

Wir helfen Insekten

Schmetterlinge, Käfer, Hummeln, Wespen und Grillen kannst du im Garten gut beobachten.
Viele dieser Insekten sind außerdem noch hilfreich: Sie bestäuben Blüten und fressen „schädliche" Insekten.
Hier sind Tipps, wie wir die für uns nützlichen Insektenarten in Gärten und im Schulgelände ansiedeln und schützen können.

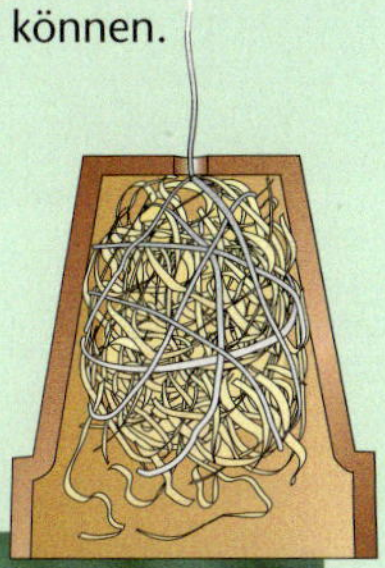

1 Ohrwurm

1 Hilfe für den Ohrwurm

Ohrwürmer sehen zwar gefährlich aus, sind aber für uns Menschen völlig harmlos. Schon gar nicht kneifen oder klettern sie in die Ohren. Innerhalb von wenigen Tagen fressen sie alle Blattläuse, die auf einer Pflanze leben.

Material
Blumentopf (Ton), Holzwolle, Draht, Zange

Versuchsanleitung
Forme aus der Holzwolle ein Knäuel und umwickle dieses locker mit Draht. Fädle das Ende des Drahtes durch das Abflussloch im Blumentopf. Jetzt kannst du die „Ohrwurmwohnung" an einen Obstbaum hängen.

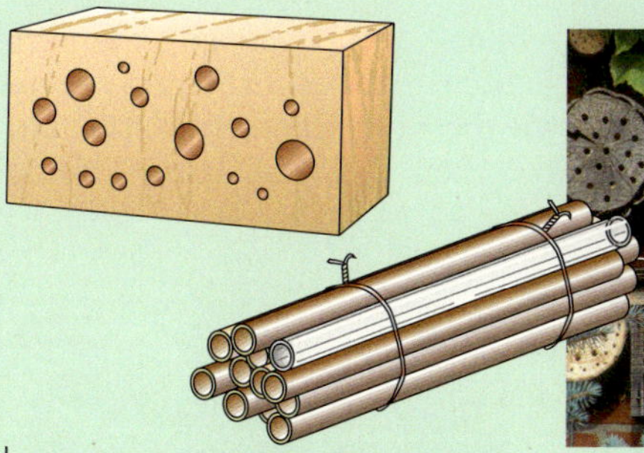

2 Nisthilfen für Insekten

2 Löcher und Röhren für Bienen und Wespen

Es gibt zahlreiche Bienen- und Wespenarten, die einzeln, also nicht in großen Gemeinschaftsnestern, leben. Sie helfen uns im Garten, weil sie zum Beispiel Raupen jagen.
Die Insekten bauen Brutröhren in morschem Holz. Dort legen sie die Eier ab und bringen als Nahrungsvorrat für die Larven Blütenstaub oder Insekten in die Kammer, die sie dann verschließen.

Material
Holzklötze, Bohrer verschiedener Stärken, Bambus- oder Schilfrohre, Draht

Versuchsanleitung
Es gibt zwei Möglichkeiten:
a) Bohre in einen Holzklotz mehrere waagerechte Löcher mit einem Durchmesser von 1 bis 10 mm und einer Tiefe von 5 bis 10 cm.
b) Bündle etwa 20 cm lange Röhrchen aus Bambus oder Schilf mit Draht. Jedes Rohr muss auf einer Seite verschlossen sein. Hänge diese Bündel waagerecht an trockenen und sonnigen Stellen im Garten auf. Füge ein Glasröhrchen in das Bündel ein, damit du die Insekten gut beobachten kannst.

3 Wildbiene

4 Nisthilfe für Erdhummeln

3 Eine Höhle für Hummeln

Hummeln sind neben Bienen die wichtigsten Bestäuber. Viele Arten werden seltener, sodass diese Insekten unsere Hilfe benötigen.

Material
Blumentopf (Ton), Moos, Spaten

Versuchsanleitung
Fülle einen größeren Ton-Blumentopf zur Hälfte mit weichem, trockenem Material (z. B. Moos). Grabe den Topf an einem sonnigen, trockenen Platz umgekehrt in die Erde ein.
Der Rand muss einige Zentimeter herausragen. Das Loch im Topfboden – es sollte etwa 15 mm breit sein – dient als Einflugloch.

Ein Garten für Tiere

Wer möchte nicht die unten abgebildeten Tiere in seinem Garten beobachten können? Hier findest du Ideen, wie die verschiedensten Lebensräume im Garten geschaffen werden können.

Überlegt gemeinsam, welche der Ideen an eurer Schule verwirklicht werden können. Ihr werdet staunen, wie schnell sich die Tiere dann einfinden!

Tipp 1

Wenn ihr **Hecken und Büsche** aus einheimischen Gehölzen pflanzt, locken die Früchte Singvögel an, die dort auch geeignete Brutplätze finden.

Tipp 2

Eine **Wandbegrünung** aus Efeu oder Wildem Wein sieht nicht nur schön aus, sie isoliert auch das Haus und bietet Vögeln Brutplätze.

Tipp 3

Viele schöne Schmetterlinge brauchen **Brennnesseln**. Die Raupen fressen ihre Blätter und die Falter schlüpfen in ihrem Schutz.

Tipp 4

Wer seinen Rasen zur **Wiese** werden lässt, spart sich nicht nur Arbeit, er lockt auch zahlreiche Insekten an, die an den Blüten der Wiese nach Nektar suchen.

Tipp 5

In alten **Baumstümpfen** finden viele Insekten und Kleintiere Unterschlupf und Nahrung. Sie locken Singvögel und Spechte an.

Tipp 6

Sandflächen in sonniger Lage sind der Lebensraum vieler Kleintiere, die trockene und warme Böden benötigen.

Tipp 7

Ein **Steinhaufen** bietet Tieren ideale Verstecke. Da die Steine die Wärme lange speichern, ist dieses ein idealer Lebensraum für wechselwarme Tiere.

Tipp 8

Selbst ein kleiner **Gartenteich**, der mit einer Folie ausgelegt ist, lockt zahlreiche Kleinlebewesen, vor allem Insekten, an.

Tipp 9

Ein **Reisighaufen** aus abgeschnittenen Ästen und Zweigen ist der ideale Platz für den Igel. Ist der Haufen hoch genug, kann der Igel dort sogar den Winter verbringen.

Pflanzen und Tiere im Schulumfeld

Lebensraum Schulhof
In den unterschiedlichen Lebensräumen eines Schulhofes können zahlreiche Tier- und Pflanzenarten leben. In Pflasterritzen und auf dem Sportplatz wachsen besonders widerstandsfähige Trittpflanzen.

Kulturfolger
Mit dem Menschen sind viele Tiere wie Hausmaus, Ratte, Haustaube und Steinmarder in die Dörfer und Städte eingewandert. Man bezeichnet sie als Kulturfolger.

Hecken und Gärten
Hecken und Sträucher sind Lebensräume für viele Tier- und Pflanzenarten. Vor allem bieten sie zahlreichen Arten Nahrung und Nistmöglichkeiten. Auch ein Garten bietet vielen Tieren Lebensraum.

Nesthocker und Nestflüchter
Die meisten Vögel im Schulgelände sind Nesthocker. Junge Amseln werden von den Eltern im Nest gefüttert bis sie flügge sind. Nestflüchter wie Stockenten sind dagegen bald selbstständig und verlassen ihr Nest.

Aufgaben

1 „Erfinde" eine Pflanze, die in den Ritzen von Pflastern leben könnte. Wie müsste sie gebaut sein? Welche Anpassungsmerkmale müsste sie haben?

2 Unter Brettern und Steinen findest du Schnecken. Warum müssen sich die Tiere am Tag dort verkriechen?

3 Kannst du erklären, warum Amseln in jedem Jahr ein neues Nest bauen und selten das alte weiterbenutzen. (Tipp: Schau dir ein Amselnest an.)

4 Viele Tiere und Pflanzen, die in der Stadt leben, sind erst in den letzten Jahrhunderten aus fernen Ländern zu uns gekommen. Erkläre, warum diese Tiere vor allem in den großen Hafenstädten vorkommen.

5 In der rechten Spalte findest du Tiere abgebildet und daneben einen Buchstaben. Wenn du diese Tiere den Beschreibungen richtig zuordnest, ergeben die Buchstaben ein Lösungswort.

a) Der günstige Platz auf der Ecke des Schuldachs gibt diesem Vogel den Überblick!

b) Man findet sie häufig unter Brettern und Steinen.

c) Er sitzt im Frühling auf den ersten Blüten an der Hecke.

d) Dieses Tier ist im Keller und auf Dachböden, aber hoffentlich nicht in der Schulküche zu finden!

e) Wenn du die Holzwolle der aufgehängten Tontöpfe untersuchst, findest du viele davon.

f) Er sucht im Laub unter der Hecke nach Schnecken und Würmern.

g) Am Abend ging sie auf Jagd nach Würmern und Insekten. Nun sitzt sie im Kellerschacht.

h) Sie leben in Löchern der alten Holzwand.

i) Nicht jeder freut sich über diese Gäste, die auf Mauervorsprüngen sitzen.

j) Die Beeren der Hecke locken diesen Vogel an.

A

B

Z

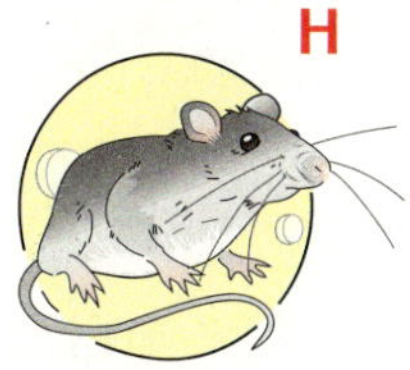
H

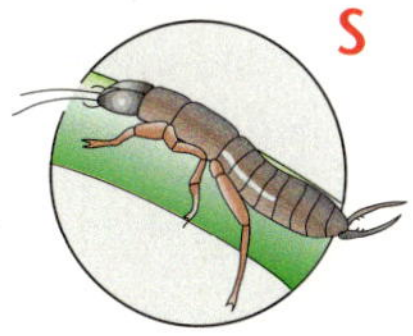
S

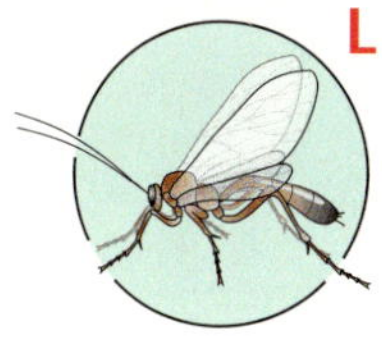
L

T

E

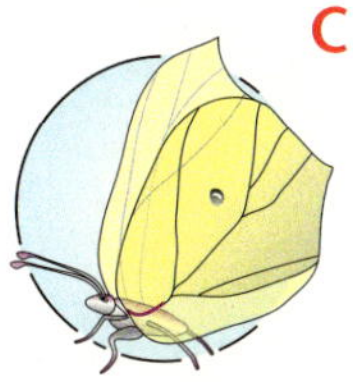
C

E

Der Wald – ein Lebensraum für Pflanze, Tier und Mensch

In ihrer Freizeit zieht es viele Menschen in den Wald. Dort kann man joggen, Rad fahren, spazieren gehen oder einfach ausruhen. Aber der Wald bietet noch viel mehr!

Du kannst im Wald Rehe, Buntspechte und viele andere Tiere beobachten. Die scheuen Tiere zeigen sich allerdings nur dann, wenn es ganz ruhig ist – du darfst also keinen Lärm machen.

Wenn du den Wald erforschen möchtest, wirst du auf den nächsten Seiten viele Anregungen dazu bekommen. Dabei lernst du den Wald als Lebensraum für Tier- und Pflanzenarten kennen. Dass sie voneinander abhängig sind, wirst du an mehreren Beispielen erfahren.

Auch das seit Jahren anhaltende Waldsterben wirst du kennen lernen. Aber es gibt noch andere Störungen und Gefahren, die den Wald bedrohen. Vielleicht gelingt es dir ja, dem Wald ein wenig zu helfen.

Aufgaben

1 Zahlreiche Forstämter haben eigene Internetseiten. Eine Suchmaschine hilft dir weiter. Hier kannst du viele zusätzliche Informationen über die verschiedenen Wälder erhalten. Stelle eine kleine Liste zusammen.

2 Plant mit den Informationen aus Aufgabe 1 eine Exkursion in den nächstgelegenen Wald und notiert dabei alles, was ihr für wichtig haltet und was für euch neu ist. Nehmt folgende Dinge mit: Rucksack, Notizbuch und Bleistift, Beutel oder Schachteln zum Sammeln. Falls vorhanden, nehmt Bestimmungsbücher, Fernglas und Fotoapparat mit.

Raus aus dem Klassenzimmer

Nicht immer nur stillsitzen. Exkursionen sind auch Unterricht, aber anders: Sie sind Unterricht „vor Ort“. Auf einer Exkursion könnt ihr viele Einblicke in die Natur und eure Umwelt bekommen, die ihr im Klassenzimmer nicht so lebendig erfahren könnt.

A. So könnt ihr mithelfen
Eine Exkursion sollte nicht der Lehrer allein planen, ihr solltet auch eigene Ideen einbringen und bei der Vorbereitung mithelfen. Sprecht zuerst das grobe Thema mit eurer Lehrerin oder eurem Lehrer ab.

B. Sammelt Informationen über das Ziel eurer Exkursion
- Studiert Karten,
- fordert Broschüren an,
- recherchiert im Internet oder nehmt Kontakt mit Fachleuten, z. B. dem Förster, auf.

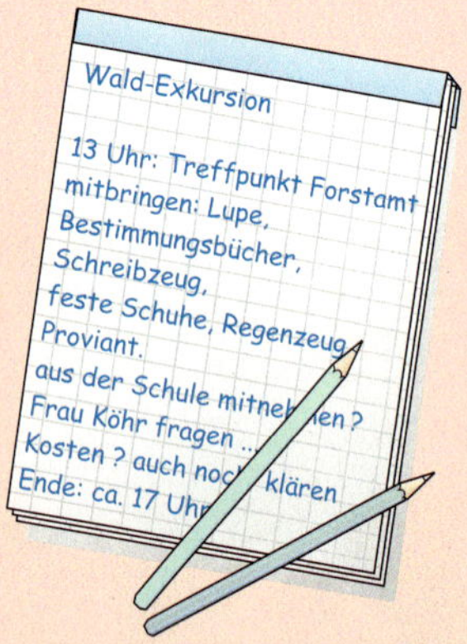

C. Legt den Ablauf fest und erstellt einen Zeitplan
- Wann geht es los?
- Wie kommt ihr an euer Ziel?
- Wo plant ihr Treffpunkte?
- Wann wollt ihr fertig sein?

D. Fragen stellen
Sammelt gemeinsam Fragen, die ihr beantwortet haben möchtet. Vielleicht kennt sich ein Mitschüler aus und kann an der Führung mitarbeiten.

E. Was ihr braucht
- Eine Schreibunterlage, Schreibzeug und Papier zum Protokollieren
- Technische Hilfsmittel wie Fernglas, Fotoapparat, Videokamera oder Kassettenrekorder
- Natürlich dürft ihr auch Lupe, Gläschen und Bestimmungsbücher nicht vergessen.
- In der freien Natur solltet ihr zweckmäßig gekleidet sein: Festes Schuhwerk und Regenschutz braucht ihr auf jeden Fall.

F. Was soll's denn kosten?
Denkt rechtzeitig an die Kosten. Wie viel müsst ihr für An- und Abreise einrechnen? Müssen eventuell auch Eintrittsgelder bezahlt werden?

Noch ist die Arbeit nicht zu Ende ...
... denn nach der Exkursion solltet ihr eure Ergebnisse dokumentieren. Ihr könnt z. B. einen Exkursionsbericht schreiben oder die gesammelten Exkursionsfunde in einer Ausstellung präsentieren. Vielleicht habt ihr auch Fotos gemacht oder gefilmt.

Viel Spaß bei eurer nächsten Exkursion!

Die Stockwerke des Waldes

Bei einer Exkursion durch das Forstrevier hält der Förster mit der Schulklasse am Rande eines Waldstücks an. Die hohen Eichen und Birken mit ihren lockeren Baumkronen lassen genügend Licht für die Pflanzen darunter hindurch. „Stellt euch einmal vor, wir würden hier am höchsten Baum einen Fahrstuhl einrichten, um die Vögel in den Sträuchern und oben in den Bäumen beobachten zu können. Wir müssten vier Haltestationen bauen. Unten würden wir im Erdgeschoss zwischen der **Moosschicht** und der **Krautschicht** anfangen. Der nächste Halt wäre im 1. Stock in etwa 3 m Höhe, in der **Strauchschicht**." „Den nächsten Aussichtspunkt würde ich auf Höhe der kleineren Bäume, da vorne bei der Vogelbeere in 10 m Höhe bauen – an der Spitze der **ersten Baumschicht**", schlägt Sebastian vor. „Gut, Endstation wäre dann die Baumkrone unserer Eiche in der **zweiten Baumschicht** in ungefähr ..., ich schätze mal 20 m Höhe", meint Ina. „Mich würde auch das Untergeschoss des Waldes interessieren, die **Wurzelschicht**. Da gibt es zwar keine Vögel, aber sicher viele andere Tiere", schlägt Ünal vor.

Nicht in allen Wäldern sind sämtliche Baumschichten vorhanden. In Buchenwäldern dringt nur wenig Licht durch das dichte Kronendach. Hier findet man neben der ersten Baumschicht meist nur eine Krautschicht. Aber auch die besteht häufig nur aus so genannten Frühblühern. Das sind Pflanzen, die im Frühjahr erscheinen, wenn die Buchen noch kein Laub haben.

Der Wald ist in Wurzelschicht, Moosschicht, Krautschicht, Strauchschicht und Baumschicht gegliedert.

1 Farne mögen es schattig.

2 Bärlauch gehört zu den Frühblühern.

3 Walderdbeeren und Tollkirschen brauchen Licht.

Unterwegs im Rotbuchenwald

Wie in einer riesigen Halle mit einem Dach aus Blättern fühlen sich Rolf und Ute auf ihrem Weg durch den Buchenwald. Alle Bäume sind etwa gleich alt und gleich groß, da sie zur gleichen Zeit gepflanzt wurden. Kein Sonnenstrahl erreicht den Boden. Die Baumkronen sind dicht geschlossen. Der Waldboden ist fast nur mit Laub vom Vorjahr bedeckt. An manchen Stellen wachsen Farne (▷ B 1), die mit dem wenigen Licht am Boden auskommen. Nur dort, wo aufgrund umgestürzter Bäume Licht hinfällt, wächst ein fast undurchdringliches Dickicht.

Kleine Lichtungen

Auf Waldlichtungen kann man interessante Beobachtungen machen. Hier wachsen an mehreren Stellen Walderdbeeren. Diese Pflanzen brauchen viel Licht, um Zucker für die Früchte bilden zu können.
Eine andere „lichthungrige" Pflanze ist die Tollkirsche (▷ B 3). Ihre Früchte sehen wie Kirschen aus, sind aber äußerst giftig. Für Amseln und andere Vögel sind die Beeren der Tollkirsche dagegen unschädlich. Die Tiere scheiden die unverdaulichen Samen aus, die an geeigneten Standorten auskeimen.
Die Walderdbeere und die Tollkirsche sind Pflanzen, die auf Kahlschlägen und Waldlichtungen nicht nur wegen des Lichtes besonders gute Lebensbedingungen finden. Der humusreiche Waldboden liefert ihnen Mineralsalze, die sie hier ohne die Konkurrenz durch Bäume aufnehmen können.

Frühling im Wald

Im Frühjahr bietet der Buchenwald ein ganz anderes Bild. Der Waldboden ist fast vollständig mit blühenden Kräutern übersät. Die Rotbuchen tragen jetzt noch keine Blätter, sodass genügend Sonnenlicht auf den Boden fällt. Der Bärlauch (▷ B 2) keimt als Frühblüher aus einer länglichen Zwiebel, die über den Winter Nährstoffe gespeichert hat. Diese stellt sie jetzt der jungen Pflanze zur Verfügung, die innerhalb weniger Wochen blühen und Früchte ausbilden muss.

Auch am Waldrand zeigt sich der Frühling. Hier wachsen Sträucher, von denen einige ebenfalls früh mit der Blüte beginnen. Die Haselnuss zeigt bereits im Februar ihre Kätzchenblüten und die Schlehe sieht im April wegen ihrer vielen weißen Blüten wie mit Schnee bedeckt aus.

Licht- und Bodenverhältnisse bestimmen, welche Pflanzen an einem Standort vorkommen.

Werkstatt

Wir untersuchen Pflanzen im Wald

1 Eichenblatt mit Galläpfeln

1 Tinte aus „Galläpfeln“

Untersuche die Blätter einer Eiche. An einigen sitzen runde Gallen. Diese „Galläpfel“ (▷ B 1) werden vom Blatt gebildet, wenn eine Gallwespe das Blatt ansticht und ihre Eier hineinlegt.

Material
Eichenblätter mit Galläpfeln, Lupe, Messer, Eisenfeilspäne, Glasstab, Erlenmeyerkolben, Gasbrenner

Versuchsanleitung
Öffne einen Gallapfel. Falls noch eine Larve darin sitzt, musst du sie entfernen. Nimm einige Galläpfel und schneide sie in Stücke.
Lege die Stücke in einen Erlenmeyerkolben. Befülle den Erlenmeyerkolben mit 50 ml Wasser und mit 5 g Eisenfeilspänen aus der Sammlung (Vorsicht!).
Erhitze das Gemisch mit einem Gasbrenner und rühre es dabei mit einem Glasstab um.
Lasse das Gemisch abkühlen und gieße die Flüssigkeit dann vorsichtig ab. Du erhältst eine Tinte, mit der du schreiben kannst.

2 Bucheckern

2 Wir sammeln Bucheckern

Bucheckern (▷ B 2) sind die Früchte der Rotbuche. Wenn du die harte Schale entfernst, kannst du sie wie Nüsse essen. Bucheckern enthalten ein nahrhaftes Öl, das für viele Tierarten ein wichtiges Nahrungsmittel ist. Du kannst das Öl leicht aus den Bucheckern gewinnen.

Material
Bucheckern, Mixer, Gazebeutel, Plastikschüssel, Gewichtsstück (mehrere Kilogramm)

Versuchsanleitung
Die sauberen Bucheckern werden mit Schale in einem Mixer zerkleinert und in einen Gazebeutel abgefüllt. Den Beutel legst du in eine Plastikschüssel und stellst ein schweres Gewicht darauf. Das Öl wird nun mit der Zeit herausgepresst. Koste das Öl mit der Fingerspitze.
Bucheckernöl wird für schmackhafte Pilz- und Wildgerichte, aber auch für Pfannkuchen verwendet.

3 Wir erstellen eine Pflanzenkarte

Material
Bestimmungsbuch, Schreibblock, Bleistift, Zollstock, Bindfaden, 4 Holzpflöcke (ca. 30 cm lang)

Versuchsanleitung
a) Wähle am Waldrand eine Untersuchungsfläche von 2 m x 2 m aus. Begrenze sie an den Eckpunkten mit jeweils einem Pflock oder einem kräftigen Stock. Verbinde die Pflöcke mit einem Bindfaden zu einem Quadrat.

b) Bestimme nun die Namen aller Pflanzenarten auf deiner Untersuchungsfläche.

c) Verwende für jede Pflanzenart ein leicht zu zeichnendes Symbol. Beispiel: + für Buschwindröschen

d) Zeichne nun auf Papier ein Quadrat mit 20 cm Seitenlänge. Es ist ein verkleinertes Abbild deiner Untersuchungsfläche. Zeichne dort möglichst alle Pflanzen mit den Symbolen ein.

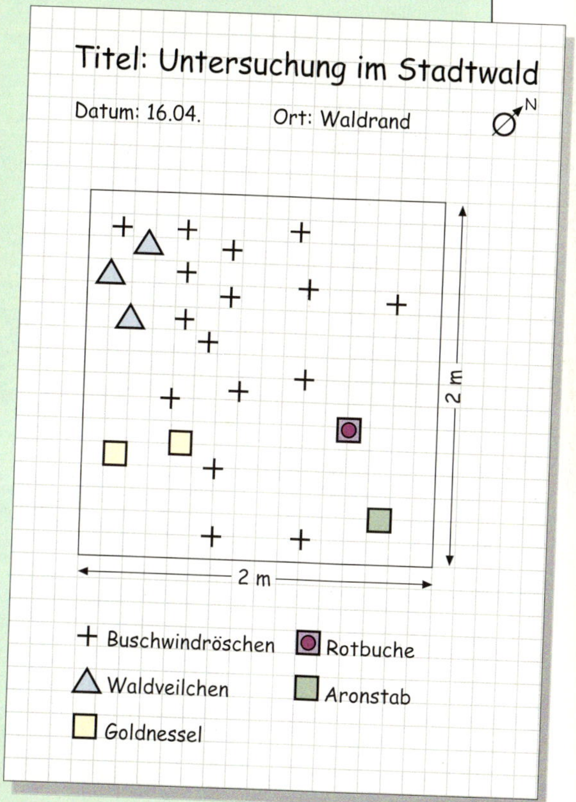

Aufgaben
1. Welche Art ist die häufigste?

2. Welche Pflanzen wachsen im Schatten anderer? Denke an die Bäume.

3. Zu welchen Schichten des Waldes gehören die einzelnen Arten?

4. Welche Arten wachsen einzeln, welche in Gruppen? Welche wachsen im Licht, welche im Schatten?

1 Laubwald im Frühjahr (links) und im Sommer (rechts)

2 Das Scharbockskraut hat Wurzelknollen.

3 Buschwindröschen haben Erdstängel.

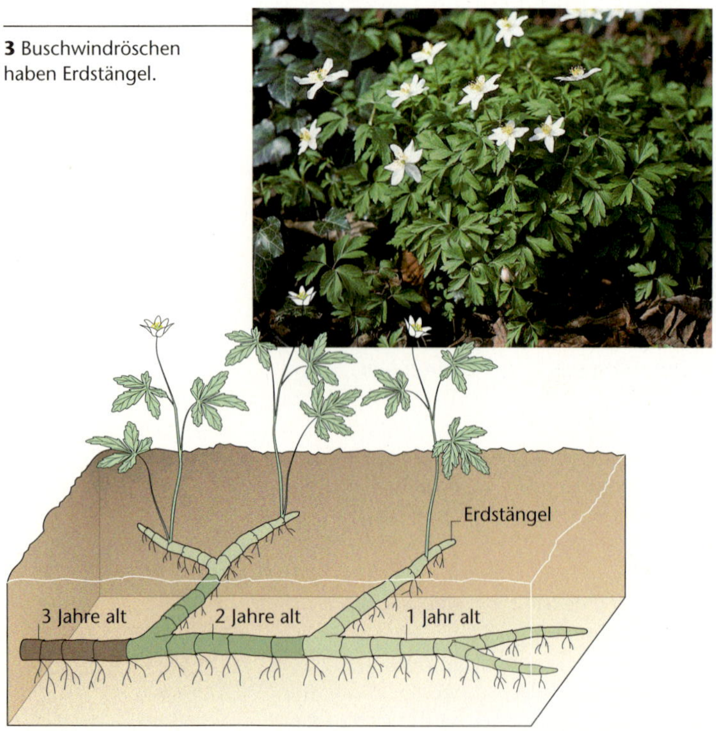

Frühblüher leben vom Vorrat

In den Osterferien darf Anne ihre Oma in der Großstadt besuchen. An einem warmen Frühlingstag fahren die beiden mit der Straßenbahn zum Stadtwald. Die Bäume haben noch keine Blätter, aber der gesamte Waldboden ist mit weißen, gelben und blauen Blüten übersät. Anne kann sich nicht erinnern, diese Blütenpracht im Sommer hier gesehen zu haben. Sie hat Recht, denn einige Pflanzen blühen nur im Frühjahr.
Nicht nur das Schneeglöckchen hat **Zwiebeln**, auch zahlreiche andere Pflanzen haben unterirdische Speicher für Nährstoffe. Alle diese Pflanzen können deshalb sehr früh im Jahr ihre Blätter und Blüten entwickeln. Deshalb nennt man sie **Frühblüher**.

Erdstängel und Wurzelknollen

Die weißen Blüten, die den Waldboden wie ein Teppich bedecken, gehören dem Buschwindröschen (▷ B 1). Wenn man vorsichtig eine Pflanze ausgräbt, dann kann man entdecken, dass sich der Stängel waagerecht im Boden fortsetzt. Dieser braune **Erdstängel** (▷ B 3) ist voller Nährstoffe. Deshalb kann die Pflanze sehr schnell austreiben. Sobald sich die Blätter an den Bäumen entwickeln, fällt weniger Licht auf den Waldboden. Die Blüten und Blätter des Buschwindröschens verschwinden. Der mit frischen Nährstoffen angefüllte Erdstängel ruht bis zum nächsten Frühjahr.

An Grabenrändern und auf dem Waldboden wächst – oft gemeinsam mit dem Buschwindröschen – das gelb blühende Scharbockskraut. Es erscheint auch vor den Blättern der Waldbäume. Das Scharbockskraut hat seine Nährstoffe in dicken **Wurzelknollen** (▷ B 2) eingelagert.

Zwiebel, Knolle und Erdstängel sind unterirdische Speicherorgane der Frühblüher. Die gespeicherten Nährstoffe ermöglichen es der Pflanze, früh im Jahr Blätter und Blüten auszutreiben.

Aufgaben

1 Welchen Vorteil hat es für die Frühblüher, dass sie blühen, bevor die Bäume ihre Blätter bekommen?

2 a) Nenne die wichtigsten Speicherorgane der Frühblüher und gib an, welche Pflanzen diese Organe besitzen.
b) Zeichne und beschrifte sie.

Frühblüher

Die Heimat des wilden **Märzenbechers** ist Mittel- und Südeuropa. Die Pflanze ähnelt dem Schneeglöckchen, hat aber eine glockige Blüte mit grünen Flecken. Die Pflanzen entwickeln ihre Blüten im März aus der unterirdischen Zwiebel heraus.

Aus den Knollen der **Gartenkrokusse** sprießen schon im März die ersten Blüten. Die Vorfahren dieser Pflanze stammen aus dem Mittelmeergebiet.
Eine verwandte kleine, meist weiß blühende Art bedeckt im Frühjahr zu Tausenden die Bergwiesen im Hochgebirge.
Die getrockneten Narben einer wilden Krokusart liefern das teure Gewürz Safran. Man benötigt fast 200 000 Blüten für die Herstellung von 1 kg dieses Gewürzes, das Speisen gelb färbt.

Die Blüte der **Schachblume** ist purpurn gefärbt mit einem Karomuster, das an ein Schachbrett erinnert. Sie stammt aus dem Mittelmeergebiet.
Die Pflanze entwickelt sich ab April aus einer sehr kleinen Zwiebel.

Die Heimat der **Traubenhyazinthe** ist Kleinasien. Verwandte Arten kommen selten auch in Deutschland vor und wachsen in alten Weinbergen. Die Blüten entwickeln sich im April aus den kleinen Zwiebeln. Die oberen, duftenden Blüten sind unfruchtbar und haben die Aufgabe, Insekten anzulocken.

Wildtulpen gibt es in Vorderasien. Sie wurden im 12. Jahrhundert von Kreuzrittern nach Mitteleuropa gebracht und bereits sehr früh in verschiedenen Sorten gezüchtet. Sie waren so begehrt, dass man die Zwiebeln mit Gold bezahlte.
Heute gibt es eine unübersehbare Zahl verschiedener Formen und Farben von **Gartentulpen**.

Wilde **Narzissen** kann man heute noch überall in den Mittelmeerländern und in den Alpen finden. Gärtner haben viele verschiedene Sorten aus der Stammform gezüchtet.
Da viele Narzissenarten im März oder April, also zur Osterzeit blühen, nennt man die Pflanze auch **Osterglocke**.

1 Buchfink

2 Eichhörnchen

3 Schwarzspecht

4 Hohltaube

Waldtiere sind scheu
Rehe, Hirsche, Wildschweine und Spechte sind jedem Kind bekannt (▷B3, B6). Aber wohl nur wenige haben sie schon in freier Natur beobachtet. Die Erklärung dafür ist einfach: Die meisten Tiere des Waldes sind dem Menschen gegenüber sehr scheu und fliehen bei einer Begegnung sofort. Dieses Verhalten schützt die Tiere auch vor ihren natürlichen Feinden.

Wildschweine fressen (fast) alles
Der Wald bietet den Tieren Flucht- und Versteckmöglichkeiten und erfüllt außerdem die unterschiedlichsten Ansprüche. Wo die Buchen nicht alle die gleiche Größe haben, ist der Wald zu einem fast undurchdringlichen Dickicht gewachsen. Von hier aus beginnen die Wildschweine in der Dämmerung ihre Streifzüge. Sie wühlen bei der Suche nach Nahrung den Boden auf und finden mit ihrer empfindlichen Nase Engerlinge (▷B5), Würmer, Pilze und Bucheckern, die Früchte der Buchen.

Die meisten Tiere leben im Boden
Engerlinge sind die Larven der Maikäfer. Sie ernähren sich von Wurzeln und verbringen rund drei Jahre bis zur Verpuppung im Boden. Der Maikäfer selbst frisst während seines kurzen Lebens von etwa zwei Monaten die Blätter der verschiedensten Baumarten. Seine Eier legt er wieder in den weichen Waldboden.

Eichhörnchen nisten in den Kronen
Das Eichhörnchen kannst du mit etwas Glück bei seinen Kletterkünsten beobachten. Sein Lebensraum sind die Baumkronen. Hier baut es auch seinen Kobel, wie die Jäger das Nest nennen. Es besteht aus Zweigen, Laub, Gras und Wolle. Baumsamen, Beeren, Pilze, Nüsse, Insekten und manchmal auch Vogeleier bilden die Hauptnahrung des Eichhörnchens.

Der Buchfink – ein eifriger Sänger
Buchfinken sind im Buchenwald die häufigste Vogelart. Hier finden sie reichlich Insektennahrung, aber auch Samen verschiedener Pflanzen fressen sie gerne. Auffällig ist der schmetternde Gesang des Männchens. Damit lockt er Weibchen an und warnt Rivalen vor dem Eindringen in sein Revier.

▶ Der Wald hält für die Tiere viele passende Nahrungsquellen und Plätze als Lebensraum bereit.

5 Maikäferlarve (Engerling)

6 Wildsau mit Frischlingen

Werkstatt

Wir untersuchen Tiere im Wald

1 Bewohner des Waldbodens

1 Tiere zersetzen altes Laub

Material
Probe aus der oberen feuchten Bodenschicht, Pinzette, Lupe (Stereomikroskop), Bestimmungsbuch

Versuchsanleitung
Suche in der oberen Bodenschicht nach den abgebildeten Tieren, die sich von abgestorbenen Pflanzenteilen ernähren. Betrachte dazu ein zersetztes Laubstück und andere Pflanzenreste mit der Lupe.

Aufgabe
Schreibe auf, welche und wie viele Tiere du gefunden hast.

2 Moospolster sind Kleinstlebensräume für Tiere

Material
Frisches Waldmoos, Stereomikroskop, Bestimmungsbuch

Versuchsanleitung
Untersuche einzelne Moospflänzchen mit dem Stereomikroskop bei etwa 40facher Vergrößerung.

Aufgabe
Suche nach kleinen Tieren und begründe, warum Moospolster (▷ B 2) für diese Tierarten geeignete Lebensräume sind.

2 Waldmoos

3 Wir suchen nach Rindenbewohnern

Material
Rinde alter Nadelbäume, Zeichenpapier, Bleistift

Versuchsanleitung
Im Wald findest du abgestorbene Nadelbäume, von denen du leicht die Rinde abheben kannst. Dahinter sind Fraßspuren des Borkenkäfers (▷ B 3) und seiner Larven zu finden.
Von einem senkrechten Gang, den das Weibchen angelegt hat, fressen die Larven seitliche Larvengänge. In den Puppenkammern am Ende der Gänge verwandeln sich die Larven zu Käfern.

3 Borkenkäfer

Aufgabe
Zeichne die Fraßspuren des Borkenkäfers und seiner Larve in deinen Schreibblock. Vergleiche deine Zeichnungen mit Bildern aus dem Lexikon.

4 Zapfen der Nadelbäume sind begehrte Nahrung

An die nahrhaften Samen der Nadelbäume gelangen manche Tiere dank ihrer besonderen „Werkzeuge". An der Art und Weise, wie die Zapfen bearbeitet wurden, kann man die Tierart erkennen.

Material
Von Tieren bearbeitete Zapfen, Fotoapparat

Versuchsanleitung
Sammle im Nadelwald Zapfen, die Fraßspuren erkennen lassen und ordne sie den Tierarten zu:
Von Eichhörnchen angefressene Zapfen sehen zerfranst aus, besonders am Zapfenende (▷ B 4).

4 Fraßspur des Eichhörnchens

Von Mäusen angefressene Zapfen sind unten abgerundet und an der Achse gleichmäßig bearbeitet (▷ B 5). Die Zapfen findet man meist an etwas versteckten Orten.

5 Fraßspur der Maus

Vom Specht bearbeitete Zapfen wirken zerhauen (▷ B 6). Sie sitzen oft in „Spechtschmieden" oder sind in der Baumrinde verkeilt.

6 Fraßspur des Spechts

Aufgabe
Fotografiere deine Funde und fertige eine kleine Ausstellung an.

Spechte können gut klettern

1 Buntspecht

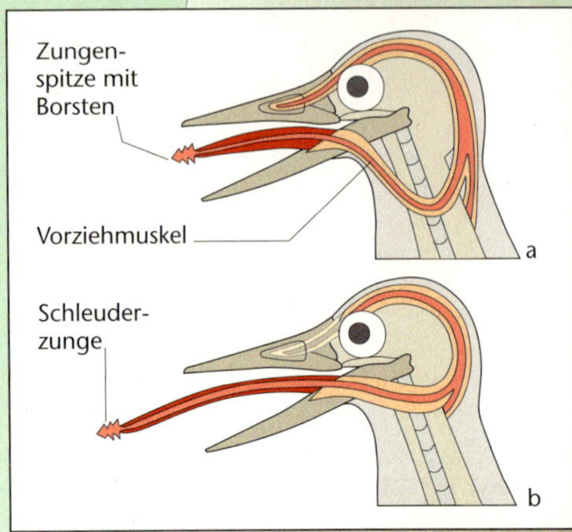

2 So funktioniert die Spechtzunge

Trommelwirbel im Wald

Trommeln verrät den Buntspecht – auch wenn man ihn nicht sieht. Das Trommeln soll Weibchen anlocken und dient gleichzeitig dazu, das Revier abzustecken.
Die Nahrung des Buntspechts besteht aus den Samen von Nadelbäumen, aus Früchten sowie Insekten und deren Larven. Mit seinem **kräftigen Schnabel** meißelt der Buntspecht Äste, Nüsse und Zapfen auf. Man nennt den Schnabel deshalb **Meißelschnabel**. Ohne besondere Stoßdämpfer würde der Vogelschädel die dabei auftretenden Erschütterungen nicht aushalten. Knochenverstärkungen und kräftige Schädelmuskeln federn die harten Schläge ab.

Mit Steigeisen und Harpune unterwegs

Die **lange Zunge** ermöglicht eine besondere Nahrungsaufnahme. Spechte können ihre Zunge weit vorstrecken. Sie ist vorne verhornt und besitzt kleine Borsten, an denen Insekten wie an den Widerhaken einer Harpune hängen bleiben (▷B2). Insekten können so aus engsten Gängen herausgezogen werden.
Der **Kletterfuß** mit seinen spitzen Krallen ist eine weitere Besonderheit der Spechte. Wie mit Steigeisen können sie damit an Baumstämmen hinaufklettern. Zwei Zehenpaare stehen einander gegenüber (▷B3). Das untere Zehenpaar dient als Stütze, das obere wirkt wie ein Haken. Wenn sie meißeln oder hüpfend abwärts klettern, stützen sich die Spechte mit den festen Federn des **Stützschwanzes** ab (▷B3).

▶ Die lange Zunge, der Meißelschnabel, der Stützschwanz und die Kletterfüße sind Anpassungen der Spechte an ihren Lebensraum.

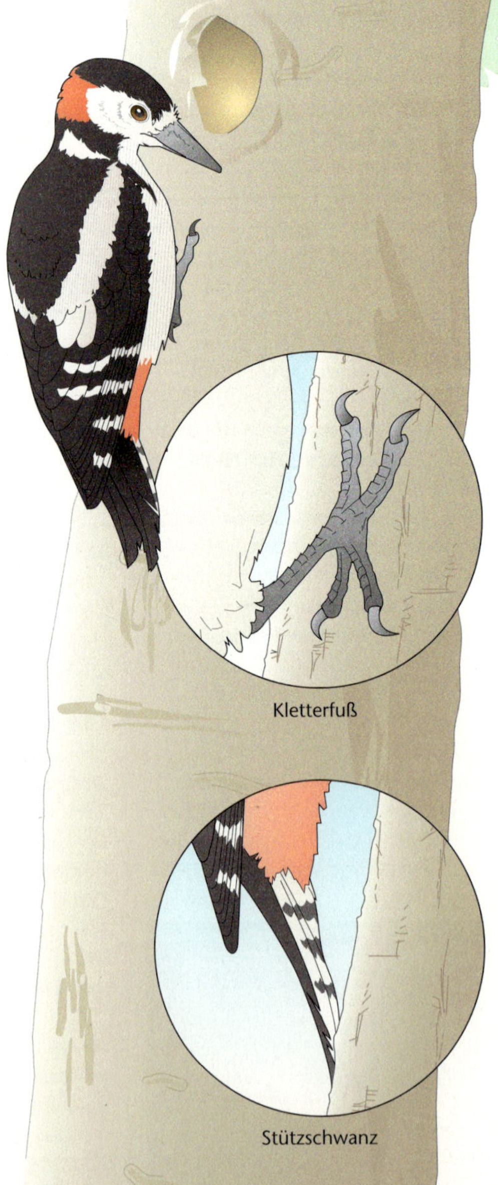

3 Anpassung an das Leben auf Bäumen

4 Schwarzspecht an der Bruthöhle

5 Spechtschmiede und Spechtspuren

6 Grünspecht

Spuren im Wald

Beim Herumstreifen im Wald kannst du eine Entdeckung machen: An einem Baumstamm liegen dicht verstreut Haselnussschalen oder Nadelholzzapfen. Hier handelt es sich wahrscheinlich um eine **Spechtschmiede** (▷ B 5). Besonders im Herbst und im Winter, wenn nicht mehr so viele Insekten zur Verfügung stehen, ernährt sich der Buntspecht von den ölhaltigen Samen der Nadelbäume. Er klemmt die Zapfen oder auch die Haselnüsse fest in eine Baumspalte, die er manchmal selbst zurechtmeißelt. Nüsse behackt er stets der Länge nach, bis sie aufspringen. Da er die Baumspalte mehrfach benutzt, findet man darunter stets größere „Abfallmengen".

Nachmieter für Spechthöhlen

Buntspechte brüten in Höhlen, die sie selbst in vorwiegend morsche Bäume gemeißelt haben (▷ B 4). Hierfür braucht ein Pärchen etwa 2 bis 4 Wochen. Die Eier werden auf den Boden der Bruthöhle abgelegt. Ein Nest bauen die Buntspechte nicht. Beide Eltern brüten abwechselnd. Neben dem Buntspecht kommen bei uns auch der Grünspecht und der Schwarzspecht vor. Den Grünspecht (▷ B 6) sieht man gelegentlich auch am Boden, da er gerne Ameisen frisst.
Leere Bruthöhlen von Spechten sind wichtige Nistplätze für zahlreiche Waldvögel. Meisen, Stare, Dohlen und viele andere sind auf sie angewiesen.

▶ Spechte sind Höhlenbrüter, deren Wohnungen auch anderen Vogelarten als Nistplatz dienen.

Aufgaben

1 Ist der Buntspecht aus der Sicht des Waldbesitzers ein Schädling? Begründe deine Antwort!

2 Fasse in eigenen Worten zusammen, wodurch Spechte in besonderer Weise an ihre Lebensweise und den Lebensraum angepasst sind.

3 Suche im Internet nach Spechtarten in anderen Ländern und Erdteilen. (Specht = engl. woodpecker)

4 Welche Tierarten könnten als „Nachmieter" in verlassene Spechthöhlen einziehen? Tipp: Nimm ein Bestimmungsbuch für einheimische Tiere zu Hilfe.

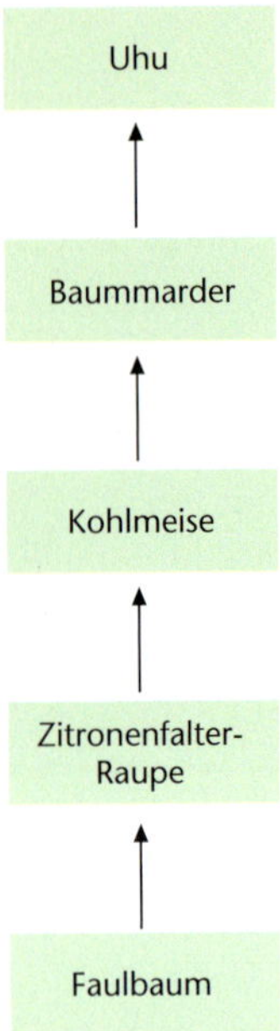

1 Nahrungskette

Fressen und gefressen werden

Den Zitronenfalter kannst du im Frühjahr als einen der ersten Schmetterlinge beobachten. Seine Raupen fressen im Sommer die Blätter des Faulbaums. Andere pflanzliche Nahrung nehmen sie nicht auf.
Für die Kohlmeise ist der Schmetterling ein Leckerbissen. Die Kohlmeise selbst steht auf dem Speisezettel mehrerer Fressfeinde. In Acht nehmen muss sie sich besonders vor dem Baummarder, der ihr vor allem während des Brütens und bei der Fütterung der Jungen gefährlich werden kann. Der Baummarder wiederum kennt nur einen Feind. Der seltene Uhu schafft es bei seiner nächtlichen Jagd ab und zu, einen Baummarder zu überwältigen. Am Tag hat der flinke Jäger dagegen kaum Feinde zu fürchten.

Faulbaum, Zitronenfalter, Kohlmeise, Baummarder und Uhu bilden eine **Nahrungskette** (▷ B 1). Am Anfang steht immer eine Pflanze als **Erzeuger**. Sie bildet Nährstoffe, von denen Tiere und Menschen leben. Tiere und Menschen bezeichnet man als **Verbraucher**, denn sie verzehren die gespeicherten Nährstoffe. Einige dieser Pflanzen fressenden Tiere dienen anderen Verbrauchern als Nahrung. Stehen diese am Ende der Nahrungskette, bezeichnet man sie als **Endverbraucher**.

Nahrungsnetze im Wald

Würde der Baummarder nur von Kohlmeisen leben, müsste er bald verhungern. Er macht Jagd auf alle Tiere, die er überwältigen kann. Dazu gehört auch das Eichhörnchen, das ein Glied in einer ganz anderen Nahrungskette ist.
Auch die Kohlmeise ist nicht nur auf ein Beutetier angewiesen. Viele Arten von Insekten und deren Larven bilden ihre Nahrung. So stehen Tiere und Pflanzen des Waldes wie in einem Netz miteinander in enger Verbindung.

▶ Tiere und Pflanzen sind Glieder zahlreicher Nahrungsketten, die miteinander ein verzweigtes Nahrungsnetz bilden.

1 Müll schadet dem Wald.

2 Lärm stört die Waldbewohner.

Wir müssen Rücksicht nehmen

Auf den ersten Blick scheint alles in Ordnung zu sein. Am Waldrand treiben die Sträucher neue Blätter aus, und auch die Nadelbäume zeigen die ersten grünen Spitzen. „Schaut mal nach oben“, bittet der Förster die Schulklasse. „Fällt euch an den Fichten da vorn etwas auf?“ Die Wipfel der Bäume wirken stark ausgelichtet und sind deshalb sehr durchsichtig.

Nadelbäume sind besonders empfindlich gegenüber Autoabgasen und Rauch aus den Schornsteinen der Häuser und Fabriken. Diese Schadstoffe haben den Bäumen schwere Schäden zugefügt. Am deutlichsten ist das an den Nadeln zu erkennen, die gelb werden und nach einiger Zeit abfallen (▷B4). Durch Filteranlagen, moderne Heizkessel und Katalysatoren in den Autos konnten die Schadstoffe inzwischen deutlich verringert werden. Aber die Zunahme des Straßenverkehrs ist immer noch das Hauptproblem. Früher glaubte man, nur Nadelbäume würden durch die Schadstoffe in der Luft geschädigt. Inzwischen weiß man aber, dass auch Laubbäume dadurch krank werden (▷B3). Vor allem Buchen sind gegenüber Abgasen aus dem Straßenverkehr sehr empfindlich.

Lärm und Müll schaden dem Wald

Viele Menschen verbringen, wie du vielleicht auch, im Wald einen Teil ihrer Freizeit. Du kannst dort spielen, Rad fahren oder mit deinem Hund laufen. Doch du wirst beobachtet! Viele Tiere verfolgen aus sicherer Entfernung, ob von dir eine Gefahr ausgeht. Musik, lautes Geschrei und die Fahrradklingel vertreiben sie sofort (▷B2). Hunde können zu einer richtigen Gefahr für die Tiere werden. Jedes Jahr werden im Frühjahr und Sommer viele Tiere, besonders Rehkitze, von frei laufenden Hunden schwer verletzt oder getötet. Immer wieder sieht man besonders an Waldrändern ganze Müllberge, die achtlos hier abgeladen werden (▷B1). Bauschutt, selbst Kühlschränke hat man da schon gefunden. Solche „Umweltsünden“ zerstören Lebensgemeinschaften und verschandeln die Landschaft. Und schließlich hat schon manche Glasscherbe einen Waldbrand ausgelöst.

Schadstoffe der Luft, Lärm und Müll bedrohen die empfindlichen Lebensgemeinschaften des Waldes.

Aufgaben

1 Entwerft Plakate, auf denen die Ursachen der Waldschäden dargestellt werden. Fasst die Plakate zu einer Ausstellung zusammen. Material erhaltet ihr bei Forstämtern, Naturschutzvereinen und im Internet mithilfe einer Suchmaschine.

2 Stellt Regeln für das Verhalten von Spaziergängern und Sportlern im Wald auf. Fasst diese Regeln zu einem kleinen Flyer zusammen und denkt euch eine passende Überschrift aus.

3 Kranke Buche

4 Waldsterben

Schlusspunkt

Der Wald

1 Frühjahr

2 Sommer

3 Herbst

Der Wald ist in Stockwerke gegliedert

Alle Pflanzen des Waldes lassen sich einzelnen Stockwerken zuordnen (▷ B 4). Auf die unterste Schicht, die Moosschicht, folgt die Krautschicht. Daran schließen sich Strauchschicht sowie erste und zweite Baumschicht an. Im Waldboden verborgen befindet sich die Wurzelschicht.

Wälder sind Lebensräume für Pflanzen

Pflanzen sind vom Licht, vom Wasser und von Nährstoffen im Boden abhängig. Dabei sind die Ansprüche nicht bei allen Arten gleich. Im Wald wachsen einige Pflanzen im Schatten, wie zum Beispiel die meisten Farne. Andere benötigen sehr viel Licht. Hierzu zählen die Pflanzen am Waldrand und auf den Lichtungen.

4 Die Stockwerke des Waldes

Pflanzen des Waldes überwintern

Den Winter überstehen die Pflanzen auf sehr unterschiedliche Weise. Die Frühblüher des Waldes legen sich Nährstoffspeicher an. Zwiebeln, Erdstängel oder Wurzelknollen enthalten so viele Nährstoffe, dass die Pflanzen im Frühjahr sofort Blätter und Blüten bilden können. Diese Pflanzen haben dadurch einen Vorsprung gegenüber anderen Arten, die erst nach und nach die Nährstoffe mithilfe des Sonnenlichtes herstellen müssen.

Wälder sind Lebensräume für Tiere

Pflanzen sind Nahrung für viele Tiere des Waldes und deshalb die Grundlage für jede Lebensgemeinschaft. Nahezu alle Pflanzenteile werden von irgendeiner Tierart genutzt. Selbst abgestorbene Pflanzen werden von vielen Tieren im Waldboden gefressen. Die einzelnen Tierarten sind in ihrem Körperbau und mit ihrer Lebensweise dieser Nahrung angepasst.

Spechte sind an ihren Lebensraum angepasst

Spechte sind typische Waldbewohner. Sie fressen Insekten, aber auch Samen und Früchte der Bäume und Sträucher. Ihr Meißelschnabel dient zum Öffnen von Nüssen und Früchten und zum Hacken nach Insekten, die unter der Baumrinde leben. Der Stützschwanz und die Kletterfüße ermöglichen das geschickte Klettern an Baumstämmen und Ästen.

5 Einige Bewohner des Waldes

6 Winter

Lebewesen bilden Nahrungsketten

Am Anfang jeder Nahrungskette stehen Pflanzen als Erzeuger von Nährstoffen. Pflanzenfresser sind Verbraucher. Sie gewinnen Energie aus den Nährstoffen der Pflanze. Pflanzenfresser dienen ihrerseits anderen Verbrauchern als Nahrung. Am Ende jeder Nahrungskette stehen Endverbraucher, deren Zahl jedoch in der Natur sehr klein ist. Nahrungsketten sind über einzelne Glieder oft zu Nahrungsnetzen verknüpft.

Schadstoffe in der Luft belasten die Wälder

Luftschadstoffe aus Industrie, Haushalten und Straßenverkehr führen zu einer Schwächung und Schädigung der Bäume. Dadurch sind sie besonders anfällig gegenüber Schädlingen und Infektionen durch Krankheitserreger. Auch Lärm und Müll stören und gefährden Pflanzen und Tiere des Waldes. Hier kann jeder durch richtiges Verhalten einen wirksamen Beitrag zum Schutz dieses wertvollen Lebensraumes leisten.

Aufgaben

1 Wodurch entstehen die unterschiedlichen Stockwerke im Wald?

2 Welche Waldtiere kennst du? In welchen Stockwerken halten sie sich vorwiegend auf?

3 Welche Frühblüher wachsen in deinem Wohnort auf Wiesen, in Wäldern und Parks? Bestimme die Pflanzen mithilfe eines Bestimmungs- oder Gartenbuchs.

4 Stelle mindestens zwei Nahrungsnetze auf, in denen der Buntspecht (▷ B 1) vorkommt.

1 Der Buntspecht

5 Der Körper des Spechts ist in besonderer Weise an den Lebensraum Wald angepasst. Vergleiche diese Körpermerkmale mit technischen Werkzeugen oder Geräten. Beispiel: Schnabel – Meißel

6 Nach Beendigung der letzten Eiszeit vor ca. 12 000 Jahren bestanden die ersten Wälder zunächst aus Birken und Kiefern. Begründe, warum Buchen und Stieleichen noch nicht vorkamen. Ermittle dazu die Klimabedingungen für diese Baumarten.

7 Ermittle über das Internet die Waldflächen in den einzelnen Bundesländern. Welche Bundesländer haben die größten Waldflächen? Lässt sich eine Reihenfolge aufstellen?

8 Im Winter ruht der Stoffwechsel unserer einheimischen Pflanzen weitgehend. Dennoch nimmt der Sauerstoffgehalt der Luft nicht ab. Nenne hierfür eine Begründung.

9 Da in unseren Wäldern die Endverbraucher wie Wolf oder Luchs ausgestorben sind oder nur selten vorkommen, haben sich deren Beutetiere wie Rehe und Hirsche stark vermehrt. Welche Probleme für den Wald könnten sich daraus ergeben?

10 In deiner Schule gibt es eine Schulordnung. Wie müsste deiner Meinung nach eine „Waldordnung" für Besucher des Waldes aussehen? Gestalte einen Entwurf in Form eines kleinen Plakats.

11 Nicht nur Waldbäume, sondern auch Straßenbäume werden durch Schadstoffe belastet und geschädigt.
a) Erkundige dich bei der Gemeinde- oder Stadtverwaltung, ob es in deinem Heimatort solche Probleme gibt und welches die Ursachen sind.
b) Frage nach, welche Baumarten besonders empfindlich auf Schadstoffe reagieren.
c) Erkundige dich auch, ob es unempfindlichere Arten gibt.

Anpassung an den Lebensraum

Säugetiere, Fische, Lurche, Reptilien und Vögel bilden die Gruppe der Wirbeltiere. Sie haben fast alle Lebensräume der Erde besiedelt.

Fledermäuse haben den Luftraum erobert, Maulwürfe leben unter der Erde und Wale schwimmen in den Meeren. Auf unseren Wiesen leben Hasen, Kaninchen und am Waldrand kannst du Rehe beobachten. Mit über 25 000 Arten sind die Fische die größte Gruppe der Wirbeltiere. In den unterschiedlichsten Farben und Formen besiedeln sie die Gewässer der Erde. Für das Leben in so verschiedenen Lebensräumen benötigen die Wirbeltiere ganz besondere Körpermerkmale.
Einige Tierarten, wie z. B. der Feuersalamander oder die Sumpfschildkröte, sind vom Aussterben bedroht, weil ihre Lebensräume zerstört werden. Sie brauchen unseren Schutz.

Fliegen wie ein Vogel – davon träumen wir alle. Einige Experimente zeigen dir, warum Vögel fliegen können.

Aufgaben

1 Welche der abgebildeten Tiere hast du schon einmal in der Natur beobachtet? Berichte darüber.

2 Überlege, welche typischen Merkmale Wirbeltiere haben.

1 Rehbock mit Ricke

Rehe sind Kulturfolger

In der Dämmerung kommen Rehe (▷B1) aus dem Schutz des Waldes auf angrenzende Wiesen und Felder. In kleinen Rudeln suchen sie hier nach Nahrung. Mit den Nutzpflanzen, die sie hier finden, ergänzen sie ihre natürliche Nahrung, die aus Wildfrüchten, Kräutern, Blättern und Knospen besteht. Damit sind Rehe typische **Kulturfolger**. So nennt man Tiere, die die Nähe menschlicher Siedlungen und Anbauflächen suchen. Rehe sind **Wiederkäuer**: Sie verschlingen ihre Nahrung schnell, um diese später, im Schutz des Waldrandes, in Ruhe wiederzukäuen und zu verdauen.

Scheu wie ein Reh

Rehe sehen nicht sehr gut, können aber einen Menschen schon aus 300 m Entfernung wittern und haben ein gutes Gehör. Die Tiere besitzen einen hellen Fellfleck am Hinterende, den **Spiegel**. Bei der Flucht wirkt der Spiegel für die nachfolgenden Tiere wie eine Signallampe, der sie folgen.

Schutz für Kitze

Im Mai oder Juni bringt die Ricke 1 bis 2 Kitze zur Welt. Da die Jungen in den ersten Lebenswochen keinen Geruch an sich haben, können Feinde sie nicht wittern. Durch ihre braune Farbe mit den weißen Punkten sind die Jungtiere gut getarnt (▷B2). Nach der Geburt liegen die Kitze etwa 3 bis 5 Tage auf der Erde. Dann folgen sie der Mutter und fressen etwa ab dem zehnten Tag selbst Pflanzennahrung.

Rehe haben einen sehr guten Geruchssinn und ein gutes Gehör. Die Kitze sind durch die Färbung und ihre Geruchlosigkeit gut getarnt.

Gibt es zu viele Rehe?

Da Rehe bei uns kaum natürliche Feinde wie Wolf, Bär und Luchs haben, können sie sich stark vermehren. Die Tiere schädigen die Bäume im Wald durch den Verbiss von Knospen und jungen Trieben. Deshalb muss der Mensch mithilfe der Jagd den Rehbestand in Grenzen halten.

Kräftemessen mit dem Geweih

Nur der Rehbock trägt ein **Geweih**. Es dient ihm in der Paarungszeit als Waffe gegen Rivalen im Kampf um die Weibchen. Das Geweih besteht aus Knochen und wird jedes Jahr im November oder Dezember abgeworfen. Sofort danach wächst über die Bruchstelle eine Haut, unter der sich der neue Knochen für das nächste Geweih aufbaut (▷B4). Sind die neuen Geweihstangen im März fertig, so stirbt der Knochen ab. Die Haut, die den Knochen mit Nährstoffen versorgt hat, wird nun nicht mehr benötigt und der Rehbock streift sie ab. Da er dies an Bäumen und Sträuchern tut, kann deren Rinde geschädigt werden.

2 Rehkitz

3 Ricke säugt ihr Kitz

Der Rothirsch ist ein Wanderer
Sommer- und Winterquartier der Hirsche liegen oft weit auseinander, sodass die Tiere weite Wanderungen auf sich nehmen müssen, wenn sie das Revier wechseln. Hirsche sind ausdauernde Läufer. In unserer zergliederten Waldlandschaft haben die Tiere allerdings Schwierigkeiten, geeignete Reviere zu finden. Hirsche sind deutlich größer als Rehe und besitzen keinen Spiegel am Hinterende. Sie ernähren sich ähnlich wie die Rehe. Das Geweih des Hirsches ist wesentlich größer als das des Rehbocks. Die Geweihbildung vollzieht sich aber auf die gleiche Weise.
Der Rothirsch wirft sein Geweih im Februar oder März ab. Es dauert etwa drei Monate bis das Geweih wieder vollständig nachgewachsen ist.

Wer wird Platzhirsch?
Hirsche sind gesellige Tiere und leben in getrenntgeschlechtlichen **Rudeln**. Ein Rudel mit Hirschkühen und Jungtieren, die Hirschkälber genannt werden, umfasst etwa 8 bis 10 Tiere.
In der Paarungszeit, der **Brunft**, treiben geschlechtsreife Hirsche ein Rudel mit weiblichen Tieren zusammen. Der Platzhirsch muss sein Revier und die Weibchen oft gegen jüngere Rivalen verteidigen. Durch lautes Röhren wird der Platzhirsch zum Kampf (▷B5) herausgefordert. Meist verlaufen die Kämpfe, die mit dem mächtigen Geweih ausgetragen werden, unblutig. Es kann aber auch zu schweren Verletzungen kommen. Im Mai oder Juni des nächsten Jahres bringt die Hirschkuh ein Kalb zur Welt. Das Kalb bleibt fast ein Jahr bei der Mutter, bis im nächsten Jahr ein neues Kalb geboren wird.

Hirsche leben in großen Waldgebieten. Die Männchen besitzen ein großes Geweih. In der Brunftzeit finden heftige Kämpfe der männlichen Tiere um die Weibchen und das Revier statt.

Aufgaben

1 Stelle in einer Tabelle Gemeinsamkeiten und Unterschiede von Reh und Hirsch zusammen.

2 Beschreibe die Geweihbildung bei Rehbock und Hirsch.

3 Oft werden Rehe und Hirsche im Winter vom Menschen gefüttert. Nenne Gründe für und gegen die Winterfütterung.

4 Geweihentwicklung beim Rehbock

5 Kämpfende Hirsche

1 Eichhörnchen beim Sprung

2 Junges Eichhörnchen im Kobel

Leben auf Bäumen
Geschickt klettert ein Eichhörnchen den Baumstamm rauf und runter und springt gekonnt von Ast zu Ast (▷ B 1).
Die langen, scharfen Krallen an Fingern und Zehen haken sich in die Rinde des Baumes ein.
Der buschige Schwanz hilft den Tieren, beim Klettern, Springen und Balancieren das Gleichgewicht zu halten.

Eine Wohnung in den Baumkronen
Eichhörnchen werden hoch oben in den Bäumen geboren. Ihr kugelförmiges Nest, der **Kobel** (▷ B 2), besteht aus einem Geflecht von Zweigen. Er besitzt ein dichtes Dach und wird mit Moos und Gras ausgepolstert.
Im Frühjahr bringt das Weibchen meist fünf nackte und blinde Junge zur Welt. Die Jungtiere sind **Nesthocker**. Viele Jungtiere fallen dem Baummarder oder Greifvögeln zum Opfer.

Eichhörnchen sind Nagetiere
Die Nahrung der Eichhörnchen besteht hauptsächlich aus Eicheln, Nüssen, Bucheckern sowie den Samen aus Tannen- und Fichtenzapfen. Aber auch Insekten, Vogeleier oder sogar aus dem Nest gefallene Jungvögel werden nicht verschmäht.

3 Von Eichhörnchen bearbeitete Nüsse

Eichhörnchen gehören zu den **Nagetieren.** Wie alle Nagetiere haben sie im Ober- und Unterkiefer ein Paar kräftige Schneidezähne, die **Nagezähne** (▷ B 4). Dort, wo bei uns die Eckzähne sitzen, haben Nagetiere eine Zahnlücke. Die kräftigen Nagezähne knacken jede noch so harte Nuss. Dabei nutzen sich die Zähne allmählich ab. Für die Tiere kein Problem, denn die Nagezähne wachsen ständig nach.

Eichhörnchen im Winter
Eichhörnchen halten **Winterruhe.** Sie schlafen nur einige Tage in ihrem Kobel, wachen auf und fressen von ihren Vorräten, die sie im Herbst angelegt haben. Mit ihrem sehr guten Geruchssinn finden sie die meisten der angelegten Vorräte auch wieder. Da sie aber dennoch manche der vergrabenen Samen und Früchte nicht mehr finden, tragen sie so auch zur Verbreitung von Pflanzen bei.

▶ Lange Krallen an Zehen und Fingern ermöglichen den Eichhörnchen, schnell an Bäumen zu klettern. Der buschige Schwanz hilft ihnen dabei, das Gleichgewicht zu halten.

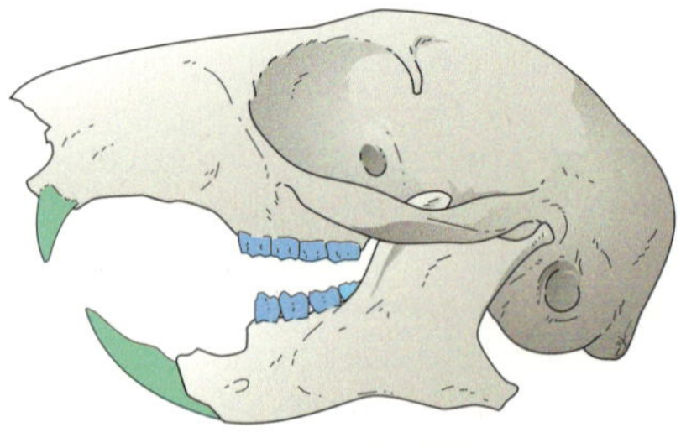

Schneidezähne | vordere Backenzähne
Eckzähne | hintere Backenzähne

4 Schädel eines Eichhörnchens

Aufgaben

1 Nenne Beispiele von Haustieren, die zu den Nagetieren gehören.

2 Beschreibe, wie Eichhörnchen den Winter überstehen.

Eine unterirdische Erdwohnung

Die vielen kleinen Hügel auf Feldern, Wiesen und in Gärten zeigen uns, dass hier ein Maulwurf sein Revier hat. Könnten wir unter die Erde sehen, so würden wir ein weit verzweigtes unterirdisches Gangsystem erkennen, in dem neben einem großen Wohnkessel verschiedene Vorratsräume vorhanden sind (▷ B 3).

Der Spezialist unter Tage

Der Körper des Maulwurfs ist sehr gut an das Leben unter der Erde angepasst.
Sein etwa 15 cm langer Körper ist **walzenförmig**. Die Kopfform ist spitz, sodass er gut in der Erde wühlen kann. Dabei hilft dem Maulwurf auch die rüsselartig verlängerte Nase.

Für seine Wühlarbeit unter der Erde besitzt der Maulwurf eine speziell ausgebildete **Grabhand**. Die Grabhände haben eine zusätzliche Kralle, das **Sichelbein** (▷ B 3), das beim Graben hilft. Das dichte Fell des Maulwurfs hat keine bestimmte Wuchsrichtung, deshalb kann er ohne Probleme vorwärts und rückwärts durch seine Gänge laufen.
Der Maulwurf sieht schlecht, dafür sind sein **Geruchs-** und sein **Tastsinn** sehr gut ausgebildet. Die Ohren liegen unter dem Fell und haben keine Ohrmuscheln. Dennoch hört der Maulwurf sehr gut.

Der Maulwurf – ein unermüdlicher Jäger

Mit den kleinen, spitzen Zähnen des **Insektenfressergebisses** (▷ B 1) jagt er vor allem Würmer, Asseln, Spinnen, Lurche, kleine Kriechtiere, Mäuse, Schnecken, Spitzmäuse und Insektenlarven. Alle 3 bis 4 Stunden durchstreift er seine Gänge, um nach Nahrung zu suchen.

Maulwürfe sind Einzelgänger

Treffen zwei Maulwürfe aufeinander, kämpfen die Einzelgänger auf Leben und Tod. Es kommt sogar vor, dass der Sieger den unterlegenen Artgenossen auffrisst.

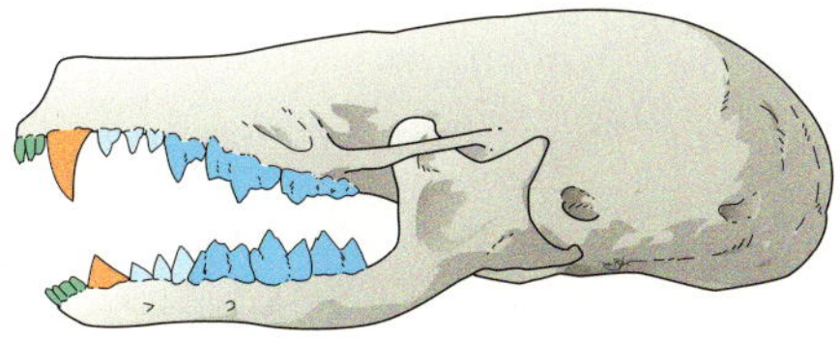

1 Schädel eines Maulwurfs

2 Maulwurf

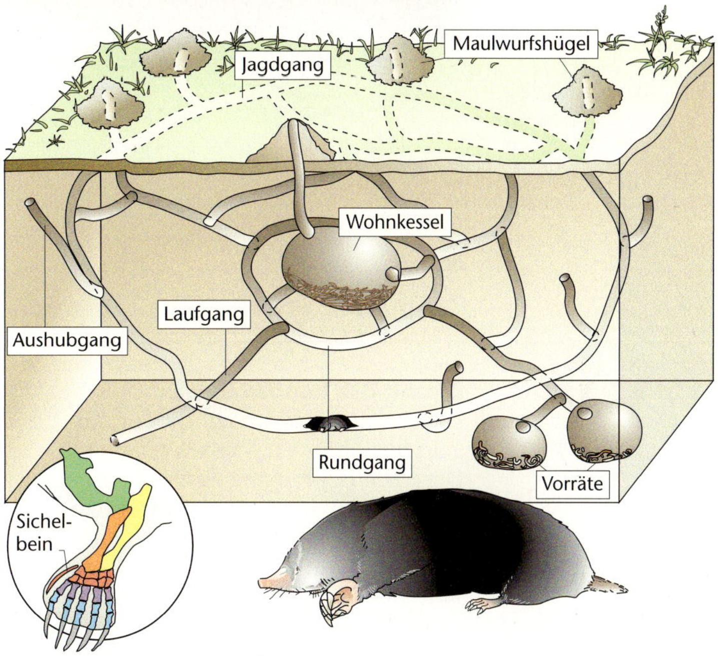

3 Bau des Maulwurfs, Grabhand

Vorräte für den Winter

Der Maulwurf hält keinen Winterschlaf. Für den Winter legt er Vorräte in speziellen Kammern an. Vor allem Insekten und Regenwürmer dienen als Nahrung in der kalten Jahreszeit. Die Regenwürmer lähmt er durch einen Biss, sodass sie zwar noch leben, sich aber nicht mehr in der Erde vergraben können.

Maulwürfe sind durch den walzenförmigen Körper, die Grabhände, das Fell ohne Wuchsrichtung und den feinen Geruchs- und Tastsinn sehr gut an das Leben unter der Erde angepasst.

Aufgabe

1 a) Erkläre die wesentlichen Anpassungen des Maulwurfs an das Leben unter der Erde.
b) Weshalb kann der Maulwurf ohne Winterschlaf auskommen?
c) Warum ist der Maulwurf bei Gärtnern ein ungeliebter Gast?

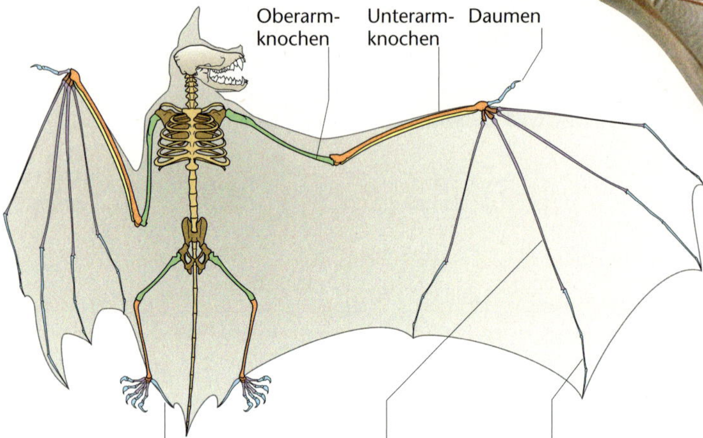

1 Skelett einer Fledermaus

2 Hufeisennase im Flug

Die mit den Händen fliegen
Fledermäuse sind weder mit den Vögeln noch mit den Mäusen verwandt. Der wissenschaftliche Name der Tiere ist sehr treffend gewählt. Chiroptera, die – mit – den – Händen – fliegen.

Eine Fledermausart, die du bei uns gelegentlich sehen kannst, ist z. B. der Abendsegler. Die Hufeisennase (▷B 2) ist dagegen sehr selten.
Die Flügel der Fledermäuse sind elastische Häute, die zwischen den Vorder- und Hinterbeinen sowie dem Schwanz gespannt sind. Die Finger sind stark verlängert und bilden so eine Stütze für die Flughaut (▷B 1 und 2). Der Körper der Fledermäuse ist mit einem dichten Haarkleid bedeckt. Flughäute und Ohren sind meist haarlos. Fledermäuse leben im Verborgenen: Tagsüber schlafen sie in Höhlen, auf Dachböden oder in Kirchtürmen, dabei hängen sie kopfüber an Balken oder Mauervorsprüngen und hüllen sich mit ihrer Flughaut ein (▷B 6). Nachts gehen die Tiere auf Jagd.

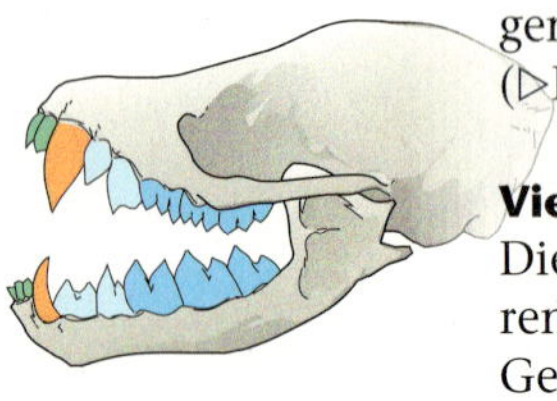

3 Schädel einer Fledermaus

Viele Fledermäuse fressen Insekten
Die heimischen Fledermausarten ernähren sich fast durchweg von Insekten. Ihr Gebiss (▷B 3) besteht aus kleinen spitzen Zähnen. In den Tropen gibt es aber auch reine Vegetarier unter den Fledermäusen.

Mit Ultraschall durch die Nacht
Wie finden Fledermäuse in völliger Dunkelheit ihre Beute? Um das herauszufinden, ließ der italienische Naturforscher Lazzaro Spallanzani (1729 – 1799) Fledermäuse in einem völlig dunklen Raum mit kreuz und quer gespannten Fäden fliegen. Da an den Fäden kleine Glöckchen hingen, konnte er feststellen, dass die Tiere nie an die Fäden stießen. Verstopfte er den Fledermäusen allerdings die Ohren, so konnten sie sich nicht mehr orientieren und stießen gegen die Fäden. Erst 1938 entdeckten Forscher, dass Fledermäuse sehr hohe und für den Menschen unhörbare Schreie ausstoßen. Diese für uns unhörbaren Töne nennt man **Ultraschall**. Diese Schallwellen werden von Hindernissen und Beutetieren als Echo zurückgeworfen und von den Tieren mit ihren empfindlichen Ohren wahrgenommen. So können die Tiere auch bei völliger Dunkelheit jagen. Fledermäuse „sehen also mit den Ohren“. Dabei können sie erstaunlich schnell fliegen. Manche Arten bringen es auf bis zu 50 km/h.

Hättest du das gedacht?

Die kleinste bekannte Fledermausart ist die **Hummelfledermaus** mit einem Gewicht von 2 g, einer Länge von 3 cm und einer Spannweite von 12 cm.

Der **Riesen-Flughund** hat ein Gewicht von 1,5 kg, ist etwa 50 cm lang und hat eine Flügelspannweite von 170 cm. Er lebt in Südamerika.

Einzelkinder
Im Juni bringen die Weibchen in speziellen „Wochenstuben“, eigens dafür ausgesuchten Höhlen, meist ein Junges zur Welt. Die Jungtiere werden gesäugt und sind nach etwa 6 bis 8 Wochen selbstständig.

Kopfüber durch den Winter
Unsere heimischen Fledermäuse halten einen **Winterschlaf**. Sie hängen sich in ihren Winterquartieren in Gruppen kopfüber an Vorsprüngen auf, umhüllen sich mit der Flughaut und fallen in einen tiefen Schlaf. Mit dem Fettvorrat, den die Tiere sich im Laufe des Jahres angefressen haben, müssen sie 5 bis 6 Monate auskommen.

Nicht gejagt – und doch bedroht
Fledermäuse stehen unter Naturschutz. Trotzdem sind unsere heimischen Arten bedroht. Eine der Ursachen hierfür ist der Verlust an Schlafplätzen, da der Mensch immer mehr Kirchtürme, Scheunen und Höhlen verschließt. Eine andere Ursache liegt in der Verwendung von Insektengiften. Diese vernichten die Nahrung der Fledermäuse. Auch die Fledermäuse können durch das Insektengift geschädigt werden.

Fledermäuse sind fliegende Säugetiere, die sich mit Ultraschall orientieren. Sie fressen Insekten und halten Winterschlaf. Fledermäuse sind bedroht.

Vampire – gibt's die wirklich?
Es gibt tatsächlich auch Vampire (▷ B 5) unter den Fledermäusen. Mit den kleinen, messerscharfen Zähnen ritzen sie die Haut ihrer „Blutspender“ unmerklich an und lecken das austretende Blut auf. Diese Vampire leben ausschließlich in Mittel- und Südamerika. Sie ernähren sich vor allem vom Blut von Pferden, Rindern, Hunden oder Ziegen. Aber auch schlafende Menschen werden nicht verschont. Der Biss an sich ist aber völlig harmlos und der Blutverlust nicht groß. Die größte Gefahr bei solchen Fledermausbissen liegt in der Übertragung ansteckender Krankheiten.

Aufgaben

1 Wie gelingt es Fledermäusen, sich in völliger Dunkelheit zurechtzufinden?

2 a) Nenne Gründe, weshalb Fledermäuse bedroht sind.
b) Wie kann der Mensch den vom Aussterben bedrohten Fledermäusen helfen?

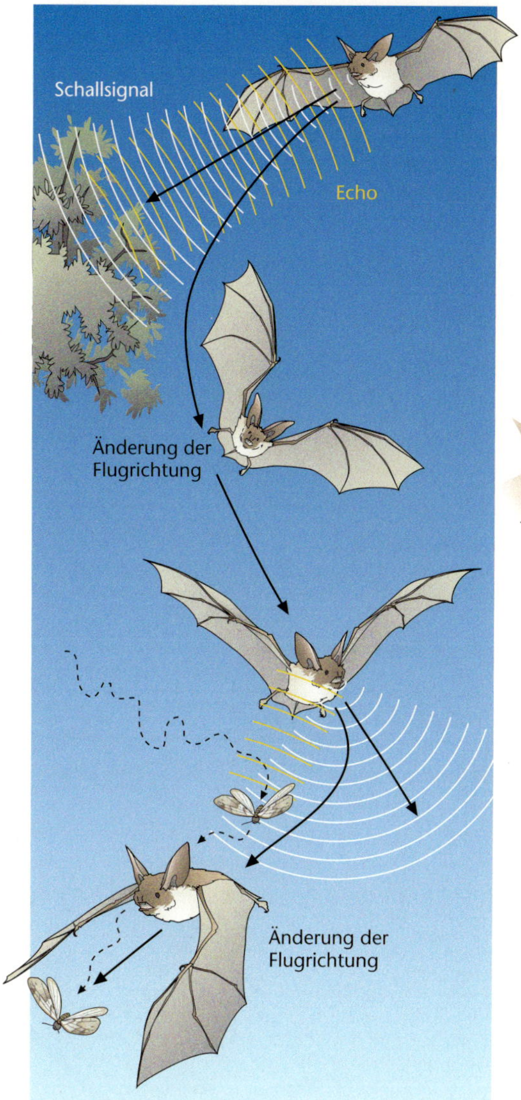

4 Fledermäuse orientieren sich mit Ultraschall.

6 Schlafende Fledermaus

5 Vampirfledermaus

Ein Referat wird geplant

Fledermäuse sind interessante Lebewesen. Es lohnt sich daher, sich einmal näher mit ihnen zu beschäftigen.
Vielleicht kannst du gemeinsam mit einer Klassenkameradin oder einem Klassenkameraden ein Referat über die Fledermaus anfertigen und es dann eurer Klasse vortragen.

Hier nun einige Tipps, wie man bei der Anfertigung eines solchen Referats vorgeht.

A. Informationen zusammentragen
Zunächst heißt es, Informationen und Material zu sammeln.

B. Sortieren und auswählen
Bei der Menge an Informationsmaterial, die du finden wirst, ist es wichtig, eine Auswahl zu treffen. Hier kommt es z.B. darauf an, ob du den Schwerpunkt auf die Physik oder die Biologie legen willst. Benutze nur Texte, die du selbst verstehst und die du interessant und spannend findest.
Suche einige Fotos und Abbildungen aus, die die Fledermaus deutlich zeigen.

C. Das Referat schreiben
Wenn du eine Vorauswahl getroffen hast, wird es Zeit zu überlegen, welche Form das Referat haben soll.

Ein Referat sollte so aufgebaut werden:

- Einleitung

Hier gibst du eine kurze Einführung zum Thema. Worüber wirst du berichten? Warum hast du dieses Thema ausgesucht?

- Hauptteil

Dieser Teil enthält alles, was du herausgefunden hast.

- Quellenangabe

Hier führst du auf, welche Bücher, Texte usw. du benutzt hast, um dein Referat zu schreiben.

Meistens ist es so, dass du zunächst dein Referat schreibst. Damit deine Mitschülerinnen und Mitschüler erfahren, was du alles herausgefunden hast, ist es möglich, das Referat zu kopieren und es an alle zu verteilen. Oft ist es aber für die anderen interessanter, wenn du ihnen deine Ergebnisse vorträgst.

Fasse dich kurz. Schreibe die wirklich wichtigen Dinge auf. Dafür reichen meistens 1 bis 2 DIN-A4-Seiten. Bei dieser Menge ist es dann vielleicht auch möglich, das Referat für alle Mitschüler deiner Klasse zu kopieren.
Möglicherweise kannst du sogar Arbeitsblätter machen (mit Lückentexten oder Ähnlichem), die du in der Klasse verteilst.

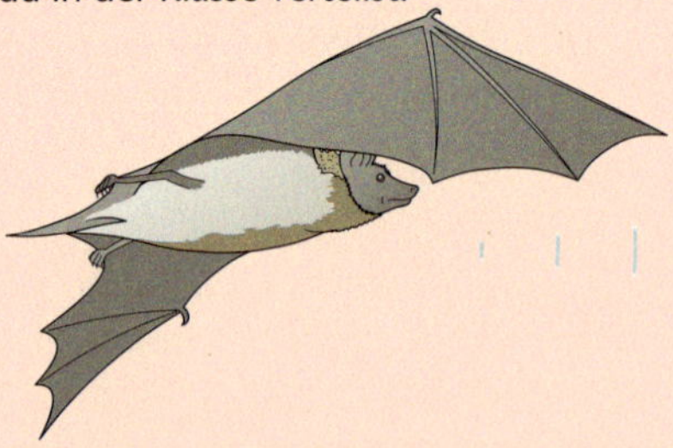

Wenn du Bilder findest, die für alle interessant sind, dann lasse sie dir von deiner Lehrerin oder deinem Lehrer kopieren. Vielleicht sind sie so gut, dass sie im Klassenraum aufgehängt werden können. Andere Bilder kannst du aber sicher auch selbst (ab)malen.
Auch ein Modell (z.B. eine präparierte Fledermaus aus der naturwissenschaftlichen Sammlung) könnte das Referat noch abwechslungsreicher machen.
Manchmal gibt es im Fernsehen Naturfilme zu sehen. Vielleicht gelingt es dir, einen Film über Fledermäuse aufzunehmen. Du könntest ein Stück des Films im Unterricht zeigen, damit alle die Fledermaus einmal in der Natur sehen.

Bei einem Referat ist es wichtig, dass es ordentlich geschrieben ist. Schreibe also leserlich oder, wenn du einen Computer zur Verfügung hast, drucke das Referat aus.

Aber: Schreibe niemals Texte aus Büchern oder aus dem Internet ab, die du selbst nicht verstehst. Deine Mitschülerinnen und Mitschüler sollen verstehen, was vorgetragen wird. Wenn du einen Begriff nicht kennst, dann kannst du im Lexikon, in anderen Büchern oder auch im Internet nach Erklärungen suchen.

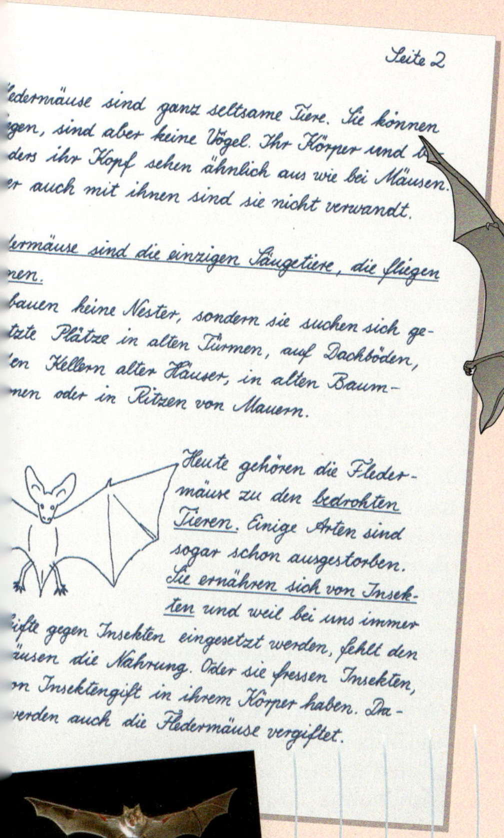
Seite 2

edermäuse sind ganz seltsame Tiere. Sie können
gen, sind aber keine Vögel. Ihr Körper und
ders ihr Kopf sehen ähnlich aus wie bei Mäusen.
er auch mit ihnen sind sie nicht verwandt.

ermäuse sind die einzigen Säugetiere, die fliegen
nen.
bauen keine Nester, sondern sie suchen sich ge-
tzte Plätze in alten Türmen, auf Dachböden,
en Kellern alter Häuser, in alten Baum-
nen oder in Ritzen von Mauern.

Heute gehören die Fleder-
mäuse zu den bedrohten
Tieren. Einige Arten sind
sogar schon ausgestorben.
Sie ernähren sich von Insek-
ten und weil bei uns immer
ifte gegen Insekten eingesetzt werden, fehlt den
äusen die Nahrung. Oder sie fressen Insekten,
n Insektengift in ihrem Körper haben. Da-
erden auch die Fledermäuse vergiftet.

D. Der Vortrag
Ein Referat soll möglichst nicht vorgelesen werden. Für die Zuhörer ist es spannender und interessanter, wenn du ihnen die wichtigsten Inhalte frei vorträgst. Das ist gar nicht so schwer, wenn du folgende Tipps beachtest.

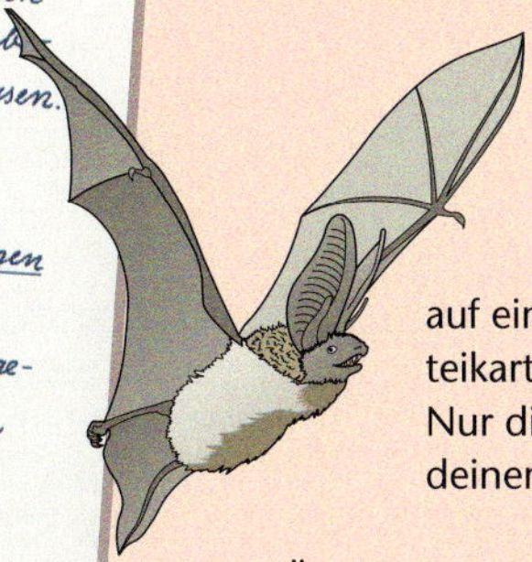

- Unterstreiche / markiere in deinem geschriebenen Referat wichtige Sätze und Begriffe.
- Notiere diese Stichpunkte auf einem Blatt oder auf kleinen Karteikarten, die du durchnummerierst. Nur diese Stichpunkte solltest du bei deinem Vortrag benutzen.

- Übe den Vortrag zu Hause, z.B. vor dem Spiegel, einer Freundin oder einem Freund.
- Bitte bei deinem Probevortrag die Zuhörer, dir Fragen zu stellen. Merke dir, welche Fragen gestellt wurden, und ergänze deinen Vortrag entsprechend.
- Schaue deine Mitschülerinnen und Mitschüler beim Vortrag an.
- Manche wichtige Fakten kannst du an der Tafel vermerken, sodass sie mitgeschrieben werden können. Auch hier gilt: kurz fassen!

Nun kann eigentlich nichts mehr schief gehen!

1 Karpfen

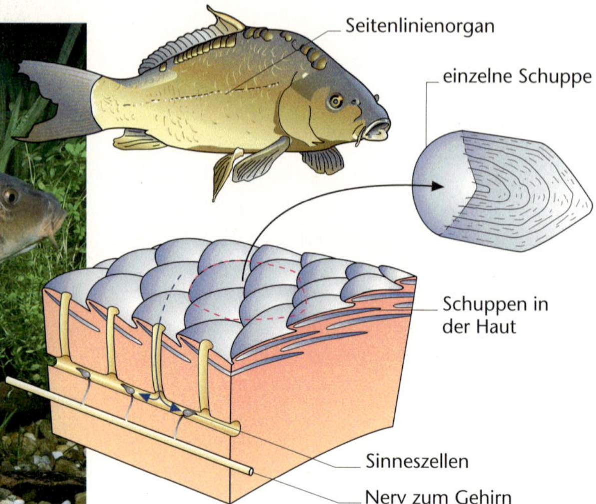

2 Seitenlinienorgan, Haut und Schuppe

Karpfen – ein Leben im Teich

Karpfen (▷ B 1) verbringen ihr ganzes Leben im Wasser: Hier werden sie geboren und hier wachsen sie heran. Im Wasser finden die Fische ihre Nahrung, hauptsächlich Pflanzenteile und kleine Tiere. Sie atmen unter Wasser und pflanzen sich auch hier fort. Sie sind also hervorragend an das Leben im Wasser angepasst.
Aber was genau kennzeichnet den Karpfen als Fisch?

Die Wirbelsäule stützt den Körper

Der stromlinienförmige Körper eines Karpfens ist in Kopf, Rumpf und Schwanz untergliedert. Dadurch gleitet er ohne großen Widerstand durchs Wasser. Im Innern dient die **Wirbelsäule** (▷ B 3) als Stütze für den Fischkörper.

Neben den Skelettknochen besitzen Fische noch die dünnen fadenartigen **Gräten**, die aus verknöchertem Bindegewebe bestehen. Im Unterschied zu den Rippen sind die Gräten nicht mit der Wirbelsäule verbunden.

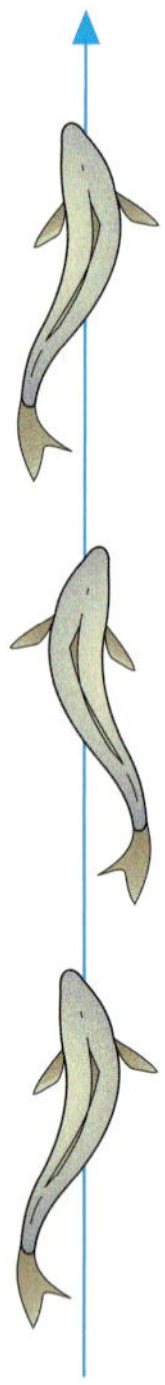

Flossen zur Fortbewegung

Karpfen schwimmen mit schlängelnden Bewegungen. Diese kommen durch das abwechselnde Zusammenziehen der seitlichen Rumpfmuskeln zustande. Als zusätzlicher Antrieb dient die **Schwanzflosse**. Zur Steuerung setzen die Fische die **Brust-** und **Bauchflossen** ein, die paarweise vorhanden sind. Mit der **Rücken-** und der **Afterflosse** halten die Karpfen während des Schwimmens das Gleichgewicht.

Schuppen bedecken den Körper

Die Körperhülle der Karpfen besteht aus einer Hautschicht mit Schleimzellen.
Der von ihnen abgegebene Schleim vermindert den Reibungswiderstand beim Schwimmen und schützt vor Hautkrankheiten. Bei den meisten Fischarten liegen in der Haut kleine Knochenplättchen, die **Schuppen** (▷ B 2). Diese sind wie Dachziegel angeordnet und schützen so den Körper.
Die Körpertemperatur der Fische ist von der Wassertemperatur abhängig: Fische sind **wechselwarme** Tiere.

Das Seitenlinienorgan – ein besonderes Sinnesorgan

Fische haben ein besonderes Sinnesorgan, das du bei anderen Tieren nicht findest: das **Seitenlinienorgan**. Von außen sieht man nur winzige Poren, die vom Kopf bis zum Schwanz eine Linie bilden (▷ B 2). Diese Poren führen zu einem Kanal unter der Haut, in dem **Sinneszellen** liegen, die durch Wasserbewegungen gereizt werden.

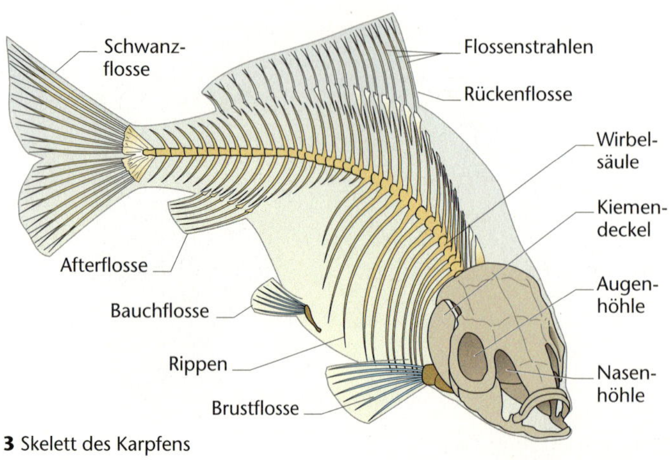

3 Skelett des Karpfens

So nehmen Fische kleinste Veränderungen der Wasserströmung wahr.

Blick ins Innere
Betrachtet man die inneren Organe eines Karpfens, fällt die **Schwimmblase** (▷ B 4) auf. Es handelt sich um eine gasgefüllte Blase, die die meisten Fische besitzen. Dieses Organ ermöglicht es den Fischen, im Wasser zu schweben, aufzusteigen oder abzusinken. Hierzu wird die Gasmenge in der Schwimmblase vergrößert oder verringert.

Atmen unter Wasser
Das wichtigste Merkmal der Fische ist ihre Fähigkeit, unter Wasser zu atmen. Wasserlebende Säugetiere wie Wale können zwar bis zu zwei Stunden tauchen, müssen dann jedoch an die Wasseroberfläche schwimmen, um Luft zu holen.

Fische dagegen besitzen spezielle Atmungsorgane – die **Kiemen** (▷ B 5). Mit ihnen nehmen sie den nötigen Sauerstoff direkt aus dem Wasser auf.
Dazu pumpen sie durch Bewegungen ihrer Mund- und Kiemenhöhlen Wasser an den Kiemen vorbei. Hinter den Kiemendeckeln liegen hintereinander vier Kiemenbögen mit vielen sehr dünnen, stark durchbluteten **Kiemenblättchen** (▷ B 5). An diesen strömt ständig Wasser vorbei. Der im Wasser gelöste Sauerstoff wird hier ins Blut aufgenommen, Kohlenstoffdioxid wird an das Wasser abgegeben.

Typische Merkmale eines Fisches sind:
- der stromlinienförmige Körper,
- die Flossen,
- die Schuppen,
- das Seitenlinienorgan,
- die Schwimmblase sowie
- die Kiemen.

Aufgaben

1 a) Skizziere den Körperumriss eines Fisches, zeichne die Flossen ein und beschrifte sie.
b) Welche Flossen eines Karpfens sind paarweise vorhanden, welche einzeln? Nenne jeweils ihre Funktion.

2 Wo liegt bei Fischen die Schwimmblase? Erkläre die Funktion dieses Organs.

3 Beschreibe den Weg des Wassers, das ein Fisch beim Atmen einsaugt.

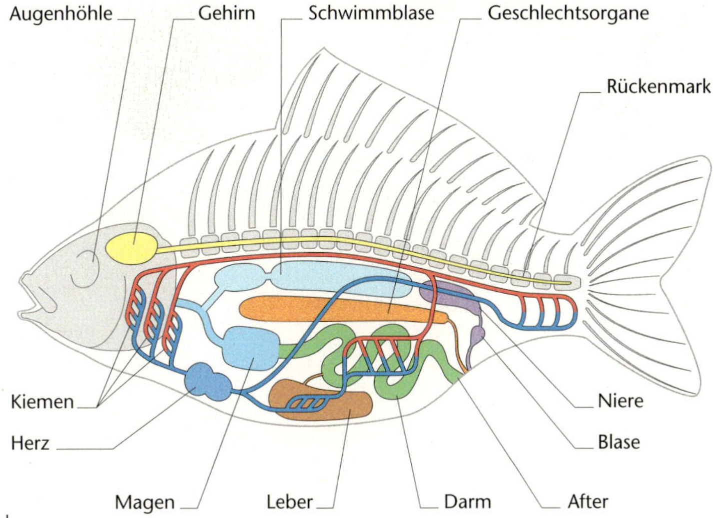

4 Innere Organe eines Fisches

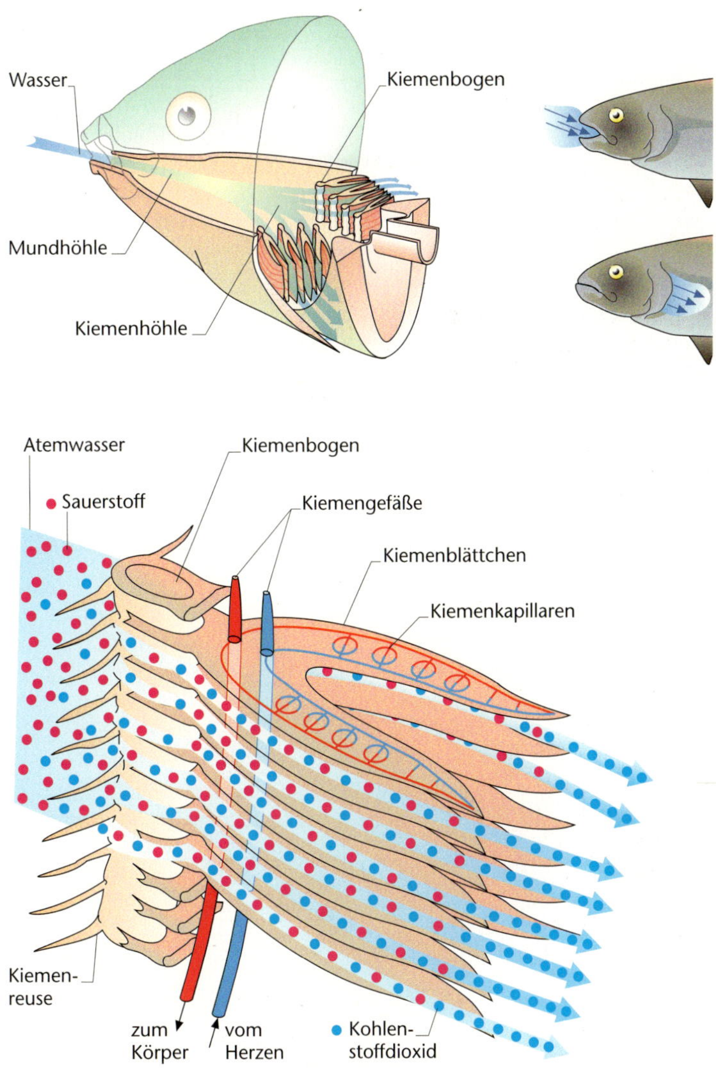

5 Aufbau und Funktionsweise der Kiemen

Wir untersuchen eine Forelle

Material
Forelle (nicht ausgenommen, ca. 25 cm lang), Präparierschale, Papiertücher, spitze Schere, Pinzette, Präpariernadel, Lupe, Skalpell (Beachte bitte, dass Skalpelle sehr scharf sind, du musst deshalb vorsichtig damit umgehen!)

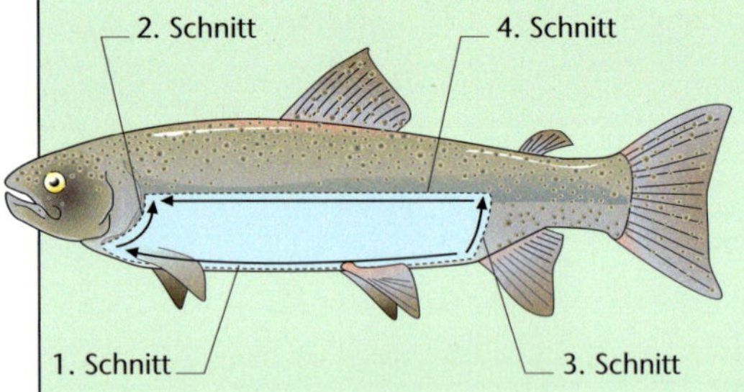

1 Schnittführung

1 Körperbau der Forelle

Versuchsanleitung
Lege die Forelle in die Präparierschale und betrachte sie zuerst ohne, dann mit Lupe.
Beantworte die Aufgaben schriftlich in deinem Heft.

Aufgaben
1. Zeichne den Umriss des Fisches.
a) Beschreibe die Lage, die Form und die Oberfläche der Flossen.
b) Welche Flossen sind paarweise, welche einzeln vorhanden?
2. Beschreibe die Kiemendeckel.
3. Suche die Poren des Seitenlinienorgans. Wie ist der Verlauf?
4. Beschreibe Haut, Augen, Nase und Zähne der Forelle.
5. Zeichne die untersuchten Körperteile in deine Skizze ein.

2 Die inneren Organe

Versuchsanleitung
Um die inneren Organe betrachten zu können, öffnest du mit der Schere vorsichtig den Bauch der Forelle. Arbeite sorgfältig und führe die Schnitte wie in Abbildung 1 gezeigt durch:
1. Schneide vom After bis zur Kiemenhöhle.
2. Schneide an der Kiemenhöhle entlang bis auf Höhe des Seitenlinienorgans.
3. Schneide vom After nach oben.
4. Klappe die Bauchwand mit der Pinzette nach oben und trenne das Fleisch mit einem Schnitt von hinten nach vorne ab.

Aufgaben
1. Suche mithilfe von Abbildung 2 die einzelnen Organe.
2. Fertige eine Skizze mit genauer Lage der Organe an und beschrifte deine Zeichnung.
3. Löse mit Pinzette und Skalpell vorsichtig die einzelnen Organe etwas voneinander und beschreibe sie (Farbe, Größe).

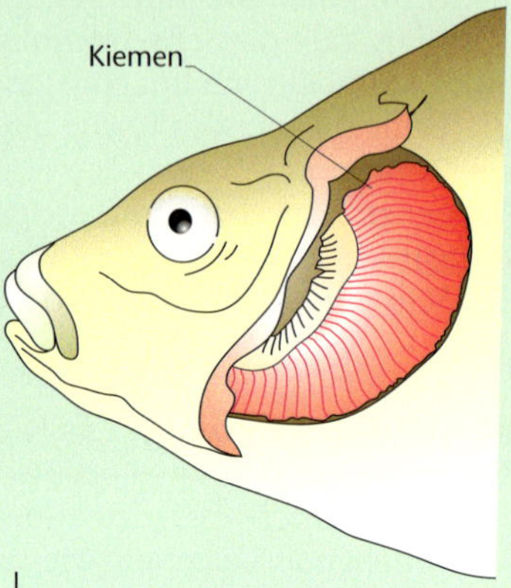

3 Kopf mit geöffnetem Kiemendeckel

3 Die Kiemenhöhle

Versuchsanleitung
Schneide mit der Schere den linken Kiemendeckel ab. Die Kiemenbögen liegen jetzt frei.

Aufgaben
1. Wie viele Kiemenbögen erkennst du?
2. Trenne mit der Schere oder dem Skalpell vorsichtig einen Kiemenbogen heraus.
Skizziere und beschreibe ihn.
Beschrifte die einzelnen Teile.

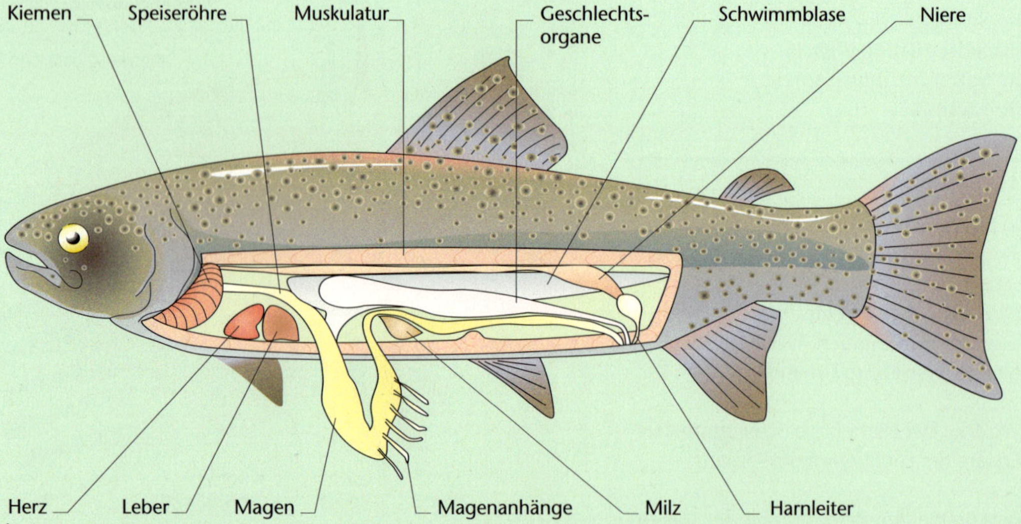

2 Die inneren Organe der Forelle

Werkstatt

Vom Schwimmen und Tauchen

1 Wer ist der schnellste Schwimmer?

1 Zu Aufgabe 4

Material
Modelliermasse, Standzylinder (Höhe 30 cm), Notizpapier, Messer, Waage, langer Holzstab (z. B. Schaschlikspieß)

Versuchsanleitung
1. Teile die Knetmasse mit dem Messer in vier gleich schwere Teile (ca. 5 g). Kontrolliere das Gewicht mit der Waage.
2. Stelle anschließend aus der Knetmasse, wie in Abbildung 2 dargestellt, verschieden geformte Körper her.
3. Fülle den Standzylinder fast bis zum oberen Rand mit Wasser.
4. Lasse die Körper nacheinander ins Wasser fallen. Vergleiche die Absinkzeiten der verschiedenen Körper.
5. Den abgesunkenen Körper kannst du leicht wieder aus dem Wasser holen, wenn du mit dem Holzstab hineinstichst und ihn dann vorsichtig aus dem Wasser nimmst.

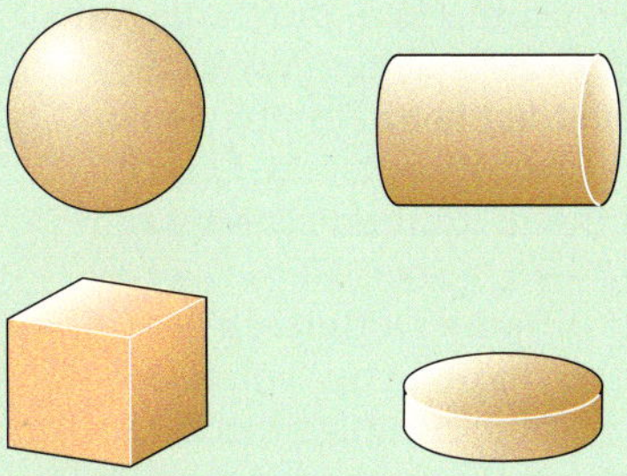

2 Zu Versuch 1

Aufgaben
1. Ordne den Körpern die folgenden Begriffe zu:
kugelförmig, zylindrisch, würfelförmig, scheibenförmig.
2. Ordne die Körper nach ihrer jeweiligen Absinkzeit.
Vergleiche deine Ergebnisse mit denen deiner Mitschüler und Mitschülerinnen.
3. Forme aus der Knetmasse nach eigenen Ideen weitere gleich schwere Körper.
Schätze vor der Versuchsdurchführung die Absinkzeit und führe dann den Versuch durch.
Überlege dir, wie die Absinkzeit von der Körperform abhängt.

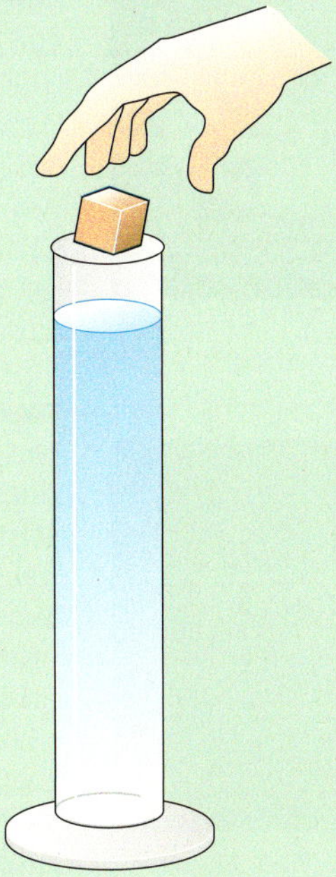

4. Vergleiche die Körperform von Hecht, Mondfisch und Seepferdchen. Welcher Fisch ist der schnellste, welcher der langsamste Schwimmer?
Begründe deine Antwort.

2 Wie funktioniert die Schwimmblase?

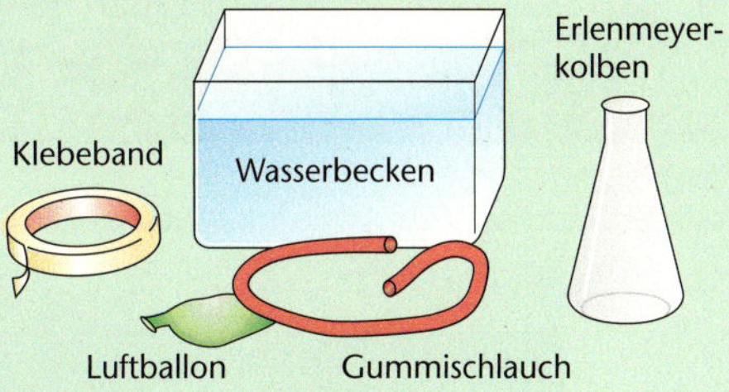

Material
Wasserbecken (mindestens 30 cm x 20 cm x 20 cm), Erlenmeyerkolben (500 ml), Gummischlauch, Luftballon, Klebeband

Versuchsanleitung
1. Fülle das Becken fast bis zum Rand mit Wasser.
2. Klebe den Luftballon an das Schlauchende und stecke ihn dann in den Erlenmeyerkolben.
3. Tauche den Erlenmeyerkolben unter Wasser, sodass er ganz mit Wasser gefüllt ist.
4. Blase anschließend Luft durch den Gummischlauch.
5. Lasse die Luft langsam wieder ab.
6. Versuche den Erlenmeyerkolben in der Schwebe zu halten.

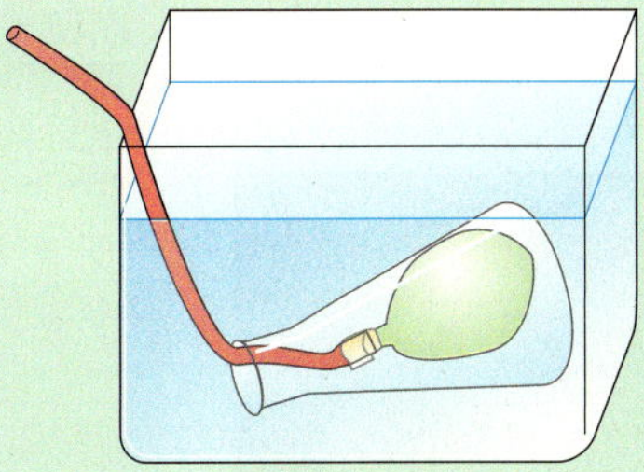

Aufgaben
1. Schreibe deine Beobachtungen auf.
2. Erkläre anhand der Versuche wie die Schwimmblase funktioniert.

1 Bachforelle

2 Forellenzuchtanlage

3 Abstreifen einer Forelle

4 Schlüpfende Larve

5 Larve mit Dottersack

6 Jungfisch

Bachforellen haben im Winter Geburtstag

Bachforellen (▷ B 1) gehören zur Familie der Lachse. Sie leben vorwiegend in kalten, schnell fließenden Gebirgsflüssen mit sauerstoffreichem Wasser. Hier jagen sie kleinere Fische und Wasserinsekten. Zwischen Oktober und Januar pflanzen sich die Bachforellen fort. Das Weibchen schlägt mit dem Schwanz eine Grube in den sandigen Boden des Baches und legt die Eier hinein: Es **laicht** ab. Anschließend schwimmt das Männchen über die Eier und gibt seine Spermien ab. Da die Eier dabei außerhalb des weiblichen Körpers befruchtet werden, spricht man von **äußerer Befruchtung**.

Aus den befruchteten Eiern schlüpfen nach einigen Wochen kleine **Larven**. So nennen Biologen alle Jungtiere, die außerhalb der Eihülle selbstständig leben. Sie unterscheiden sich im Aussehen noch stark von den erwachsenen Tieren. Die Forellenlarven entwickeln sich innerhalb von vier Jahren zu geschlechtsreifen Forellen.

Der ideale Beobachtungsort – eine Forellenzuchtanlage

In einer Forellenzuchtanlage (▷ B 2) kannst du die Vorgänge der Fortpflanzung und Entwicklung bei Forellen beobachten. Hier werden die Tiere, je nach Entwicklungsstadium, in verschiedenen Becken gehalten.

Eier müssen befruchtet werden

Auch in der Forellenzuchtanlage werden die Eier außerhalb des Körpers befruchtet; allerdings nicht in einem Teich. Züchter pressen zuerst die Eier der Weibchen, den **Rogen**, dann die Spermienflüssigkeit der Männchen, die **Milch**, aus den Tieren in Schüsseln. Nach dem „Abstreifen" (▷ B 3) geben sie Rogen, Milch und Wasser zusammen – die Eier werden befruchtet.

Eier – Larven – Jungfische

In speziellen Brutbecken, durch die ständig frisches, ca. 8 °C kaltes Wasser fließt, schlüpfen aus den befruchteten Eiern nach etwa sieben Wochen die Larven. Sie sind an ihrem dünnen Flossensaum und dem großen, gelben Dottersack zu erkennen (▷ B 5). Im Dottersack befinden sich Nährstoffvorräte, von denen sich die Larven nach dem Schlüpfen ernähren. Im Verlauf von drei Wochen wird der Nahrungsvorrat des Dottersacks aufgebraucht, die Jungfische (▷ B 6) sind dann etwa 2 cm lang. Ab dieser Größe setzen die Züchter sie in einen Teich. Hier wachsen sie heran. Die Züchter sortieren in dieser Zeit die Forellen mehrmals nach Größe und Gewicht. Im Alter von etwa vier Jahren sind die Fische, die jetzt ca. 350 g wiegen, geschlechtsreif.

Bei Forellen findet eine äußere Befruchtung der Eier statt. Aus ihnen schlüpfen kleine Forellenlarven, die innerhalb von vier Jahren zu erwachsenen Tieren heranwachsen.

Aufgaben

1 Wieso werden die befruchteten Eier nicht sofort in einen Teich gesetzt, sondern zuerst in ein Brutbecken, durch das ständig frisches Wasser fließt?

2 Informiere dich in einem Lexikon über Wale. Nenne Unterschiede und Gemeinsamkeiten bei der Fortpflanzung von Forellen und Walen.

3 Was meint der Züchter, wenn er von „Rogner" und „Milchner" spricht?

Lexikon

Erstaunliches über Fische

1 Schützenfisch

Schützenfische (▷ B 1) fressen Insekten, die sie mit einem Wasserstrahl von Blättern schießen.

Es gibt auch **„fliegende" Fische**, die in Schwärmen in tropischen Meeren leben. Sie springen mit hoher Geschwindigkeit aus dem Wasser und „fliegen" gleitend bis zu 50 m weit (▷ B 2).

2 Fliegender Fisch

Der bis zu 18 m lange **Walhai** (▷ B 3) ist der größte Fisch der Welt. Er ernährt sich von winzigen Meereslebewesen, die er aus dem Wasser filtert. Hat er etwas Falsches gefressen, kann er einfach seinen Magen nach außen stülpen.

3 Walhai

Die **Zwerggrundel**, die bei den philippinischen Inseln lebt, ist mit nur 1,1 cm das kleinste Wirbeltier der Welt (▷ B 4).

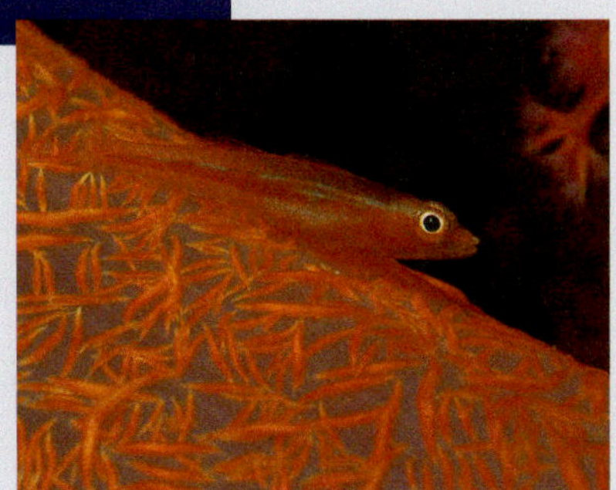

4 Zwerggrundel

Während der Entwicklung der **Scholle** (▷ B 5), einem Plattfisch, wandert das linke Auge auf die rechte Körperseite. Der erwachsene Fisch lebt, flach auf der Seite liegend, auf dem Meeresboden.

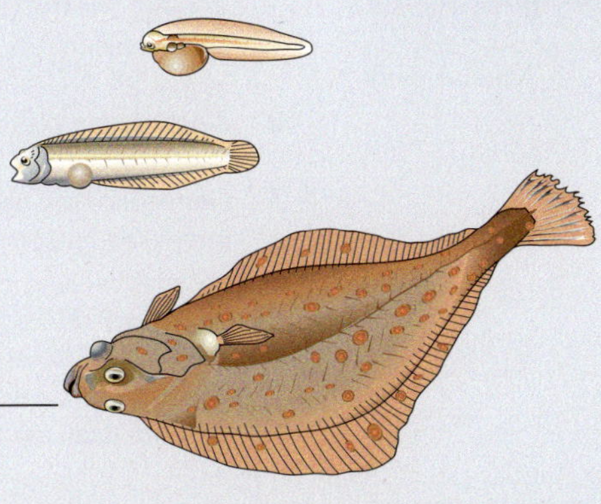

5 Scholle

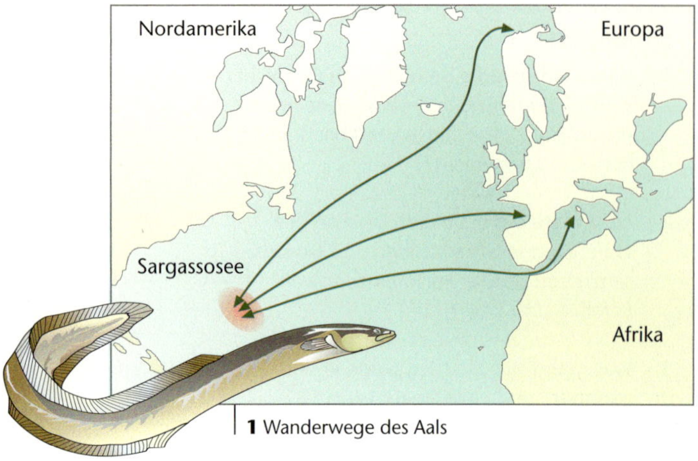

1 Wanderwege des Aals

Neben Arten wie Bachforelle oder Karpfen, die ihr ganzes Leben im gleichen Gewässer bleiben, gibt es Fische, die einen Teil ihres Lebens im Süßwasser, den anderen im Meer verbringen. Dazu gehören Aale und Lachse.

Der Aal – ein Fisch mit schlangenförmigem Körper
Der europäische Aal lebt in Gewässern, die mit dem Meer in Verbindung stehen. Zwischen Juli und Oktober wandern die geschlechtsreifen Tiere flussabwärts zum Ablaichen in den Atlantik. Das Laichgebiet liegt etwa 7000 km weit entfernt in der Sargassosee (▷ B 1) im Westatlantik vor der Küste Amerikas. Auf dieser Wanderung orientieren sich die Aale am Erdmagnetfeld und an Meeresströmungen. Die Tiere fressen in dieser Zeit nicht. Die benötigten Fettreserven müssen sie sich vorher anfressen. In der Sargassosee legen sie ihre Eier ab, danach sterben die Eltern. Die geschlüpften Larven werden im Laufe von drei Jahren mit dem Golfstrom zurück nach Europa getrieben.

Während dieser Zeit verändern sie ihr Aussehen. An der europäischen Küste angekommen, wandern sie die Flüsse hinauf. Dabei werden die Fische vermutlich durch den Geruch und den Geschmack des Süßwassers angelockt.

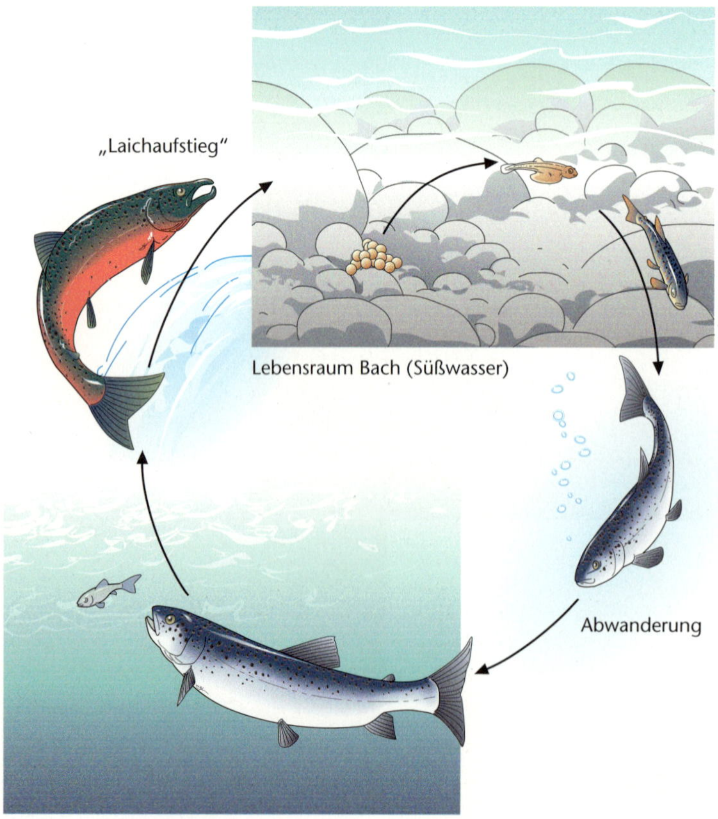

2 Lebenszyklus des Lachses

Der Lebenszyklus des Lachses
Lachse laichen im Winter in den Quellgebieten von Fließgewässern ab. Hier bleiben die Jungtiere 2–3 Jahre, dann wandern sie flussabwärts ins Meer. Dort leben die Lachse räuberisch von anderen Fischen und wachsen heran. Innerhalb der nächsten zwei Jahre werden die Tiere geschlechtsreif. Sie sind dann etwa 1 m lang und über 30 kg schwer. Die erwachsenen Tiere schwimmen aus dem Meer in die Flüsse zu den Laichplätzen. Mit ihrem sehr guten Geruchssinn erkennen sie den Fluss, in dem sie selbst geschlüpft sind. Während ihrer Wanderung überspringen Lachse Stromschnellen, Wasserfälle und Wehre, nehmen jedoch keine Nahrung zu sich.

▶ Aale und Lachse sind Wanderfische. Sie verbringen ihr Leben im Süßwasser und im Meer.

Aufgaben

1 Vergleiche die Entwicklung von Lachs und Aal. Nenne Gemeinsamkeiten und Unterschiede.

2 Zeichne den Lebenszyklus des Aals.

3 Nenne einige Gefahren, denen Aale auf ihrer Wanderung ausgesetzt sind.

4 Informiere dich im Internet, in welchen Ländern es Lachsfarmen gibt. Wie werden die Tiere dort gehalten? Gestalte dazu ein Plakat.

Wie erstelle ich ein Plakat?

Plakate kennst du als öffentlich angebrachte Werbung an Wänden oder Litfaßsäulen. Ein Plakat soll für etwas werben und die Werbefachleute setzen geschickt Bild und Text ein, damit dir als Vorübergehendem die Werbebotschaft auffällt und in Erinnerung bleibt. So soll es auch mit Plakaten sein, die du für den NWA-Unterricht gestaltest. Hier ein paar Tipps:

A. Das Wichtigste zuerst – die Überschrift
Die Überschrift deines Plakates muss groß und deutlich geschrieben werden, damit man rasch erkennt, um welches Thema es geht. Benutze dazu z. B. die breite Seite deines Filzstiftes.

B. Ein Bild sagt mehr ...
Du findest bestimmt Bilder zu deinem Thema. Suche solche, die das Thema möglichst groß und deutlich abbilden. Gehe aber sparsam mit den Bildern um. Das Plakat soll am Ende nicht aussehen wie ein Fotoalbum.

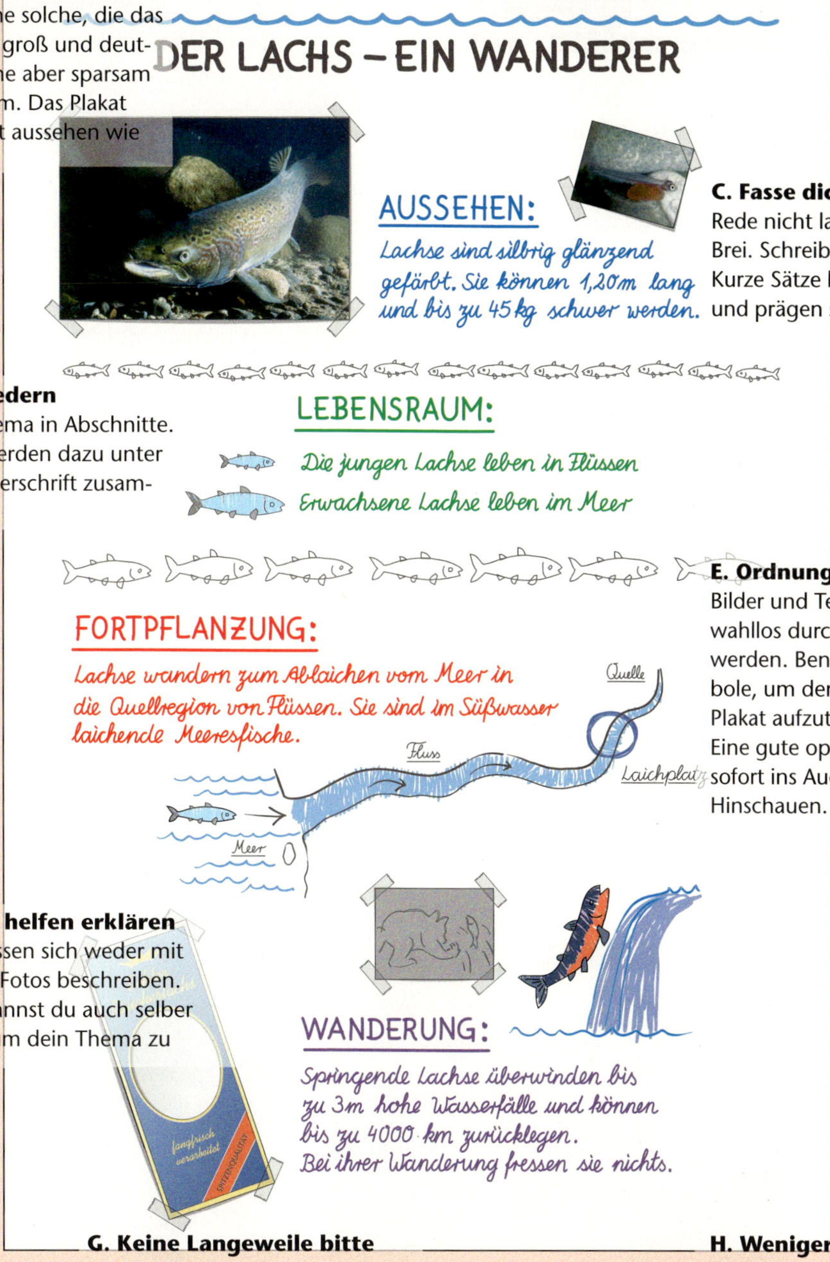

C. Fasse dich kurz
Rede nicht lange um den heißen Brei. Schreibe nur wenig Text. Kurze Sätze lassen sich leicht lesen und prägen sich besser ein.

D. Den Text gliedern
Unterteile das Thema in Abschnitte. Gleiche Inhalte werden dazu unter einer Zwischenüberschrift zusammengefasst.

E. Ordnung schaffen
Bilder und Texte sollten nicht wahllos durcheinandergewürfelt werden. Benutze Farben und Symbole, um den Platz auf deinem Plakat aufzuteilen und zu ordnen. Eine gute optische Aufteilung fällt sofort ins Auge und verleitet zum Hinschauen.

F. Zeichnungen helfen erklären
Manche Dinge lassen sich weder mit Worten noch mit Fotos beschreiben. Für solche Fälle kannst du auch selber etwas zeichnen, um dein Thema zu erklären.

G. Keine Langeweile bitte
Auf ein Plakat darfst du auch ungewöhnliche Dinge kleben, sofern sie mit dem Thema zu tun haben.

H. Weniger ist immer mehr
Ein Plakat darf nicht zu voll und überladen sein. Es braucht auch leere Flächen. Versuche zum Rand hin immer etwas Platz zu lassen.

1 In diesem Frosch steckt ein Prinz.

2 Pfeilgiftfrosch

Märchenhafte Amphibien
Kennst du das Märchen vom Froschkönig? Die Prinzessin küsst den Frosch und dieser verwandelt sich daraufhin in einen schönen Prinzen.

3 Feuersalamander

Was sind eigentlich Amphibien?
Das Wort „Amphibien" kommt aus dem Griechischen und bedeutet „Zwei-Leben". Dieser Name besagt also, dass die Tiere in zwei Lebensräumen, im Wasser und auf dem Land, leben. Amphibien pflanzen sich meist im Wasser fort und verbringen als erwachsene Tiere ihr Leben sowohl an Land als auch im Wasser. Aber sie brauchen in jedem Fall eine feuchte Umgebung.

Amphibien werden oft auch Lurche genannt. Zu den Amphibien gehören vor allem die **Froschlurche**, wie Frösche und Kröten, und die **Schwanzlurche**, wie Salamander und Molche.

Riesen und Zwerge
Es gibt etwa 3000 verschiedenen Amphibienarten. Darunter sind Riesen und Zwerge.

Der in China und Japan lebende Riesensalamander wird 1,50 m lang. Der mexikanische Pygmäensalamander aber ist nur 4 cm klein. Der in Westafrika lebende Goliathfrosch kann bis zu 45 cm lang werden und bis zu 2 kg wiegen, während der kubanische Zwergfrosch nur 1 cm lang werden kann.

Es gibt harmlose Tiere wie unseren Laubfrosch (▷ B 5), aber es gibt auch sehr giftige Tiere, wie z. B. den südamerikanischen Pfeilgiftfrosch (▷ B 2).

4 Grasfrosch

5 Laubfrosch

Frösche sind gute Schwimmer

Ein heißer Tag! Kai und Svenja sind zum Baden an den Baggersee gefahren. Schon von weitem hören sie ein lautes Froschkonzert. „Komm, lass uns leise ranschleichen, vielleicht können wir einen Frosch beim Quaken beobachten“, sagt Svenja. Aber trotz aller Vorsicht: Kaum treten sie näher, verstummt das Konzert.

Frösche haben empfindliche Sinnesorgane. Sie hören sehr gut und spüren feinste Bodenerschütterungen sofort. Mit ihren muskulösen Hinterbeinen können sie weite Sprünge ins rettende Wasser machen. Sie strecken beim Sprung die Hinterbeine fast vollständig durch und fangen den weiten Satz mit den Vorderbeinen abfedernd auf (▷B 1).
Brustschwimmer haben den Fröschen einiges abgeschaut: Vor dem Beinschlag werden die Beine angezogen und anschließend mit seitwärts gestellten Füßen nach hinten gestoßen (▷B 2).

Außerdem haben Frösche zwischen ihren fünf Zehen **Schwimmhäute**, so können die Tiere schnell schwimmen.

Beim Beutefang bieten die seitlich sitzenden Augen eine gute Rundumsicht. Ist das Insekt oder der Wurm nah genug, passieren zwei Vorgänge fast gleichzeitig: Der Frosch springt kräftig ab und schon schnappt seine klebrige **Klappzunge** (▷B 3) zu. Die Zunge zieht die Beute danach sofort ins Maul. Einmal schlucken – und schon kann der nächste Leckerbissen kommen.

▶ Mit ihren kräftigen Beinen und den Schwimmhäuten können Frösche sehr gut springen und schwimmen. Die Klappzunge dient dem Beutefang.

3 Frosch schnappt nach einer Fliege

Hättest du das gedacht?

Der **Goliathfrosch** ist mit 45 cm Körperlänge der größte Frosch der Welt. Er lebt in den afrikanischen Ländern Angola und Kamerun.

Der **kleinste Frosch (Stumpffia tridactyla)** der Welt ist 10–12 mm lang und wiegt ein Viertel Gramm. Er lebt auf feuchtem Waldboden in Madagaskar.

Die in Afrika lebenden Männchen der **Haarfrösche** tragen in der Paarungszeit an den Flanken und Schenkeln durchblutete Hautfäden, die wie Haare aussehen.

1 Springender Frosch

2 Schwimmender Frosch

4 Quakender Teichfrosch

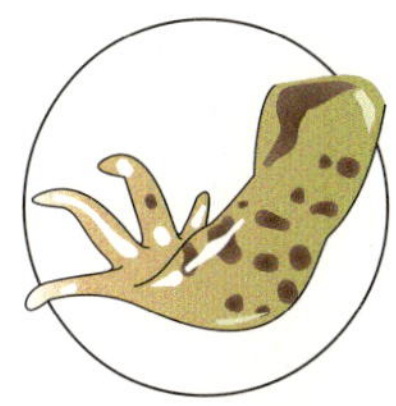

Vorderfuß

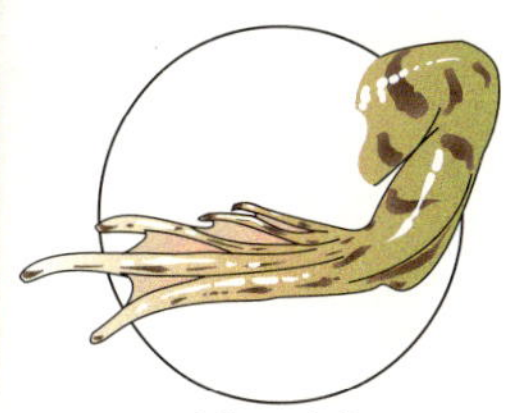

Hinterfuß

1 Grasfrösche

2 Laichballen

Huckepack zum Laichplatz

Ist im Frühjahr das letzte Eis getaut, legen die Grasfrösche ihren Laich ab. Feuchte Wälder und Wiesen sind ihr bevorzugter Lebensraum. Wenn das Wetter günstig ist, machen sich die Frösche auf die Wanderschaft zu dem Gewässer, in dem sie selbst aufgewachsen sind.

Die Männchen der Grasfrösche locken mit leise knurrenden Geräuschen Weibchen an. Kommt ein Weibchen in die Nähe, klammert sich das kleinere Männchen auf ihm fest und lässt sich huckepack zum Wasser tragen (▷ B 1). Dort gibt das Weibchen bis zu 4 000 Eier ab – den **Laich** (▷ B 2). Das Männchen befruchtet die Eier sofort mit seiner Spermienflüssigkeit.

Eine Kaulquappe verwandelt sich

In den einzelnen Eiern der Laichballen entwickeln sich jetzt kleine **Kaulquappen** (▷ B 5), die nach etwa drei Wochen schlüpfen. Sie atmen durch **Kiemen**, die als kleine Büschel außen am Kopf sitzen. Als Nahrung nehmen sie mit ihrem kleinen Hornschnabel winzige Algen auf. Die Kaulquappe bewegt sich dabei mit ihrem langen **Ruderschwanz** vorwärts.
Nach und nach entwickeln sich jetzt die Hinterbeine (▷ B 6). Die Außenkiemen werden von einer Hautfalte überwachsen. Nur eine kleine Öffnung bleibt frei. Hier kann das Atemwasser wieder austreten, das durch das Maul aufgenommen wurde. Kurz vor der Umwandlung zum Frosch erscheinen die Vorderbeine und die inzwischen gebildete Lunge übernimmt die Atmung. Die Kaulquappe muss nun ab und zu auftauchen, um Luft zu bekommen. Der Hornschnabel verschwindet, das Froschmaul bildet sich aus und vom Ruderschwanz ist nur noch ein kleiner Stummel übrig.
Der nun 1,5 cm lange Jungfrosch muss langsam seine Nahrung von Pflanzen auf Fleisch umstellen. Die Larvenentwicklung dauert zwei bis drei Monate und wird als **Metamorphose** (Verwandlung) bezeichnet. Im Juni verlassen die Jungfrösche das Wasser. Die geschlechtsreifen Tiere kehren im Alter von drei Jahren zu „ihrem" Laichgewässer zurück.

Kaulquappen schlüpfen aus Eiern. Sie atmen durch Kiemen und entwickeln sich in einer Metamorphose zu Fröschen.

Amphibien

Lurche sind keine reinen Landtiere, da sie zur Eiablage ins Wasser kommen. Sie heißen deshalb auch **Amphibien** (griech., *amphi* = beide, zwei; *bios* = Leben). Übrigens: Amphibienfahrzeuge fahren im Wasser und auf dem Land.

8 Jungfrosch

7 Frosch mit Ruderschwanz

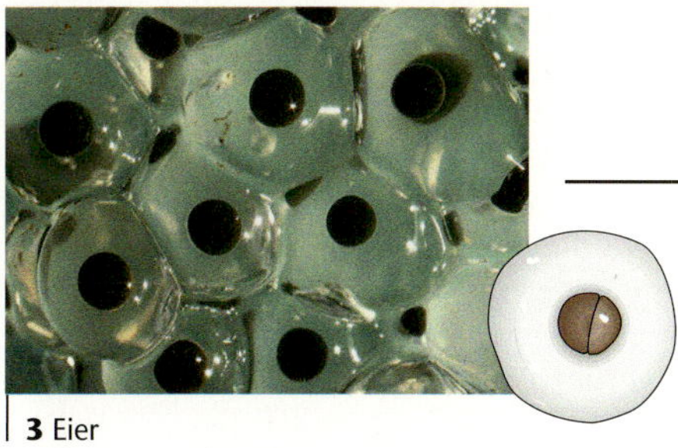

3 Eier

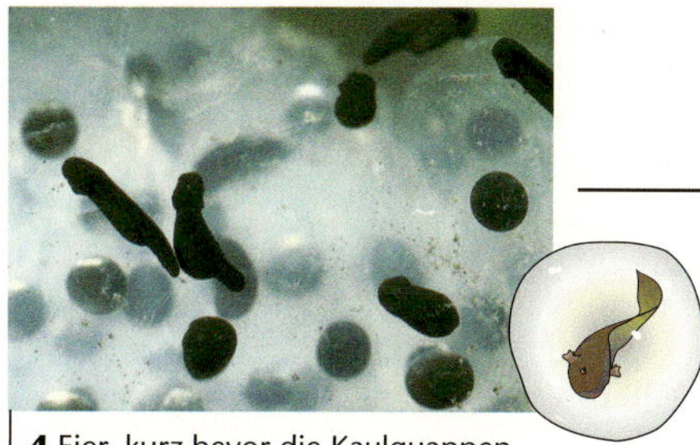

4 Eier, kurz bevor die Kaulquappen schlüpfen

Wenn es kalt wird
Lurche fühlen sich meist kalt an, sie sind **wechselwarme Tiere**. Ihre Körpertemperatur wird von der Umgebungstemperatur bestimmt. Im späten Herbst ziehen sich die Lurche deshalb an frostsichere Stellen zurück und fallen in eine **Winterstarre**. Sie wirken dabei fast leblos.

Atmung und Skelett
Vielleicht hast du dich schon gewundert, warum Frösche so lange unter Wasser bleiben können. Lurche sind zwar Lungenatmer, können aber auch über die Haut atmen. Dabei gelangt Sauerstoff aus dem Wasser durch die dünne Haut in die darunter liegenden Blutgefäße. Damit das funktioniert, muss die Haut ständig feucht sein. Hierfür sorgen Schleimdrüsen in der Haut und der Aufenthalt in feuchten Lebensräumen.

Das Skelett der Frösche zeigt viele Übereinstimmungen mit den Merkmalen der übrigen **Wirbeltiere** (▷ B 9). Alle haben eine Wirbelsäule, von der diese Tiergruppe ihren Namen erhalten hat. Das Armskelett ist gelenkig mit dem Brustkorb verbunden und das Beinskelett mit dem Becken.

▶ Lurche sind wechselwarme Wirbeltiere. Im Winter fallen die Tiere in eine Winterstarre.

Aufgaben

1 Schreibe zu den Bildern 1–8 jeweils einen kurzen, erklärenden Text.

2 In der Kulturlandschaft sind Grasfrösche an vielen Orten fast völlig verschwunden. Was könnten die Ursachen sein?

3 Nenne Anpassungen, die der Kaulquappe das Leben im Wasser ermöglichen.

4 Froschlaich zeigt immer mit der dunklen Seite nach oben. Im Laichballen ist die Temperatur gegenüber dem Wasser bei Sonnenschein bis zu 10 °C höher. Vergleiche mit der Farbe von Sonnenkollektoren und versuche zu erklären.

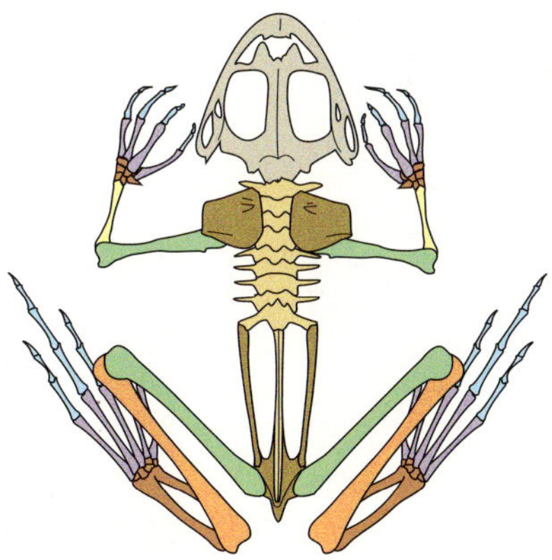

9 Skelett eines Froschlurches

6 Kaulquappe mit Hinterbeinen

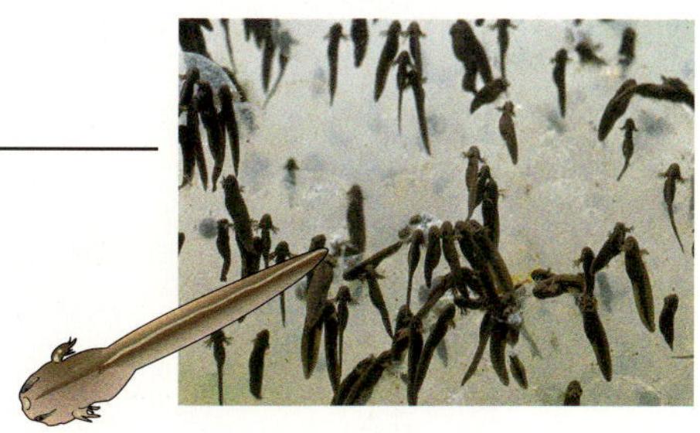

5 Kaulquappen

Vorsicht Krötenwanderung!
Jedes Jahr die gleiche Mühe! Schon Ende Februar treffen sich die Mitglieder der Naturschutz-AG zur Krötenzaun-Aktion.

Vor allem Erdkröten sind es, die abends zu ihren Laichgewässern wandern. Von Fröschen unterscheiden sie sich durch ihre warzige Haut. Die plumpen Tiere kommen nur langsam voran. Bis zu 2 km legen sie bis zum Ziel zurück. Sie sind ausgesprochen laichplatztreu, da sie wie die Grasfrösche zu dem Gewässer zurückkehren, in dem sie selbst ihre Metamorphose durchgemacht haben. Fast alle Weibchen tragen ein etwas kleineres Männchen auf dem Rücken mit zum Gewässer. Dieses Verhalten ist angeboren. Die Männchen klammern sich an allem fest, was sich bewegt und lassen auch bei Anwendung von Gewalt nicht los.

Haben die Kröten das Laichgewässer erreicht, meistens einen See oder einen Teich ohne Strömung, dauert es noch mehrere Tage, bis sie ihre Eier ablegen. Die Eier werden wie an Schnüren aufgereiht abgegeben (▷ B 4) und sofort vom Männchen besamt. Anschließend trennen sich die Tiere und wandern zum Sommerrevier zurück.

Sicher auf die andere Straßenseite
Damit die Wanderung möglichst gefahrlos verlaufen kann, werden entlang der Straße kleine Plastikzäune (▷ B 2) aufgestellt, die unten einige Zentimeter in den Boden eingelassen sind. Die Kröten laufen am Zaun entlang, bis sie nach einigen Metern in einen eingegrabenen Eimer (▷ B 3) plumpsen. An manchen Straßen werden sie auf diese Weise zu einem Tunnel geleitet. Jeden Morgen kommen Helfer, die genau aufschreiben, wie viele Tiere gefangen und anschließend gefahrlos über die Straße getragen wurden. Neben Erdkröten sind oft auch Molche, Frösche und Salamander in den Eimern zu finden. Ohne die zeitaufwändige Arbeit der vielen freiwilligen Helfer kämen an zahlreichen Gewässern in der Nähe viel befahrener Straßen wohl keine Kröten mehr vor.

Auch Spritzmittel in den Gärten und in der Landwirtschaft sind für die heimischen Lurche sehr schädlich. Einleitungen von Abwässern in Bäche und Flüsse schädigen die Amphibienlarven.

▶ Die Krötenzaun-Aktionen ermöglichen das Überleben der Kröten in der Nähe von Straßen.

1 Erdkrötenpärchen

2 Krötenzaun

3 Sammeleimer

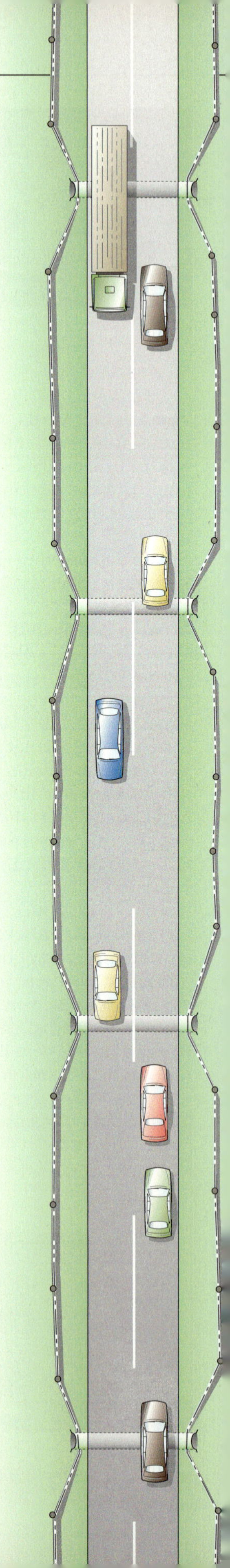

Wie können wir Amphibien helfen?
In den vergangenen Jahrzehnten sind viele Gewässer aus unserer Landschaft verschwunden. Dorfteiche wurden vielfach zugeschüttet, Tümpel als wilde Müllkippen missbraucht.
Inzwischen setzen sich viele Städte und Gemeinden für den Amphibienschutz ein: Vorhandene Gewässer werden gepflegt und geschützt, neue werden angelegt. Häufig legen auch Gartenbesitzer einen eigenen Teich an.

4 Kröten beim Laichen

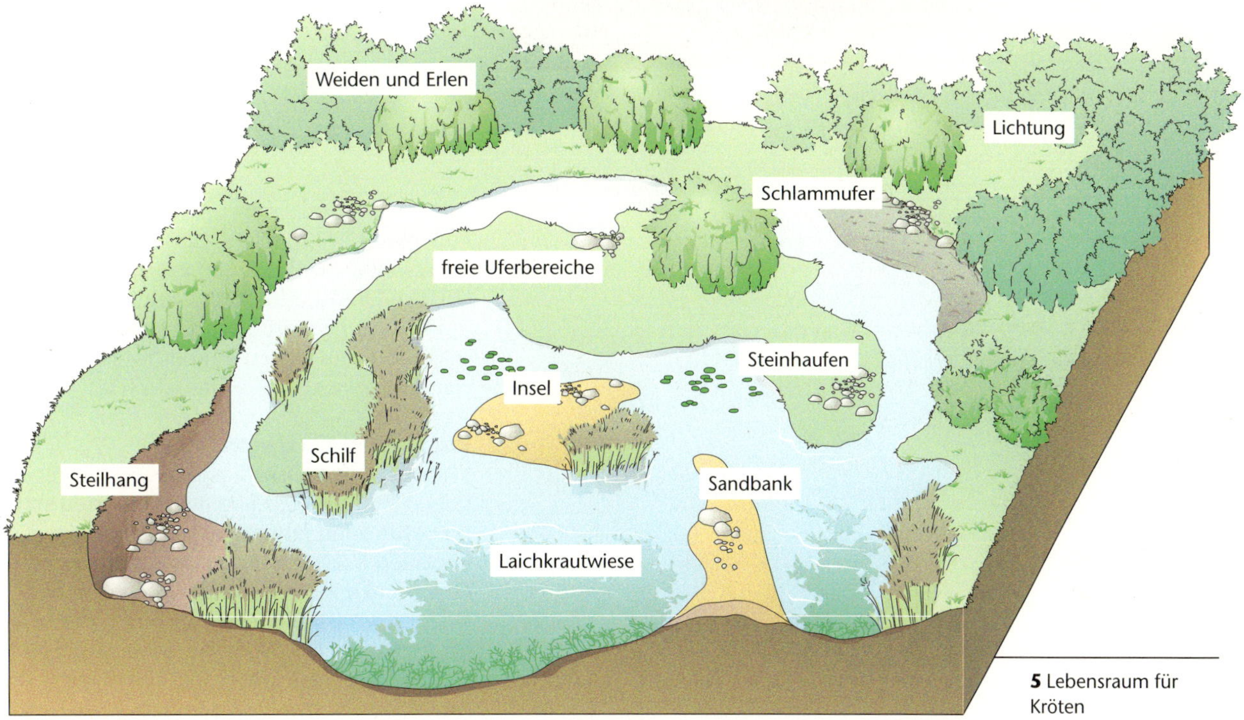

5 Lebensraum für Kröten

Aufgaben

1 Plant zum Thema „Amphibienschutz“ ein Projekt.
Hier einige Tipps:
a) Überprüft, ob die Gewässer in der Nähe eures Wohnortes als dauerhafte Lebensräume für Amphibien geeignet sind. Falls ein Schulteich vorhanden ist, legt Steinhaufen als Verstecke für Erdkröten, Molche und andere Tiere an.
b) Für Molche könnt ihr als Verstecke auch gewölbte Dachziegel oder mit Erde überschüttete Apfelsinenkistchen anlegen.
c) Legt an einer sonnigen Seite eine flache Wasserzone mit sandigem Ufer an.

2 Molche und einige andere Lurche laichen selbst in kleinen Gewässern. Baut deshalb mit Teichfolie ein eigenes Laichgewässer. Beachtet die geltenden Sicherheitsbestimmungen!

3 Kellerlöcher sind für Amphibien oft Fallgruben, aus denen es kein Entrinnen gibt. Da muss Hilfe organisiert werden (Hausmeister um Erlaubnis und Hilfe bitten).

4 Fragt bei der Gemeinde- oder Stadtverwaltung nach, ob Krötenzäune aufgestellt werden. An wen muss man sich wenden, falls eine Schulklasse mithelfen möchte?

5 Erkundigt euch bei eurem örtlichen Naturschutzverein nach Ursachen für den Rückgang der Amphibien und nach Projekten zu deren Schutz.
Schreibt dazu einen kurzen Bericht.

1 Nilkrokodil

Reptilien gibt es schon wesentlich länger auf der Erde als Vögel und Säugetiere. Die ersten tauchten vor 300 Millionen Jahren auf. Als Saurier waren sie die beherrschenden Lebewesen im Wasser, zu Lande und in der Luft. Heute treffen wir Saurier nur noch im Kino oder in Museen, in denen naturgetreue Nachbildungen der riesigen Tiere stehen.

Im Gegensatz zu den Krokodilen kommen Schildkröten auch in Europa vor, z. B. die

Europäische Sumpfschildkröte, ein Allesfresser, und die Pflanzen fressende Griechische Landschildkröte. Beide Arten sind infolge der Zerstörung ihrer Lebensräume gefährdet und stehen auf der roten Liste. Der Handel mit ihnen ist verboten.

Who is who bei den Reptilien?
Während die Saurier ausgestorben sind, haben sich viele andere Reptilienarten seit 200 Millionen Jahren gar nicht verändert. Reptilien bezeichnet man wegen ihres Gangs auch als Kriechtiere. Diese Fortbewegungsart ist aber nicht immer typisch für Reptilien. Das Nilkrokodil ist mit bis zu 7 m Länge das größte lebende Reptil. An Land rutscht es auf den Bauch. Es kann aber auch, ohne mit dem Bauch den Boden zu berühren, hochbeinig und schnell laufen. Sein Körperbau ist aber mehr an die Fortbewegung im Wasser angepasst. Krokodile ernähren sich ebenso wie die Schlangen von der Jagd auf Tiere.

2 Eidechse

3 Europäische Sumpfschildkröte

Eidechsen sind Sonnenanbeter

1 Zauneidechse

Eidechsen gibt es fast in ganz Europa
Bei uns in Mitteleuropa sind Zaun- und Waldeidechsen die häufigsten Arten. Überraschst du eines der Tiere beim Sonnenbaden, verschwindet es blitzschnell in einem Versteck. Mit ihren abstehenden, seitlich ansitzenden Beinen bewegen sich Eidechsen sehr flink. Der Körper liegt dabei flach auf dem Boden. Daher erklärt sich der Name „Kriechtiere".

Die Zauneidechse (▷ B 1) findest du an sonnigen und unbewachsenen Böschungen, in Heidegebieten, Steinbrüchen oder auf Trockenrasen.
Die Waldeidechse (▷ B 2) kannst du auf Waldlichtungen entdecken, wenn sie sich auf einem Baumstamm oder Stein sonnt. Sie bevorzugt im Vergleich zur Zauneidechse etwas feuchtere Plätze.
Eidechsen haben eine Haut mit dichten **Hornschuppen**. Diese schützen die Tiere vor Verletzungen und verhindern, dass ihr Körper austrocknet. Da die abgestorbene Haut nicht mitwachsen kann, häuten sich Eidechsen in regelmäßigen Abständen.

2 Waldeidechse

3 Schlüpfende Zauneidechse

Eidechsen sind wechselwarme Tiere
Die Körpertemperatur der Kriechtiere wird von der Umgebungstemperatur bestimmt. Sie sind **wechselwarm**. Den Winter verbringen die Tiere in frostsicheren Verstecken. Die Tiere zeigen dann nur noch geringe Lebenstätigkeit und fallen in eine **Winterstarre**. Sobald es wärmer wird, kommen sie heraus, und die Männchen beginnen mit der Balz.
Die Zauneidechse legt im Juni bis zu 12 Eier in ein selbst gegrabenes Loch. Zwei Monate später schlüpfen die Jungen, indem sie mit ihrem Eizahn die Eischale aufritzen. Im Unterschied zu Lurchen ist die Fortpflanzung der Kriechtiere von Gewässern unabhängig. Sie sind **echte Landtiere**.

▶ Eidechsen sind wechselwarme Landtiere. Sie haben eine schuppige Haut.

Eidechsen als Jäger
Sobald sich die Eidechsen am Morgen genügend aufgewärmt haben, beginnt die Jagd auf Insekten, Spinnen und andere Kleintiere. Dabei nehmen sie mit ihrer Zunge den Geruch der Beute auf und drücken die Zunge dann gegen den Gaumen, wo das Riechorgan sitzt.
Wird eine Eidechse von einem Fressfeind am Schwanz gepackt, kann sie ihn abwerfen und damit den Angreifer ablenken. Oft gelingt Eidechsen dadurch die Flucht.

Aufgaben

1 Welche Merkmale muss ein Garten besitzen, damit dort Eidechsen leben können? Zeichne einen Plan und beschrifte ihn.

2 Eidechsen sind Wirbeltiere. Begründe diesen Satz mithilfe von Abbildung 4.

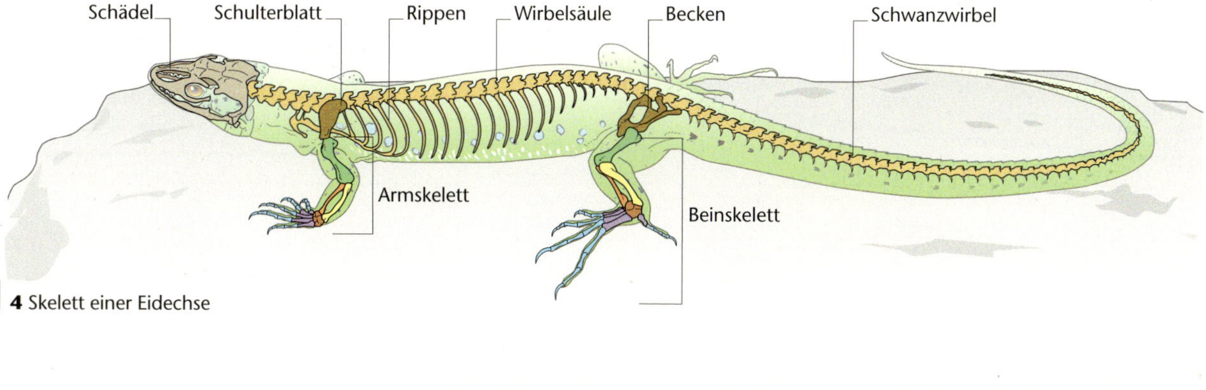

4 Skelett einer Eidechse

1 Blindschleiche mit Jungen

Vor Schlangen hatten Menschen schon immer Angst. Märchen von Riesenschlangen, die als Meeresungeheuer ganze Schiffe in die Tiefe reißen konnten, trugen sicher dazu bei. Noch heute leiden viele Kriechtiere unter alten Vorurteilen. Auch andere Tiere, die nur aussehen wie eine Schlange, werden verfolgt. Ein Beispiel hierfür ist die harmlose Blindschleiche (▷B1). Viele der für den Menschen völlig ungefährlichen Tiere werden mutwillig totgeschlagen.

Bei genauerer Untersuchung einer Blindschleiche zeigen sich aber mehr Ähnlichkeiten mit den Eidechsen als mit Schlangen. Die früher einmal vorhandenen Gliedmaßen haben sich im Laufe von Jahrmillionen zurückgebildet. Am Skelett (▷B2) finden sich noch Reste ehemaliger Beckenknochen und des Schultergürtels. Wie die Eidechsen kann auch die Blindschleiche bei Gefahr ihren Schwanz an einer Bruchstelle abwerfen. Die Jungen werden lebend in einer Eihülle geboren (▷B1), die gleich nach der Geburt zerreißt. Nur deshalb können sich die Blindschleichen übrigens weit bis nach Norden verbreiten. Eier würden in diesen kalten Regionen nicht genügend Wärme bekommen.

Die Blindschleiche ist keine Schlange, sondern ist mit den Eidechsen verwandt.

Die bis zu 45 cm langen Blindschleichen leben in unterholzreichen Wäldern, auf Wiesen und in Parkanlagen. Besonders abends nach einem Regenschauer kannst du sie auf Waldwegen beobachten. Sie ernähren sich vorwiegend von Regenwürmern und Nacktschnecken, die sie mit ihren spitzen Zähnen packen.

Im Spätherbst fallen die Blindschleichen wie die anderen einheimischen Kriechtiere in **Winterstarre**. Zu mehreren ziehen sie sich dann in Erdlöcher zurück, wo sie gemeinsam die kalte Jahreszeit überstehen.

Die Blindschleiche ist nicht blind, sondern kann gut sehen. Allerdings „schleicht" sie wie eine Schlange dahin. Im Mittelalter hieß sie „Plintslicho" (Blendschleicher). Ihre Haut glänzt bronzefarben wie ein Mineral, das man heute noch „Blende" nennt.

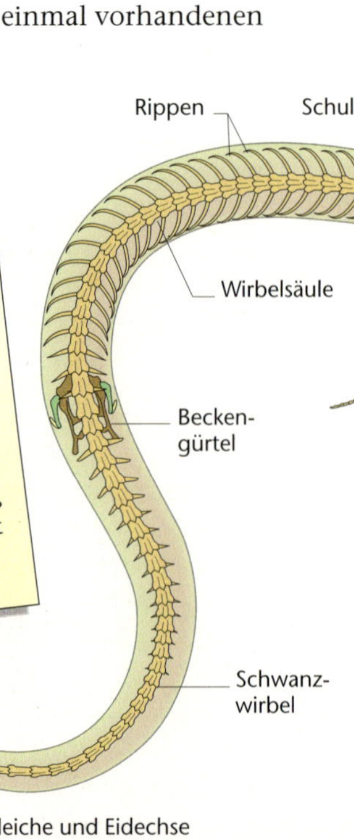

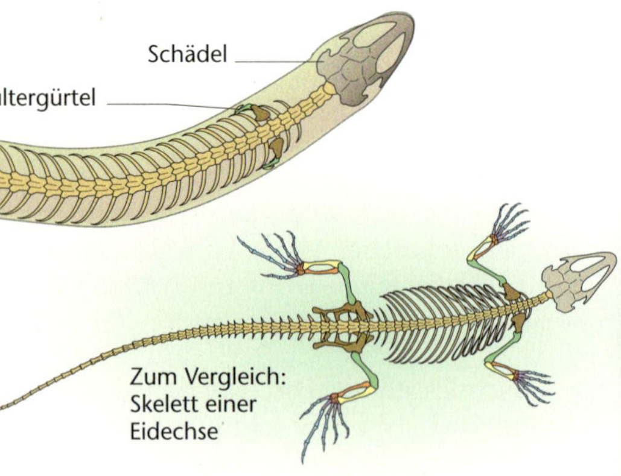

2 Skelett Blindschleiche und Eidechse

Aufgaben

1 Wie erklärst du es dir, dass manche Tiere, wie zum Beispiel Vögel oder Seehunde, einen größeren Schutz durch Menschen genießen als Kriechtiere?

2 Vergleiche das Skelett einer Eidechse mit dem der Blindschleiche und begründe die Verwandtschaft der Tiere.

Schülerin von Kreuzotter gebissen

Am Samstagabend wurde eine 15-jährige Schülerin im Naturschutzgebiet am Waldsee von einer Kreuzotter gebissen. Das Mädchen war auf der Suche nach einer Freundin versehentlich auf das Tier getreten, als die Schlange zubiss.

Nach Auskunft von Oberarzt Dr. Bernhard Müller vom Kreiskrankenhaus gilt bei uns ein Kreuzotternbiss als nicht lebensbedrohend. „In den vergangenen 100 Jahren ist in Deutschland noch niemand daran gestorben. Man sollte jedoch ein Naturschutzgebiet nicht mit offenen Sandalen betreten."

Die Kreuzotter ist eigentlich recht scheu. Bei Gefahr flieht sie normalerweise unter

1 Die Kreuzotter hat ein schwarzes Kreuz auf dem Kopf.

2 Bauchschuppen

Kreuzottern – kein Grund zur Panik

Die Maus entkommt nicht. Blitzschnell bohren sich die Giftzähne der Schlange in die Beute. Das Gift wirkt sofort. Nach wenigen Sekunden bleibt die Maus gelähmt liegen, wird von der Schlange züngelnd aufgespürt und im Ganzen verschlungen.

Die Kreuzotter (▷ B 1) ist eine der wenigen Giftschlangen in Europa. Sie lebt in Mooren, Heidegebieten und an Waldrändern. Zu ihrer Beute zählen Mäuse, Frösche und Eidechsen. Die beiden langen **Giftzähne** befinden sich vorn im Oberkiefer und sind bei geschlossenem Maul nach hinten geklappt. Beim Öffnen werden sie mithilfe eines Gelenks aufgerichtet (▷ B 4). Durch die Zähne zieht sich ein Giftkanal, der mit einer Giftdrüse im Kopf verbunden ist.

Schlangen bewegen sich schlängelnd voran. Dabei spreizen sie die Bauchschuppen ab und bieten dadurch dem Boden einen Widerstand. Verkürzen sich die Muskeln zwischen den Rippen und der Haut, so richten sich die dort liegenden Schuppen (▷ B 2) ein wenig auf.

Kreuzottern sind selten geworden, weil ihre Lebensräume – Moore, Heiden und lichte Wälder – zurückgegangen sind. Inzwischen stehen sie unter Schutz.

Kreuzottern beißen nur zu, wenn sie sich bedroht fühlen. Feste Schuhe und lange Hosen bieten genügend Schutz. Kreuzottern ziehen sich bei geringsten Bodenerschütterungen in ein Versteck zurück, sodass Menschen nur sehr selten gebissen werden.

▶ Die Kreuzotter ist eine Giftschlange, die ihre Beute durch einen Biss mit den beiden Giftzähnen lähmt.

Die Schlange mit dem gelben Halbmond

Ringelnattern (▷ B 3) haben keine Giftzähne. Sie besiedeln Feuchtgebiete in ganz Europa. Als ausgezeichnete Schwimmer ernähren sie sich vorwiegend von Fröschen, Molchen und kleinen Fischen. Wird die Ringelnatter angegriffen, gibt sie durch eine Stinkdrüse eine übel riechende Flüssigkeit ab. Für uns Menschen ist die Ringelnatter völlig ungefährlich. Du kannst sie an dem gelben Halbmond am Kopf leicht erkennen.

▶ Die Ringelnatter ist eine ungiftige Schlange, die in der Nähe von Gewässern lebt.

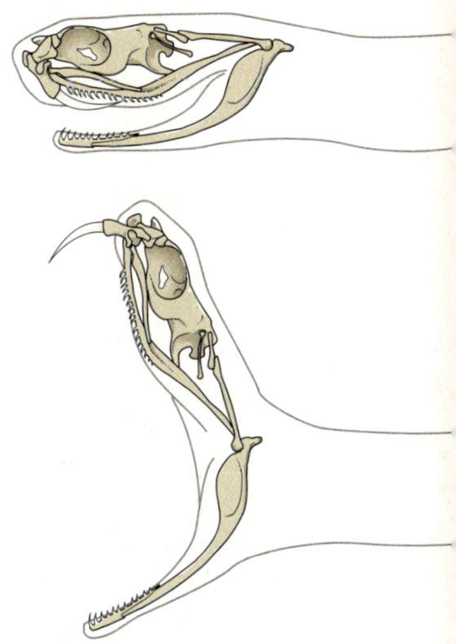

4 Schädel einer Kreuzotter

3 Ringelnatter

Reptilien in aller Welt

Europäische Sumpfschildkröten sind sehr scheu, daher bekommt man sie kaum zu Gesicht. Sie leben in ruhigen Gewässern, die reichlich mit Pflanzen bewachsen sind. In Deutschland kommen sie westlich der Elbe jedoch nur noch sehr selten vor. Ihr Panzer wird bis zu 30 cm lang und ist meistens schwärzlich gefärbt. Bei schönem Wetter sonnen sie sich gern auf Steinen. Sie legen etwa 10 Eier an Land in einer kleinen Mulde ab, die nach der Eiablage wieder verschlossen wird.

Die **Rotwangenschmuckschildkröte** stammt aus Nordamerika. Ihren Namen verdankt sie dem typischen roten Fleck. Diese Wasserschildkröten haben sich inzwischen auch in zahlreichen europäischen Gewässern verbreitet. Als lästig gewordene Haustiere wurden sie von ihren Besitzern kurzerhand in der freien Natur „entsorgt". Man streitet darüber, ob solche Tiere zu einer Bereicherung oder zu einer Gefahr für die Lebensgemeinschaften unserer Gewässer werden.

Nilkrokodile legen ihre Eier während der Trockenzeit im Dezember oder Januar ab. Sie graben nicht allzu weit vom Wasser entfernt Nestgruben in den Sand. Das Weibchen verteidigt sein Gelege gegen Eiräuber. Die jungen Krokodile werden nach dem Schlüpfen noch längere Zeit von ihrer Mutter bewacht. Dennoch sind die Verluste durch Fressfeinde sehr hoch. Auf dem Rücken von Krokodilen sitzen manchmal Vögel, die Krokodilwächter. Diese Vögel suchen ihre Nahrung auf der Haut der Krokodile und geben bei Gefahr laute Warnrufe ab, die auch die Krokodile warnen.

Die **Anakonda** lebt in den Dschungeln Südamerikas. Sie kann 7 m lang werden und über 200 kg wiegen. Bei der Jagd hilft der feine Geruchssinn. Das Geruchsorgan liegt im Gaumenbereich, dem die Zunge ständig Luft zufächelt. Die Schlange packt ihre Beute mit den scharfen Zähnen, umwickelt das Tier mit dem langen Körper und erdrückt es dann. Ober- und Unterkiefer lassen sich aus dem Gelenk lösen. Dadurch kann die Schlange das Maul weit aufreißen und auch große Beutetiere, wie z. B. Wildschweine, verschlingen.

Der **Mauergecko** ist rund um das Mittelmeer zu finden. Er besitzt an den breiten Zehen Haftpolster, deren winzige Härchen sich in den Untergrund einhaken. Dadurch kann er sogar an der Decke hängend auf Nahrungssuche gehen. Auffallend sind seine großen Pupillen, die sich tagsüber zu einem Spalt verengen und nachts weit öffnen. Der Gecko ist ein Nachttier, das sich hauptsächlich von Insekten ernährt. Die Weibchen kleben ihre Eier an die Wände von Höhlen und Spalten.
Geckos kann man nachts zirpen hören, sie sind die einzigen Kriechtiere mit Stimme.

Der **Grüne Leguan** kann über 2 m lang werden. Auffallend ist sein seitlich zusammengedrückter Kehlsack. Über den Rücken läuft ein Stachelkamm, der ihm ein wehrhaftes Aussehen gibt. In den tropischen Wäldern Mittel- und Südamerikas lebt er besonders in der Nähe von Flussufern, wo er bis in die Wipfel der Bäume klettert. Der Grüne Leguan ernährt sich ausschließlich von Pflanzen. Die etwa 30 Eier vergräbt das Weibchen im Erdboden. Von den Einwohnern wird der Leguan wegen seines Fleisches verfolgt. Da er sich aber stark vermehrt, ist sein Bestand dadurch nicht bedroht.

Deutschland – ein Land der Dinosaurier

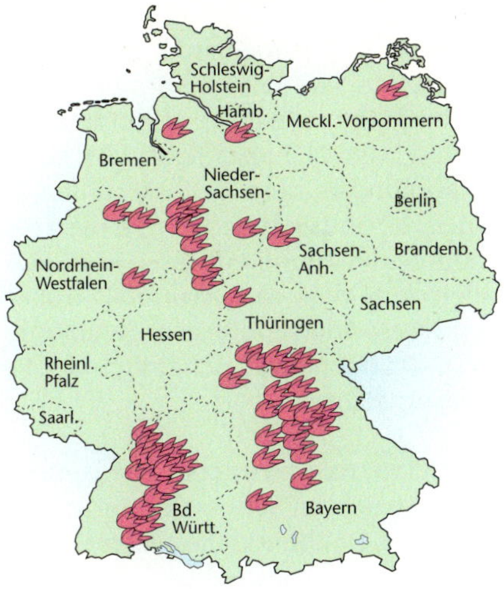

1 Fundorte von Saurierskeletten und -spuren in Deutschland

2 Saurierfährten bei Bad Essen

„Sind die Saurier da hochgelaufen?“, fragt ein Schüler staunend den Lehrer, der gerade an einer Steilwand im Wiehengebirge bei Bad Essen versteinerte Dinosaurierfährten (▷ B 2) erklärt.

Einige der im Wiehengebirge gefundenen Saurierfährten stammen wahrscheinlich von 10–15 m langen Pflanzenfressern, die in Herden durch flaches Wasser zogen. Im feuchten Uferschlamm hinterließen sie tiefe Fußabdrücke, die mit Sand überweht wurden und sich im Laufe der Jahrmillionen zu Stein verfestigten. Als sich später durch Kräfte aus dem Erdinneren das Wiehengebirge langsam auffaltete, wurden die ehemals waagerechten Gesteinsplatten schräg emporgekippt (▷ B 3).

Dinosaurier sind Kriechtiere, die vor rund 220–65 Millionen Jahren auf der Erde lebten. Von anderen Kriechtieren unterscheiden sie sich vor allem durch die Stellung ihrer Beine. Wie Elefanten standen sie auf säulenartigen Beinen, während zum Beispiel Krokodile oder Eidechsen seitlich abstehende Beine besitzen.

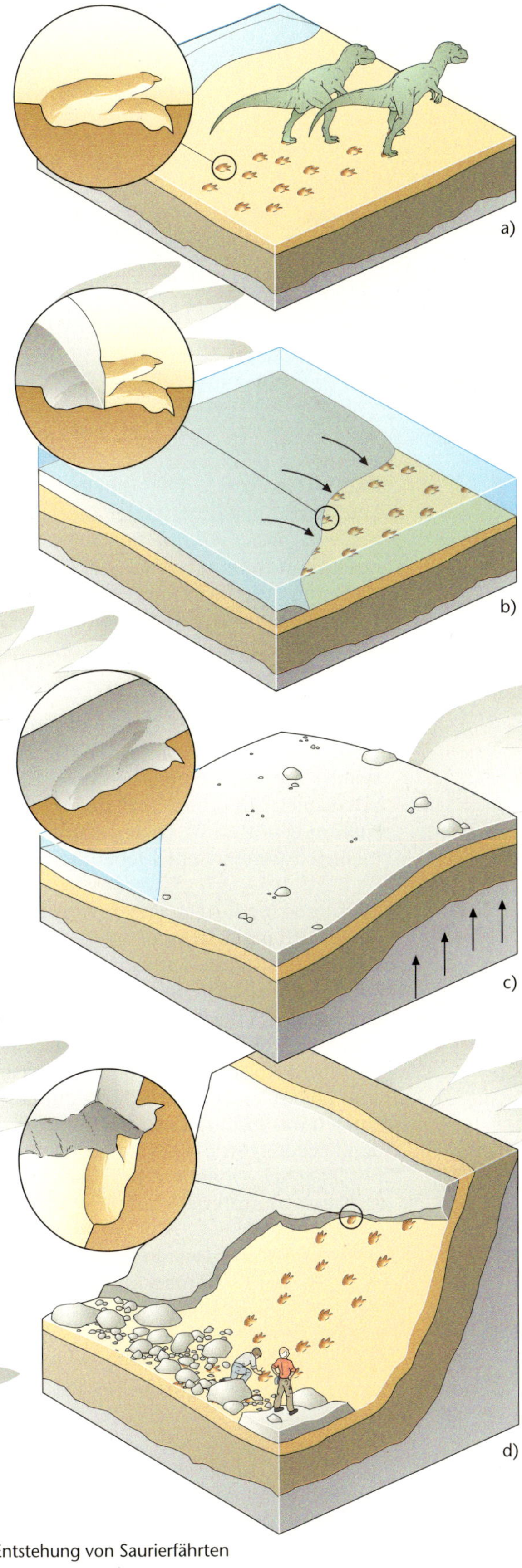

3 Entstehung von Saurierfährten

1 Herde von Plateosauriern

Der Plateosaurus (▷ B 1) – auch „Deutscher Lindwurm" genannt, ist der am häufigsten in Deutschland gefundene Dinosaurier. Einige Fundstellen kann man geradezu als Saurier„friedhöfe" bezeichnen. Bei Trossingen wurden allein rund 50 Skelette gefunden.

Riesige Pflanzenfresser

Wenn eine Herde von Plateosauriern vor mehr als 200 Millionen Jahren durch die Wälder zog, bot sich ein beeindruckendes Schauspiel: Mit einer Körperlänge von bis zu 10 m gehörten sie zu den größten damals in unserem Gebiet lebenden Tieren.

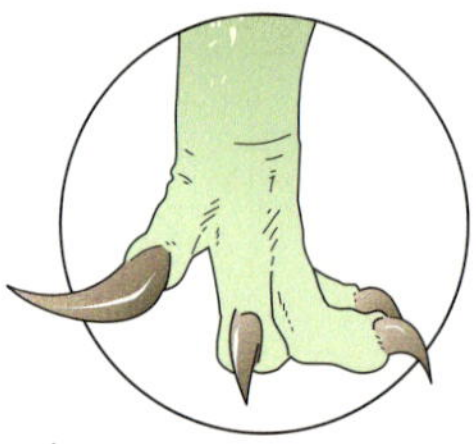

2 Vorderfuß mit Daumenkralle

Zahnuntersuchungen lassen vermuten, dass sie **Pflanzenfresser** waren. Die Plateosaurier konnten sich auf ihren kräftigen Hinterbeinen aufrichten und mithilfe des langen Halses noch Nahrung in einer Höhe von 5–6 m erreichen. Mit dem kräftigen Schwanz stützten sie sich dabei auf dem Boden ab. Sie rissen Pflanzenteile einfach mit ihrem kräftigen Gebiss ab. In den Backen wurde die Nahrung zunächst mit Speichel vorverdaut und dann ohne zu kauen hinuntergeschluckt.

Die spitzen Zähne waren zum Kauen ungeeignet, sodass wahrscheinlich **Magensteine** das endgültige Zerkleinern übernehmen mussten. Man hat bei mehreren Skeletten blank polierte Steine entdeckt, die dafür infrage kommen.

Fortbewegung

Obwohl die Hinterbeine eines Plateosaurus erheblich kräftiger waren als die Vorderbeine (▷ B 3), wird er meistens auf allen Vieren gegangen sein. Es ist denkbar, dass er sich jedoch auf der Flucht vor räuberischen Sauriern im schnellen Lauf auf die Hinterbeine aufgerichtet hat. Ob er dadurch eine Chance hatte, den schnellen Raubdinosauriern zu entkommen, ist fraglich. Vermutlich haben sich die Tiere im Schutz der Herde mit ihren kräftigen Krallen verteidigt. Am „Daumen" trugen sie eine besonders große gebogene Kralle (▷ B 2), die höchstwahrscheinlich der Verteidigung diente.

Der Plateosaurus war ein Pflanzenfresser, der sich im Schutz der Herde mithilfe der Daumenkralle gegen Feinde verteidigte.

Fortpflanzung

Über die Fortpflanzung kann man zurzeit nur Vermutungen anstellen, da man bisher keine Eier oder Reste von Jungtieren gefunden hat. Aus Funden bei anderen Saurierarten kann man jedoch schließen, dass auch der Plateosaurus wie die heutigen Kriechtiere Eier gelegt hat.

Rätselhaftes Sauriersterben

Bis heute ist unklar, wie die vielen gefundenen Plateosaurier gestorben sind. Eine mögliche Erklärung ist folgende: In der **Triaszeit** vor 200 Millionen Jahren gab es bei uns große Wüsten, in denen es nur selten regnete. Viele Saurier versammelten sich an den wenigen Wasserstellen. Mit ihrem Gewicht von bis zu zwei Tonnen sanken viele Tiere im Schlamm ein und konnten sich nicht mehr befreien. Sie wurden zur leichten Beute für Raubdinosaurier.

Ebenso unklar ist das Aussterben aller Saurier vor etwa 65 Millionen Jahren. Meteoriteneinschläge oder die sich immer weiter entwickelnden Säugetiere können dazu beigetragen haben.

3 Skelett und Rekonstruktion eines Plateosaurus

Strategie

Lesen wie ein Profi

„Lest bis zur nächsten Stunde den Text über die Dinosaurier", sagt die Lehrerin am Schluss der Stunde. „Ich möchte, dass ihr auf Fragen zum Inhalt antworten könnt."

Weißt du eigentlich, wie „Leseprofis" lesen? Hier kannst du ein paar Tipps von ihnen übernehmen.

A. Erst mal überfliegen …
Zuerst solltest du den ganzen Text „überfliegen", das heißt flüchtig lesen. Diese erste Information ist nützlich und hilft dir, einen groben Überblick über den Inhalt des Textes zu bekommen. Achte auf die Überschriften und die fett gedruckten Begriffe. Schau dir auch die Bilder auf der Seite an.

B. … dann genauer hinschauen
Beim genauen Lesen im Anschluss geht es darum, den Text möglichst gut zu verstehen, um sich später auch an Einzelheiten erinnern zu können. Du solltest dazu Absatz für Absatz langsam lesen und nach jedem Abschnitt den Inhalt mit eigenen Worten wiedergeben.

C. Aktiv lesen
Um den Inhalt zu verstehen und zu behalten und für einen Test oder eine mündliche Prüfung fit zu sein, reicht das aber noch nicht. Jetzt musst du „aktiv lesen". Da du auf einer Buchseite nicht schreiben darfst, mache eine Fotokopie, auf der du arbeiten kannst oder lege ein Blatt Papier neben das Buch.

D. Unbekanntes markieren
Markiere alle Wörter, die du nicht verstehst. Frage deine Lehrerin oder deinen Lehrer oder schau in einem Lexikon nach.

E. Wichtiges notieren
Unterstreiche wichtige Begriffe, ordne die gesammelten Informationen, setze Farben ein und verwende Symbole wie ? (das ist mir unklar) oder ! (das ist wichtig).

F. Zusammenfassen
Zum Schluss kommt die Zusammenfassung. Damit ist das Herausschreiben der wichtigsten Inhalte in Stichworten gemeint. Eine Faustregel besagt: Die Zusammenfassung darf nicht länger als ein Viertel des ursprünglichen Textes sein.

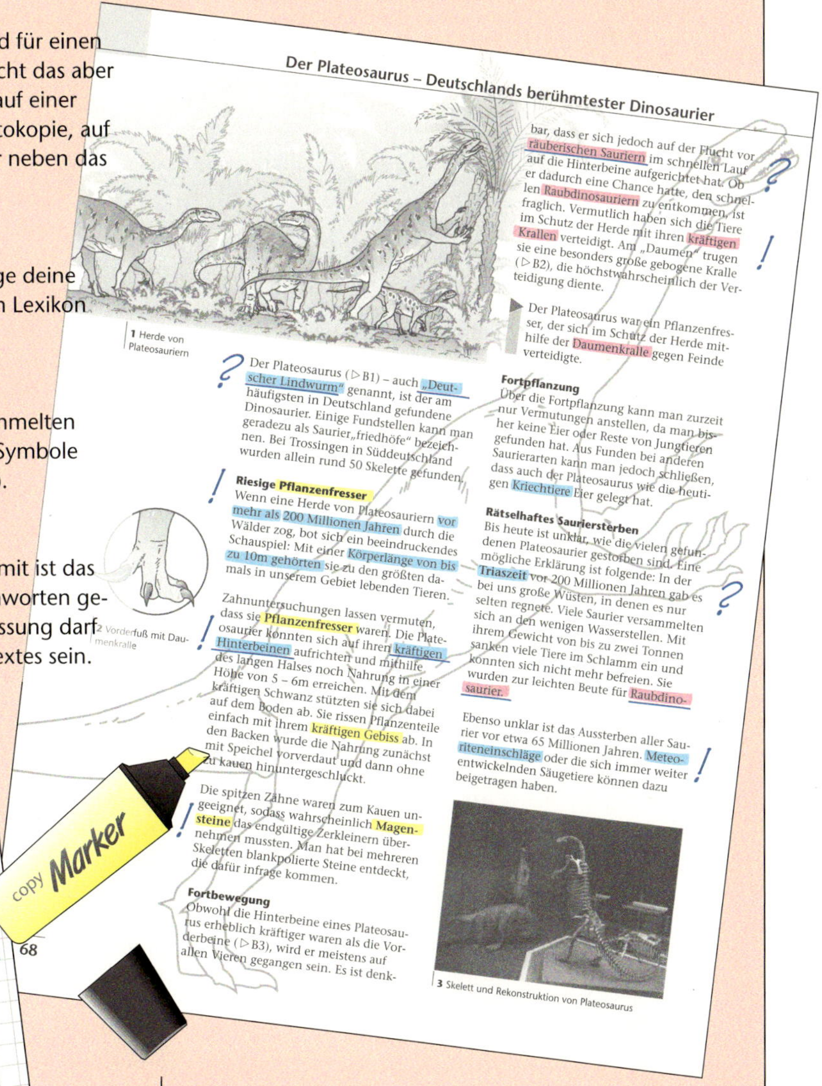

Der Plateosaurus – Deutschlands berühmtester Dinosaurier

1 Herde von Plateosauriern

? Der Plateosaurus (▷ B1) – auch „Deutscher Lindwurm" genannt, ist der am häufigsten in Deutschland gefundene Dinosaurier. Einige Fundstellen kann man geradezu als Saurier„friedhöfe" bezeichnen. Bei Trossingen in Süddeutschland wurden allein rund 50 Skelette gefunden.

! **Riesige Pflanzenfresser**
Wenn eine Herde von Plateosauriern vor mehr als 200 Millionen Jahren durch die Wälder zog, bot sich ein beeindruckendes Schauspiel: Mit einer Körperlänge von bis zu 10m gehörten sie zu den größten damals in unserem Gebiet lebenden Tieren.

! Zahnuntersuchungen lassen vermuten, dass sie Pflanzenfresser waren. Die Plateosaurier konnten sich auf ihren kräftigen Hinterbeinen aufrichten und mithilfe des langen Halses noch Nahrung in einer Höhe von 5 – 6m erreichen. Mit dem kräftigen Schwanz stützten sie sich dabei auf dem Boden ab. Sie rissen Pflanzenteile einfach mit ihrem kräftigen Gebiss ab. In den Backen wurde die Nahrung zunächst mit Speichel vorverdaut und dann ohne zu kauen hinuntergeschluckt.

! Die spitzen Zähne waren zum Kauen ungeeignet, sodass wahrscheinlich Magensteine das endgültige Zerkleinern übernehmen mussten. Man hat bei mehreren Skeletten blankpolierte Steine entdeckt, die dafür infrage kommen.

2 Vorderfuß mit Daumenkralle

Fortbewegung
Obwohl die Hinterbeine eines Plateosaurus erheblich kräftiger waren als die Vorderbeine (▷ B3), wird er meistens auf allen Vieren gegangen sein. Es ist denkbar, dass er sich jedoch auf der Flucht vor räuberischen Sauriern im schnellen Lauf auf die Hinterbeine aufgerichtet hat. ? Ob er dadurch eine Chance hatte, den schnellen Raubdinosauriern zu entkommen, ist fraglich. Vermutlich haben sich die Tiere im Schutz der Herde mit ihren kräftigen Krallen verteidigt. ! Am „Daumen" trugen sie eine besonders große gebogene Kralle (▷ B2), die höchstwahrscheinlich der Verteidigung diente.

▶ Der Plateosaurus war ein Pflanzenfresser, der sich im Schutz der Herde mithilfe der Daumenkralle gegen Feinde verteidigte.

Fortpflanzung
Über die Fortpflanzung kann man zurzeit nur Vermutungen anstellen, da man bisher keine Eier oder Reste von Jungtieren gefunden hat. Aus Funden bei anderen Saurierarten kann man jedoch schließen, dass auch der Plateosaurus wie die heutigen Kriechtiere Eier gelegt hat.

Rätselhaftes Saurliersterben
? Bis heute ist unklar, wie die vielen gefundenen Plateosaurier gestorben sind. Eine mögliche Erklärung ist folgende: In der Triaszeit vor 200 Millionen Jahren gab es bei uns große Wüsten, in denen es nur selten regnete. Viele Saurier versammelten sich an den wenigen Wasserstellen. Mit ihrem Gewicht von bis zu zwei Tonnen sanken viele Tiere im Schlamm ein und konnten sich nicht mehr befreien. Sie wurden zur leichten Beute für Raubdinosaurier.

! Ebenso unklar ist das Aussterben aller Saurier vor etwa 65 Millionen Jahren. Meteoriteneinschläge oder die sich immer weiter entwickelnden Säugetiere können dazu beigetragen haben.

3 Skelett und Rekonstruktion von Plateosaurus

68

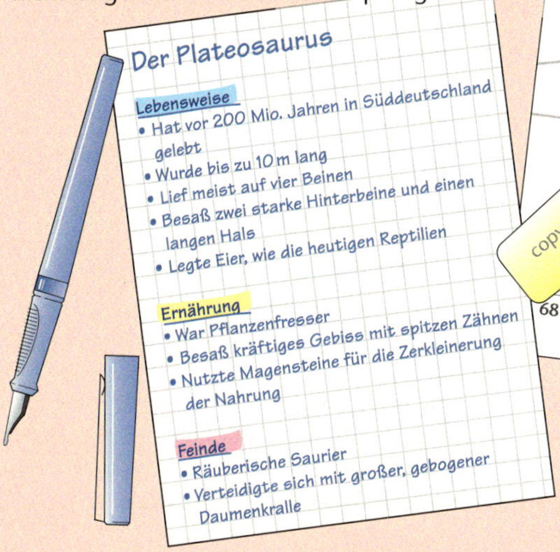

Der Plateosaurus

Lebensweise
• Hat vor 200 Mio. Jahren in Süddeutschland gelebt
• Wurde bis zu 10 m lang
• Lief meist auf vier Beinen
• Besaß zwei starke Hinterbeine und einen langen Hals
• Legte Eier, wie die heutigen Reptilien

Ernährung
• War Pflanzenfresser
• Besaß kräftiges Gebiss mit spitzen Zähnen
• Nutzte Magensteine für die Zerkleinerung der Nahrung

Feinde
• Räuberische Saurier
• Verteidigte sich mit großer, gebogener Daumenkralle

1 So sieht ein Text aus, den ein „Leseprofi" bearbeitet hat.

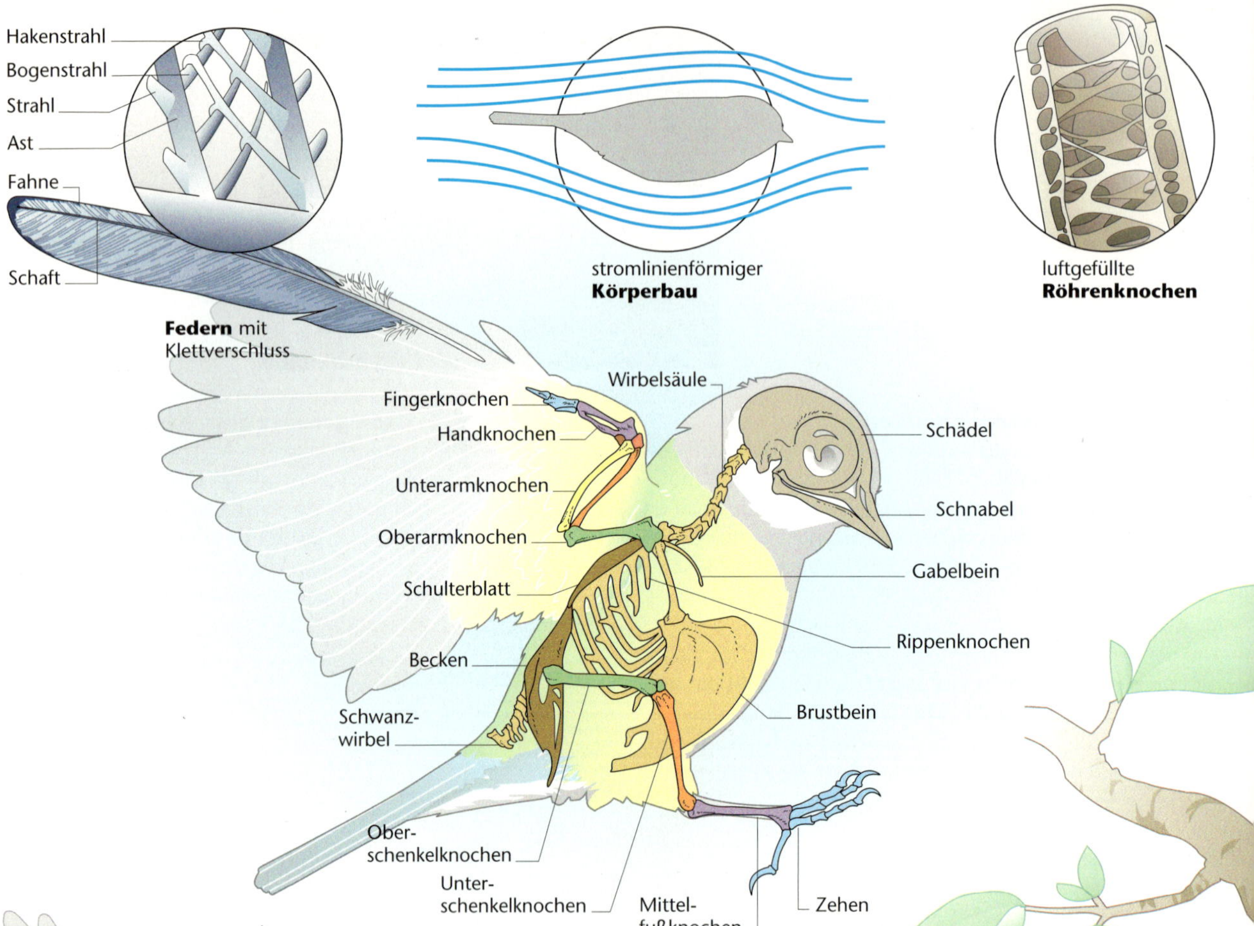

1 Körperbau der Vögel

2 Luftsäcke unterstützen die Atmung.

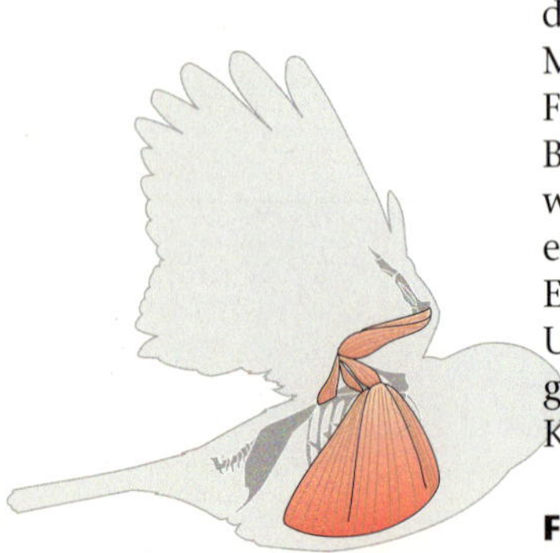

3 Die Flugmuskeln sind kräftig und ausdauernd.

Der Traum vom Fliegen

Eine Kohlmeise fliegt mit breit gefächertem Schwanz und weit ausgebreiteten Flügeln am Fenster vorbei. Mit lang gestreckten Beinen und gespreizten Zehen steuert sie auf einen Ast zu. Die vier Zehen umschließen den Zweig, der Vogelkörper sackt zusammen, die Flügel werden angelegt – eine perfekte Landung.

Das scheint ganz einfach zu sein und hat die Menschen schon immer begeistert. Manche versuchten, sich mit künstlichen Flügeln in die Luft zu erheben. ALBRECHT BERBLINGER (1770–1829), der berühmt gewordene Schneider von Ulm, ist daran ebenso gescheitert wie viele andere auch. Es genügt also nicht, Flügel anzuschnallen. Unser Körper ist einfach nicht zum Fliegen geschaffen. Wir sind zu schwer und die Kraft der Armmuskeln reicht nicht aus.

Federleicht

Das Körpergewicht der Vögel ist vergleichsweise gering. So wiegt eine Taube nur halb so viel wie ein gleich großer Igel. Ein Grund dafür sind die mit Luft gefüllten Röhrenknochen (▷ B 1) der Vögel. Diese sind bei Säugetieren mit Mark gefüllt.
Im Körper befinden sich **Luftsäcke** (▷ B 2), die mit der Lunge in Verbindung stehen. So können Vögel doppelt so viel Luft aufnehmen wie ein vergleichbar großes Säugetier. Die große Flügelfläche verhindert ein schnelles Absinken. Kräftige Flügelschläge drücken den Körper gegen die Luft nach oben und nach vorn.

Dass Fahrzeuge mit einer **Stromlinienform** weniger Benzin und damit weniger Energie verbrauchen als andere, haben Autohersteller inzwischen erkannt. Der Vogelkörper (▷ B 1) macht es vor: Auch er ist stromlinienförmig gebaut, sodass die Tiere bei geringem Energieverbrauch hohe Fluggeschwindigkeiten erreichen können.

Während des Fliegens wirken durch die auf und ab schlagenden Flügel ganz erhebliche Kräfte auf den Körper des Vogels. Die Flugmuskeln benötigen deshalb bei ihrer schweren Arbeit einen festen Halt. Die zusammengewachsenen Brust- und Lendenwirbel und die Knochen des Brustkorbes bilden trotz der „**Leichtbauweise**" der Knochen ein starres und stabiles Gerüst.

Das geringe Körpergewicht, die Stromlinienform und die kräftige Flugmuskulatur ermöglichen den Vogelflug.

Federn halten warm

Ein bitterkalter Wintertag. Das Amselmännchen sitzt in einem kahlen Fliederstrauch und plustert sein Gefieder auf. Es vergrößert die isolierende Luftschicht zwischen seinen **Daunenfedern**, die den ganzen Körper bedecken. Es tut damit etwas Ähnliches wie wir, wenn wir einen Pullover unter einer Jacke tragen. So schützt sich der Vogel mit seiner „Unterwäsche", den Daunenfedern, gegen Wärmeverlust. Diese Eigenschaft machen wir uns übrigens bei Federbetten zunutze. Vögel sind wie wir **gleichwarme Lebewesen**, deren Körper stets die gleiche Temperatur aufweist.

Die „Oberbekleidung" der Vögel besteht aus den **Deckfedern**, die den Vogelkörper dachziegelartig einhüllen. So schützen sie die Daunenfedern vor Nässe und Wind und geben dem Vogelkörper seine stromlinienförmige Gestalt.

Die schnellen Flieger, z. B. Baumfalken, besitzen sehr harte Gefiederflächen. Deshalb werden diese Vögel von der Luftströmung nur wenig gebremst.

Die beiden übrigen Federtypen haben ganz besondere Aufgaben. Die **Schwungfedern** bilden die Tragflächen. Mit den **Schwanzfedern** kann der Vogel während des Fluges steuern und bei der Landung abbremsen.

Federn schützen vor Kälte und sind eine wichtige Voraussetzung für den Vogelflug.

Wie sind Federn gebaut?

Die einzelne Feder ist ein Meisterwerk der Natur (▷B 1). Sie besteht aus einem langen Röhrchen, das zur Spitze hin immer dünner wird. Das ist der **Federkiel**, von dem seitlich zahlreiche Seitenäste abzweigen. Im oberen Teil des Federkiels, dem **Schaft**, befinden sich lufthaltige Zellen, die zum geringen Gewicht der Feder beitragen. Der untere Teil, auch **Spule** genannt, ist hohl. Mit der Spule ist die Feder in der Haut des Vogels befestigt.
Vom Schaft laufen zu beiden Seiten kleine Äste, die aneinander zu kleben scheinen.

Erst die Lupe enthüllt das Geheimnis zweier benachbarter Äste. Von dem oberen Ast laufen winzige bogenförmige Strahlen nach unten. In diese greifen zahllose kleine Häkchen, die an Strahlen des unteren Astes sitzen. Wie ein Klettverschluss greifen Haken- und Bogenstrahlen ineinander und bilden die geschlossene **Fahne** (▷B 1). Dort kommt sehr wenig Luft hindurch.

4 Olympiade der Vögel

Aufgaben

1 Begründe, warum das tägliche Aufschütteln von Federbetten wichtig ist.

2 Erkläre, warum ein Fasan ein weicheres Deckgefieder besitzt als ein Habicht.

Versuche

1 Versuche, eine brennende Kerze durch eine Schwungfeder hindurch auszublasen.

2 Untersuche den Aufbau einer Vogelfeder mit der Lupe. Ziehe dabei vorsichtig die Äste der Feder auseinander und zeichne die Haken- und Bogenstrahlen.

Wie ein Segelflugzeug segelt am Himmel ein Mäusebussard vorüber. Seine Flügel bewegt er dabei kaum. Die aufsteigende warme Luft trägt ihn immer wieder nach oben, sodass er nicht an Höhe verliert. Seine Flügel sind nach vorn gewölbt. Wenn die Luft daran vorbeiströmt, entsteht zusätzlich ein Sog nach oben. So ist es zu erklären, dass Vögel im **Segelflug** (▷ B 1) mit geringem Kraftaufwand oft stundenlang in der Luft bleiben können.

1 Auch Möwen kann man beim Segelflug beobachten.

Kurz vor der Landung gleitet der Bussard aus geringer Höhe auf einen Maulwurfshaufen zu. Mit einigen Flügelschlägen bremst er ab und setzt mit vorgestreckten Beinen auf. Beim **Gleitflug** (▷ B 2) verliert der Mäusebussard nur langsam an Höhe. Der schwerere Adler sinkt dagegen wesentlich schneller zu Boden.

Am häufigsten ist jedoch der **Ruderflug** (▷ B 3) zu beobachten. Dabei schlagen die Vögel ihre Flügel schnell auf und nieder und halten sich dadurch in der Luft. Mit dieser Technik sind sie von Luftströmungen völlig unabhängig.

2 Gleitflug

3 Ruderflug

Werkstatt

Versuche zum Fliegen

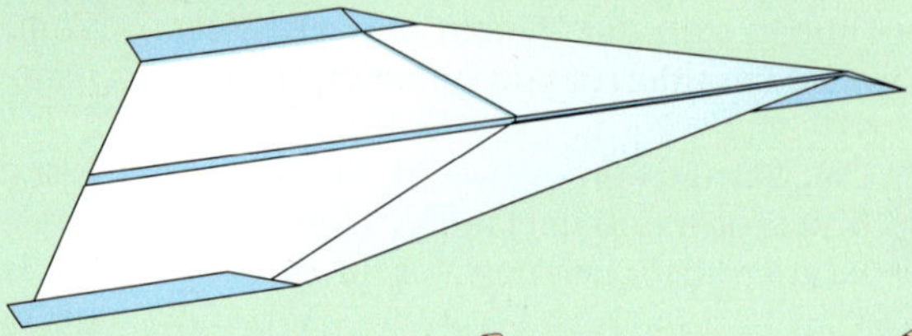

1 Wir falten Papierflieger

Falte mehrere Flieger mit unterschiedlicher Flügelgröße. Starte die Flieger der Reihe nach und miss Länge und Dauer des Gleitfluges. Fasse die Ergebnisse in einer Tabelle zusammen und versuche zu erklären.

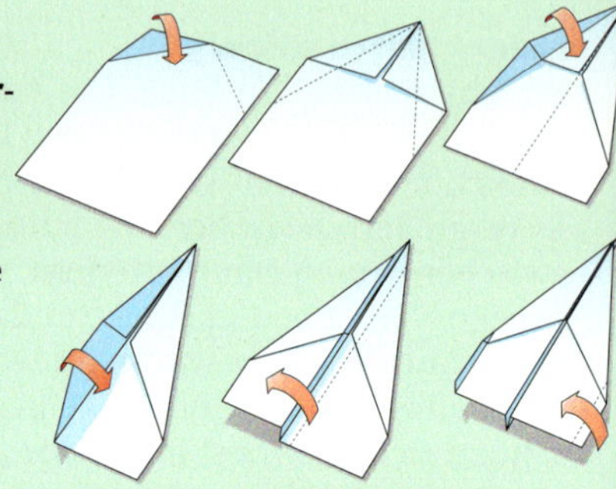

1 Bastelanleitung für einen Papierflieger

2 Was bewirkt warme Luft beim Fliegen?

Material

Glasrohr, Stativ, Kerze, Feder, Pinzette

Versuchsanleitung

Befestige ein Glasrohr senkrecht am Stativ und stelle die brennende Kerze darunter. Bringe mithilfe der Pinzette die Daunenfeder oberhalb der Flamme ins Glasrohr und beobachte. Was bedeutet das Ergebnis für den Vogelflug?

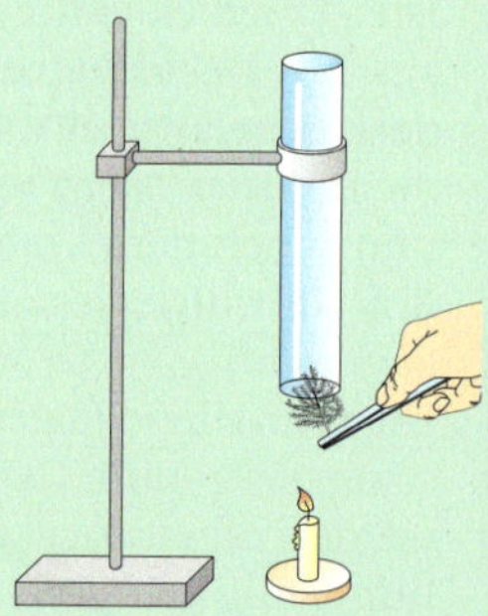

3 Versuche zur Flügelform

Material

2 feste DIN-A4-Papierbögen, Buch

Versuchsanleitung

a) Falte die beiden Papierbögen in der Mitte. Nimm den ersten Bogen und klemme die untere Hälfte in das Buch. Puste den Bogen von vorne an. Achte darauf, dass die freie Papierhälfte nicht gewölbt ist.

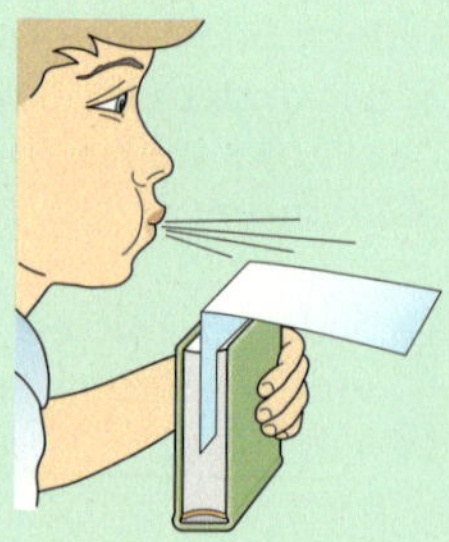

b) Lege nun den zweiten Bogen in das Buch und gib der freien Papierhälfte eine deutliche Wölbung nach unten. Puste nun wie zuvor gegen den Bogen. Beschreibe den Unterschied. Was bedeutet dies für den Vogelflügel?

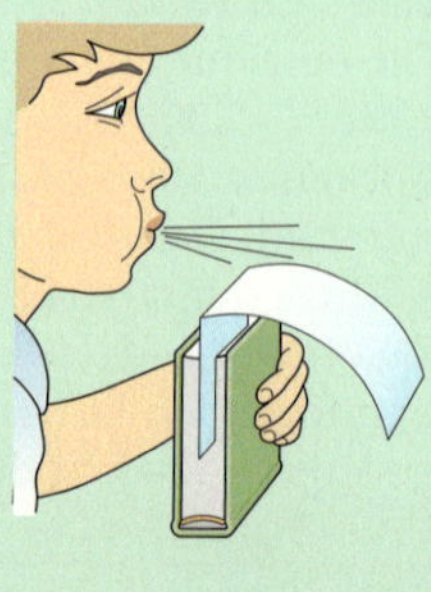

4 Ein Flügel steigt

Vögel haben speziell geformte Flügel, die es ihnen ermöglichen ohne einen Flügelschlag in der Luft zu steigen.

Material

Tonpapier, Strohhalm, Klebeband, Faden, Stift, Schere, Haartrockner

Versuchsanleitung

a) Falte das Tonpapier so, dass eine Seite etwas kürzer ist.

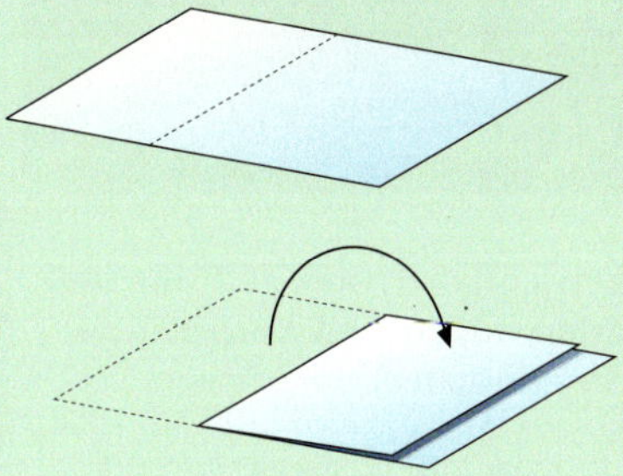

b) Drehe das Tonpapier um. Klebe die längere Seite genau auf die kürzere.

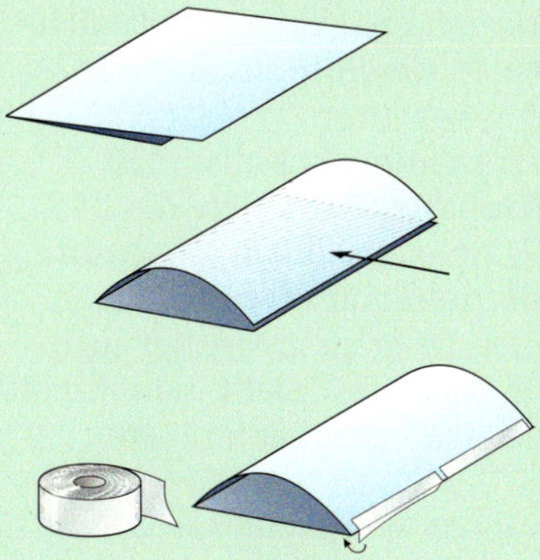

c) Bohre mit dem Bleistift zwei einander gegenüberliegende Löcher in den Karton.

d) Schneide ein Stück Strohhalm ab, das etwas länger ist als der Abstand der Löcher.
Schiebe den Strohhalm durch die Löcher und klebe ihn gut fest.

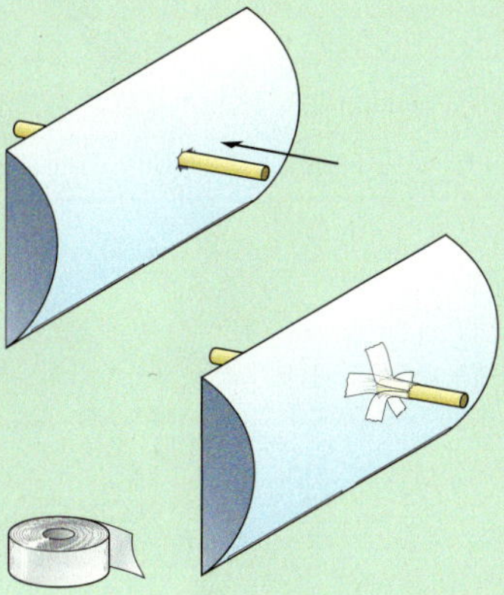

e) Ziehe den Bindfaden durch den Strohhalm und spanne ihn zwischen zwei Querstangen ein.

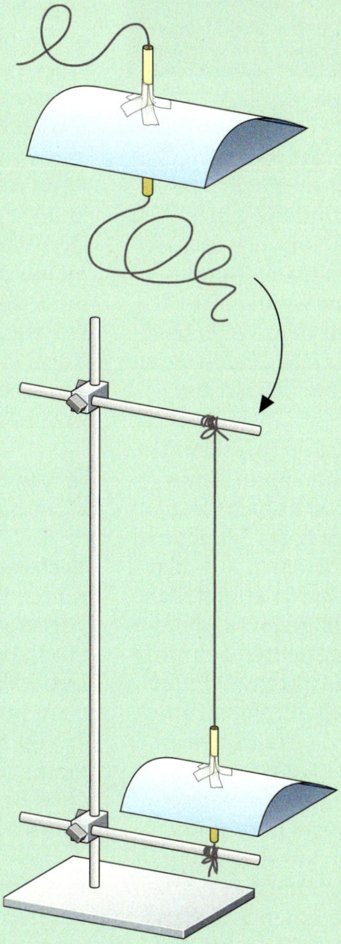

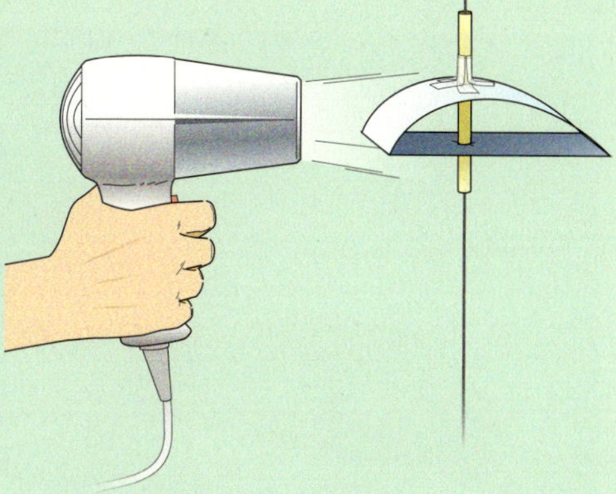

f) Blase mit dem Haartrockner gegen den Flügel. Was kannst du beobachten?

Aufgabe

Vergleiche den Querschnitt deines Modellflügels mit dem eines Vogelflügels (▷ B 2). Nenne Gemeinsamkeiten und Unterschiede.

2 Segelflug

3 Segelflieger

1 Mäusebussard

2 Mäusebussard bei der Fütterung am Horst

3 Mäusebussard am Kröpfplatz

Diesen Augen entgeht fast nichts

Wie ein Mäusebussard aus eigener Kraft am Himmel zu kreisen und die ganze Welt von oben betrachten zu können – das ist für uns leider ein unerfüllbarer Traum! Verlockend sieht das aus, wenn er im Frühjahr gemeinsam mit dem Weibchen im Balzflug über Wiesen und Feldern seine Kreise zieht und dabei laut „Hiäh" ruft.

Mit etwas Geduld kannst du ihn sogar bei der Jagd beobachten. Von einem Zaunpfahl oder einem anderen hohen Platz aus sucht er die Umgebung ab. Manchmal schlägt er seine Beute aber auch aus dem Segelflug heraus. Dann bleibt er plötzlich mit schnellen Flügelschlägen und breit gefächerten, nach unten gestellten Schwanzfedern rüttelnd in der Luft stehen. Er hat mit seinen **scharfen Augen** offensichtlich ein Beutetier erspäht. Wie ein Stein lässt er sich mit angezogenen Flügeln fallen. Kurz vor dem Boden breitet er die Schwingen aus, wie der Jäger die Flügel nennt, und bremst den Sturzflug ab. Mit den scharfen Krallen seiner **Greiffüße** erfasst er das Beutetier und tötet es durch einen gezielten Nackenbiss mit seinem **Hakenschnabel.**

4 Mäusebussard sucht Beute

▶ Der Hakenschnabel, die Greiffüße und die scharfen Augen sind Körpermerkmale aller Greifvögel.

Was sind eigentlich Gewölle?

Mit der Spitze seines Hakenschnabels zerreißt er die Beute. Dabei wirkt der Schnabel an beiden Seiten wie eine Schere. Die Stücke verschlingt der Mäusebussard mit Haut und Haaren. Im Magen werden das Fleisch und sogar kleinere Knochen von Verdauungssäften zersetzt. Unverdauliche Reste werden als **Gewölle** zusammengeklumpt und ausgewürgt.
Gewölleuntersuchungen zeigen, dass Mäuse die häufigsten Beutetiere des Bussards sind. Ab und zu werden Maulwürfe, Frösche, Eidechsen und verschiedene Vögel erbeutet. Da er als Aasfresser auch verunglückte Tiere frisst, sieht man ihn oft in der Nähe verkehrsreicher Straßen.

▶ Unverdauliche Speisereste speien Bussarde als Gewölle aus.

Nachwuchs

Seinen **Horst,** wie man das Nest der Greifvögel nennt, baut der Mäusebussard im Frühjahr auf einem Waldbaum. Als Grundlage wählt er dickere Zweige, weiter nach oben immer dünnere. Weiche belaubte Zweige bilden die Unterlage für die 2 bis 3 braun gefleckten Eier. Nach rund fünf Wochen Brutzeit schlüpft der erste Jungvogel. Mäusebussarde sind **Nesthocker** (▷ B 2), die von beiden Eltern betreut werden. Das Männchen jagt und das Weibchen füttert. Nach weiteren sechs Wochen sind die Jungen flügge.

Greifvögel

Den **Rotmilan** erkennt man im Flugbild an seinem tief gegabelten rotbraunen Schwanz. Er liebt offenes Gelände mit einzelnen Bäumen. Sein Horst befindet sich auf einem hohen Baum. Als Nahrung nimmt er Aas und und kleine Tiere wie Mäuse.

In großen Wiesen- und Sumpfgebieten lebt die seltene **Wiesenweihe**. Sie baut ihren Horst auf dem Boden. Ihre Nahrung besteht aus Kleinsäugern, Vögeln, Insekten und Fröschen. Den Winter verbringt sie im tropischen Afrika.

Der **Habicht** ist ein Greifvogel des Waldes. Seine Beute besteht aus Säugetieren bis Mardergröße und Vögeln bis Hühnergröße. Er verhindert, dass sich Ringeltaube und Eichelhäher zu stark vermehren. Der ähnliche, aber nur taubengroße **Sperber** streift gelegentlich im Tiefflug auch durch Gärten und schlägt vorwiegend Kleinvögel.

Der **Fischadler** lebt an Flüssen und Seen mit Bäumen am Ufer. Er kann Fische sogar noch in 1 m Wassertiefe packen, da er sich bei der Jagd mit großer Wucht ins Wasser stürzt. Sein Horst, den er jahrelang nutzt, befindet sich auf einem Baum.

Der Turmfalke lebt in Dorf und Stadt

Ursprünglich nistete der Turmfalke nur auf hohen Einzelbäumen, im Wald oder in Felsnischen. Heute ist er in jeder Stadt in Türmen und an vielen anderen hohen Gebäuden zu Hause. Er baut selber nie ein Nest, deshalb bezieht er gerne alte Krähen- oder Elsternnester. Aber auch Nistkästen nimmt er an.
Für die Jagd sucht der Turmfalke freies Gelände auf. Hier steht er mit schnellen Flügelschlägen rüttelnd auf einer Stelle in der Luft und sucht den Boden nach Mäusen und anderen Kleintieren ab. In Großstädten stehen auch Sperlinge und Buchfinken auf dem Speiseplan.
Sobald er etwas entdeckt hat, schwebt er langsam heran und stößt dann blitzschnell herab. Seine Beute verspeist er dann auf einem Zaunpfahl oder einem anderen erhöhten Platz.

1 Turmfalke

Turmfalkenweibchen lassen sich einige Zeit vor der Brut und auch während des Brütens vom Männchen füttern. Findet das Männchen nicht genug Nahrung, wird die Brut abgebrochen. Die Zahl der Nachkommen hängt also vom Nahrungsangebot ab.

Der Turmfalke ist in Städten der häufigste Greifvogel.

Aufgabe

1 Suche im Internet unter den Stichworten „Vögel" oder „birds" sowie „Webcam" nach Kameras, die in ein Greifvogelnest gerichtet sind.
a) Notiere, in welchen Abständen gefüttert wird. Was wird gefüttert?
b) Wie verhalten sich die Eltern bei der Fütterung?

2 Nistplatz mit Webcam

Die Eule aus den Krimis
Der Waldkauz ist in Mitteleuropa die häufigste Eulenart. In Winternächten bis ins Frühjahr hinein ist der etwas unheimlich klingende Balzgesang des Männchens zu hören. Das durchdringende „Huuh-hu-huuuuuuuuh“ kannst du auch in Kriminalfilmen bei nächtlichen Szenen hören. Zwar gilt der Waldkauz als ausgesprochener Nachtvogel, man kann ihn aber auch tagsüber in einem Baum entdecken.

1 Waldkauz beim Beutefang

Wälder, Parkanlagen, aber auch Ortschaften mit ihren hohen Gebäuden und Kirchtürmen sind sein Revier. Als Brutplätze eignen sich Baumhöhlen, Mauernischen und alte Nester von Krähen und Greifvögeln. Keine Eulenart baut ein richtiges Nest. Die 3 bis 5 Eier werden einfach ohne Unterlage auf den Boden gelegt. Im Gegensatz zu jungen Greifvögeln sind Eulenküken zunächst blind.
Obwohl Eulen nachtaktiv sind, können sie auch tagsüber gut sehen. Ihre Augen sind aber für die nächtliche Jagd besonders gut geeignet. Sie sind sehr empfindlich und können deshalb auch bei wenig Restlicht bestens sehen. Die großen Augen sind allerdings unbeweglich.
Will die Eule zur Seite oder nach hinten schauen, muss sie den gesamten Kopf drehen (▷ B 2).

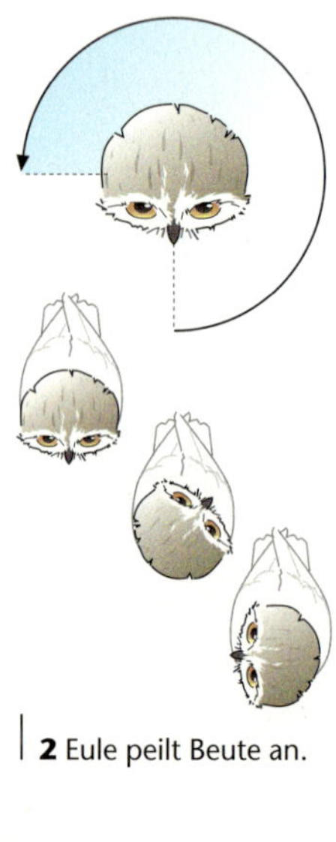
2 Eule peilt Beute an.

Eulen sind Meister im Hören
Ihre empfindlichen Ohren können selbst leiseste Töne wahrnehmen. Deshalb richten sich Eulen bei völliger Dunkelheit ausschließlich nach ihrem Gehör. Die Ränder der Ohröffnungen können aufgerichtet werden und dienen wie ein Trichter zur Schallverstärkung. Die Federbüschel am Kopf mancher Eulen haben mit dem Hörvorgang nichts zu tun, sondern sind reiner Schmuck. Die „Jagdausrüstung“ des Waldkauzes wird vervollständigt durch seine Greiffüße, aus dessen Krallen es kein Entrinnen mehr gibt. Eine der drei nach vorn gerichteten Zehen kann nach hinten gedreht werden (▷ B 1), sodass die Eule noch besser zupacken kann.
Eulen haben ein sehr weiches Gefieder. Deshalb fliegen sie völlig geräuschlos. Die Vorderfahnen der ersten Schwungfedern sind an den Rändern mit einem Fransenkamm (▷ B 1) besetzt und verschlucken jedes Fluggeräusch.

Mäusefänger
Eulen jagen vor allem Mäuse, aber auch andere kleine Säugetiere, Frösche und sogar Vögel gehören zu ihrer Beute. Unverdauliche Speisereste werden wie bei den Greifvögeln als Gewölle ausgewürgt. Sind viele Beutetiere vorhanden, ziehen die Waldkäuze mehr Nachkommen auf (▷ B 3). Manche Eulenpaare brüten dann ein zweites Mal im Jahr. Gibt es wenig Beute, werden weniger Eier gelegt und es brüten nicht alle Eulenpaare.

Das gute Gehör, die lichtempfindlichen Augen, die Greiffüße und das weiche Gefieder machen die Eulen zu erfolgreichen nächtlichen Jägern.

Aufgaben

1 Warum ist es für Eulen wichtig, lautlos zu fliegen? Nenne zwei Gründe.

2 Vergleiche Körperbau und Lebensweise von Eulen und Greifvögeln. Fasse Unterschiede und Gemeinsamkeiten in einer Tabelle zusammen.

3 Waldkauz mit Jungvögeln

Eulen

Die **Schleiereule** besiedelt offenes Gelände und nistet in Scheunen, Kirchtürmen und Ruinen. Typisch ist ihr herzfömiges Gesicht. 4–7 weiße Eier legt sie an einer dunklen Stelle auf den Boden. Ihre Nahrung besteht aus Mäusen, Maulwürfen und anderen Kleintieren. Bei der Balz geben Schleiereulen gedehnte Schnarchlaute („chrrrüh") ab.

Die **Waldohreule** lebt in Wäldern, Parks und Feldgehölzen. Manchmal ist sie sogar in Gärten mit großen Bäumen zu sehen. Sie nistet bevorzugt in alten Krähen- und Elsternnestern. Typisch sind die orangen Augen und die Federbüschel am Kopf. Letztere haben mit dem Hörvorgang nichts zu tun. Sie sind nur Schmuck.

Unsere größte Eulenart ist der **Uhu** (Körperlänge ca. 70 cm). Er hat seinen Namen von seinem Ruf – einem tiefen lauten „uhu".
Man hat ihn mit Erfolg in großen Waldgebieten, wo er ausgestorben war, wieder angesiedelt. Der Nistplatz liegt meistens versteckt in einer Felswand. Seine Beute besteht aus Säugetieren bis Kaninchengröße, aus Rabenvögeln, Tauben, Fröschen, Insekten und Eidechsen. Sogar Igel überwältigt er mit seinen großen Greiffüßen.

Der **Steinkauz** ist mit 22 cm Körperlänge eine unserer kleineren Eulenarten. Er kommt in offenem Gelände mit einzelnen Bäumen vor, wo er gern in Baumhöhlen nistet. Deshalb ist er besonders auf Streuobstwiesen, in Kopfweiden, gelegentlich aber auch in Steinbrüchen, Ruinen und Gehöften zu finden.
Kleine Säugetiere und Vögel bis Amselgröße bilden seine Hauptnahrung.

1. Vor der Untersuchung werden die Gewölle in einem Backofen über mehrere Stunden bei 150 °C erhitzt, um eventuell vorhandene Krankheitskeime abzutöten. Dann kannst du die getrockneten Gewölle auf Zeitungspapier mit Präpariernadeln und spitzen Pinzetten zerrupfen.
2. Versuche zunächst anhand der Bestimmungstabelle herauszufinden, von welcher Eulenart das Gewölle stammt.
3. Versuche die Beutetiere und deren Anzahl nach den gefundenen Schädeln und Kieferteilen zu bestimmen.
4. Versuche aus den Knochen der Gewölle nach der Vorlage ein vollständiges Skelett auf ein Blatt Papier aufzukleben. Dein Ergebnis kannst du mit einer selbstklebenden, durchsichtigen Klarsichtfolie schützen. Nach den Untersuchungen musst du dir die Hände waschen!

Gewölle	Schleiereule	Waldohreule	Waldkauz	Steinkauz
Länge (in cm)	2–8	4–7	3–8	3–5
Dicke (in cm)	2–3	2–3	2–3	1–2
Form	glatt, groß, abgerundet	schlank, walzenförmig	dick, unregelmäßig	besonders schlank
Farbe	schwarz	grau	grau	grau
Fundort	Kirchen, Scheunen	Waldrand, Feldgehölze	Wald, Park	Kirchen, Steinbrüche

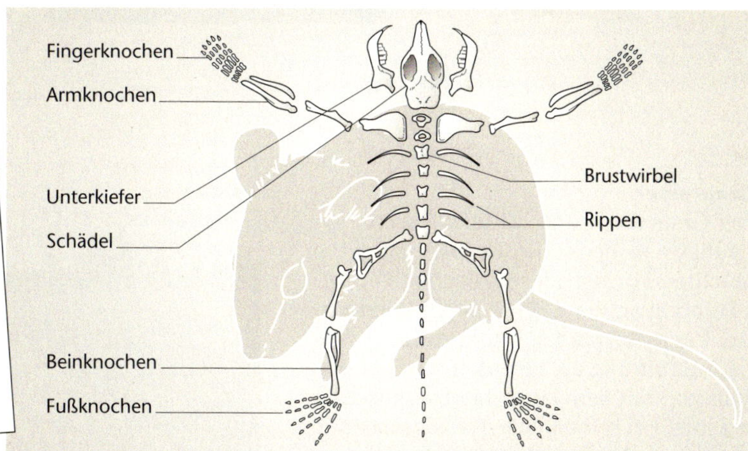

4 Wir untersuchen das Gewölle von Eulen.

Steinadler
Der Steinadler ist mit einer Spannweite bis zu 2,30 m unser größter Greifvogel. Er lebt vorwiegend im felsigen Gebirge und kommt in Deutschland nur in den Alpen vor. Zu seinen Beutetieren zählen vor allem Murmeltiere. Mit seinem hakenförmigen Schnabel zerlegt er die Beute. Die Seitenränder des Oberschnabels sind scharfe Schneiden, mit denen auch derbhäutige Tiere aufgeschnitten werden können.

Kleiber
Die Kleiber können an Baumstämmen sogar mit dem Kopf nach unten klettern. Die drei Vorderzehen und auch die Hinterzehe besitzen lange gekrümmte Krallen, mit denen sich der Kleiber an der rauen Borke der Bäume gut festhalten kann. Seine Nahrung besteht aus Insekten, die er mit dem kräftigen spitzen Schnabel aus Baumritzen hervorholt.

Silbermöwe
Die Silbermöwe ist an den fleischfarbenen Beinen und an dem kräftigen orangegelben Schnabel zu erkennen. Der Oberschnabel ist hakenartig gekrümmt und wird auch mit harten Nahrungsteilen fertig. Fische, Vogeleier, Muscheln, Krebse und Würmer, aber auch Aas und Abfall werden gefressen. Die Silbermöwe kann wie alle Möwen gut schwimmen. Zwischen ihren Vorderzehen befinden sich Schwimmhäute.

Graureiher
Der Graureiher ist in Mitteleuropa die häufigste Reiherart. Er schreitet auf feuchten Wiesen oder im flachen Wasser vorsichtig an seine Beute heran. Meistens steht er jedoch mit s-förmig zurückgezogenem Hals ruhig da. Plötzlich schnellt der Hals vor. Mit dem langen Pinzettenschnabel spießt er seine Beute auf oder hält sie fest. Kleine Fische, Insektenlarven und Mäuse werden am häufigsten gejagt.

Großtrappe
Die Großtrappe ist mit rund 15 kg der schwerste flugfähige Vogel in Mitteleuropa. Sie kommt in Deutschland nur noch selten vor. Zu finden ist die Großtrappe östlich der Elbe auf weiten Äckern und Wiesen. Trappen sind Laufvögel mit kräftigen dreizehigen Lauffüßen. Mit ihrem hühnerartigen derben Schnabel nehmen sie Pflanzen auf, aber auch Insekten und sogar Mäuse.

Mauersegler
Der Mauersegler baut sein Nest in Mauerspalten und Hohlräumen an Gebäuden und Felsen. Am Himmel ist er an seinen langen sichelförmigen Flügeln und dem gabelförmigen Schwanz zu erkennen.
In pfeilschnellem Flug erreicht er bis zu 280 km/h. Er hat Klammerfüße, mit denen er sich an Mauern festhalten kann. Gehen oder hüpfen kann er damit nicht. Er fängt mit seinem kleinen Schnabel Insekten im Flug. Dabei kann er sein Maul sehr weit öffnen.

Kernbeißer
Der Kernbeißer lebt in Laub- und Mischwäldern und kommt im Winter gelegentlich auch ans Futterhaus. Er ist etwas kleiner als eine Amsel. Sein kräftiger Schnabel ermöglicht ihm sogar das Aufbeißen von Kirschkernen.
Der Kernbeißer hat Sitzfüße: Wenn sich die Gelenke beugen, werden die Sehnen gespannt, und die Zehen umklammern automatisch den Zweig.

Aufgaben

1 Schreibe die Vogelarten der linken Seite untereinander und anschließend die der rechten Seite darunter. Ordne ihnen jeweils zuerst den richtigen Schnabel und dann den Fuß zu. Richtig zugeordnet ergeben die Buchstaben auf den Kärtchen hintereinander gelesen den Namen eines Vogels, der am Haus und im Garten vorkommt.

2 Suche im Werkzeugkasten nach Werkzeugen, die du mit den jeweiligen Vogelschnäbeln vergleichen kannst.
Beispiel: Pinzette – Graureiher.

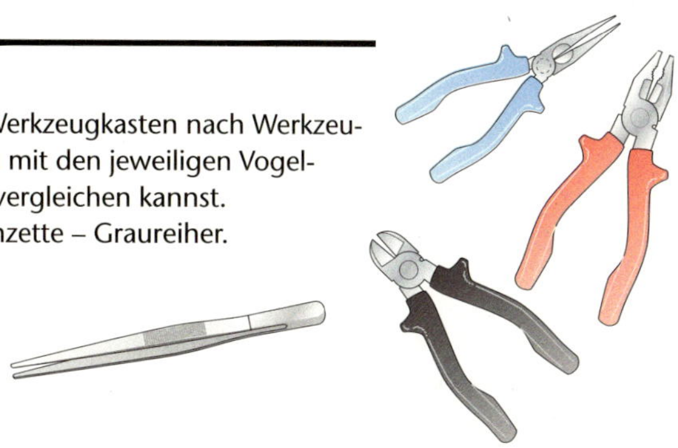

Die Henne hat gelegt

Bei der Balz umtanzt der auffallend bunt gefärbte Hahn die Henne. Geht die Henne auf die Werbungen ein, so duckt sie sich und der Hahn steigt auf sie auf. Der Hahn „tritt" die Henne, wie Hühnerzüchter sagen. Die Tiere pressen ihre Geschlechtsöffnungen aneinander. Hierbei kommt es zur Besamung (▷ B 1). Im hinteren Teil des Eileiters erfolgt die Befruchtung der Eizelle, womit die Verschmelzung einer Eizelle mit einer Samenzelle gemeint ist.

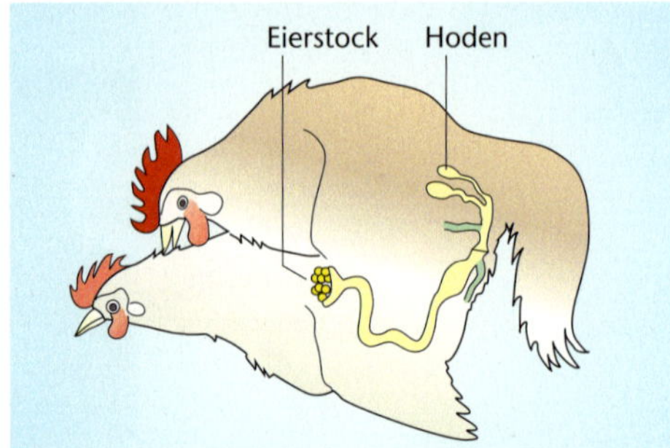

1 Paarung

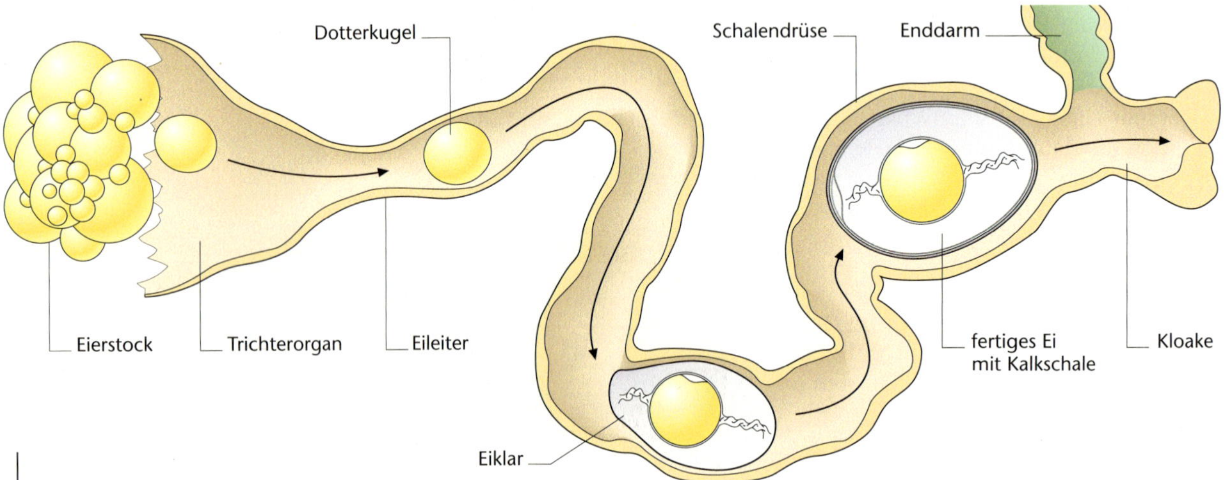

2 Eierstock – Eileiter

Innerhalb von 24 Stunden erfolgt jetzt im Eileiter die Entwicklung zum fertigen Hühnerei, das dann von der Henne abgelegt wird. Im Ei teilt sich die winzige Eizelle mehrfach und bildet die kleine Keimscheibe. Sie ist auf der Dotterkugel bei genauem Hinsehen gut zu erkennen (▷ B 5). Aus ihr entsteht später der Embryo. Nach und nach kommen Eiklar, die Hagelschnüre und die feinen Schalenhäute hinzu. In der Schalendrüse wird schließlich die Kalkschale hinzugefügt. Damit der heranwachsende Embryo atmen kann, enthält die Schale viele kleine luftdurchlässige Öffnungen. Das sind die Poren.

Das Hühnerei enthält Nährstoffe für das heranwachsende Küken, das durch Poren in der Eierschale atmen kann.

Von der Befruchtung bis zur Eiablage dauert es nur 24 Stunden. Entfernt man die Eier, legt die Henne erneut. Dieses Verhalten ist dem Tier angeboren. Eine Henne kann bis zu 250 Eier im Jahr legen. Findet keine Besamung statt, bleiben die Eier unbefruchtet.

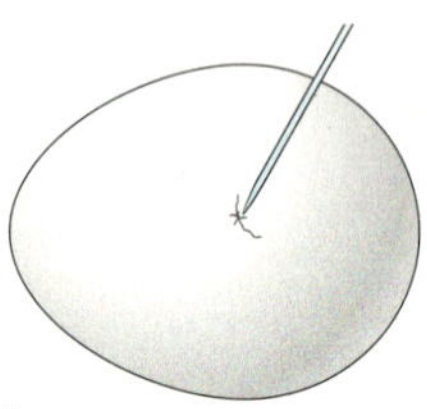
3 Einstechen eines Loches

4 Aufbrechen der Kalkschale

Versuche

1 Lege ein Hühnerei waagerecht in die Vertiefung eines Eierkartons. Stich vorsichtig ein kleines Loch in die Eierschale und sauge mit einer Einwegspritze ca. 1,5 ml Eiklar ab.
Mit Schere und Pinzette kannst du jetzt vorsichtig das Loch zu einem kleinen „Fenster" erweitern (▷ B 3 und 4).
Welche Teile aus Bild 5 erkennst du wieder?

2 Halte ein Stückchen Kalkschale gegen das Licht und betrachte es mit der Lupe.

3 Drehe das geöffnete Ei. Wie verhält sich die Keimscheibe?

4 Öffne das Ei vollständig und gib den Inhalt in eine Petrischale. Zieh vorsichtig mit einer stumpfen Pinzette an den Hagelschnüren!
Welche Aufgabe könnten die Hagelschnüre haben?

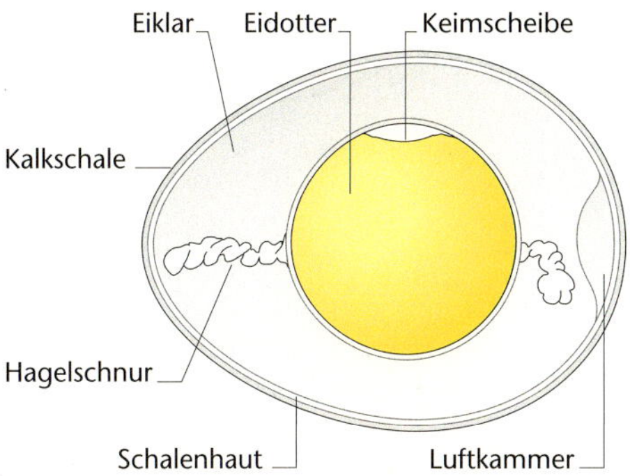

5 Hühnerei, Schema

6 Entwicklungsstadien im Hühnerei

Ein Küken schlüpft

Wenn die Glucke brütet, hält ihr Körper die Eier gleichmäßig warm. Bis dann schließlich ein Küken schlüpft, passiert unter der Eischale Erstaunliches: Langsam entwickelt sich aus der Keimscheibe der Embryo. Auch wenn die Glucke die Eier wendet – die Keimscheibe bleibt immer oben. Sie schwimmt auf der Dotterkugel. Schon nach drei Tagen sind erste Äderchen auf der Dotterkugel erkennbar. Sie versorgen den Embryo mit Nährstoffen aus dem Dotter und dem Eiklar. Nach 14 Tagen sind Kopf, Schnabel, Augen, Flügel und Federn gut ausgebildet. Um die Eischale durchbrechen zu können, hat das Küken einen kleinen Eizahn auf dem Schnabel. Nach 21 Tagen schlüpft das Hühnerküken.
Als **Nestflüchter** geht das Küken sofort mit der Glucke und den Geschwistern auf Futtersuche.

Damit sich im befruchteten Hühnerei aus der Keimscheibe das Küken entwickeln kann, muss die Henne das Ei beim Brüten gleichmäßig warm halten.

Hättest du das gedacht?

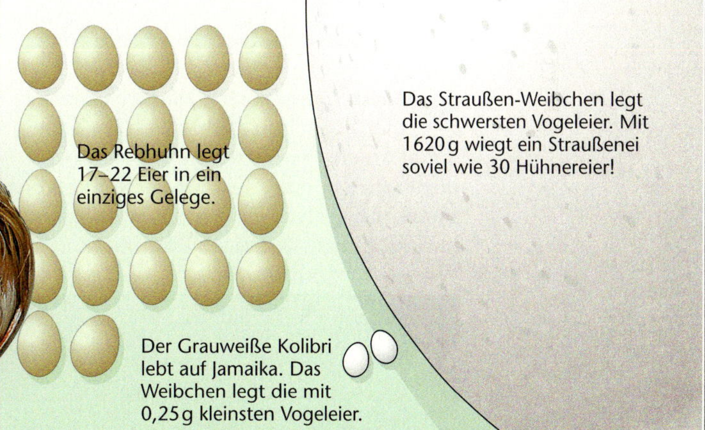

Das Rebhuhn legt 17–22 Eier in ein einziges Gelege.

Das Straußen-Weibchen legt die schwersten Vogeleier. Mit 1620 g wiegt ein Straußenei soviel wie 30 Hühnereier!

Der Grauweiße Kolibri lebt auf Jamaika. Das Weibchen legt die mit 0,25 g kleinsten Vogeleier.

Aufgaben

1 Schreibe zu jedem Stadium in Bild 6 einen Text, der die Entwicklung des Kükens beschreibt.

2 Erkläre den Begriff „Nesthocker" und nenne einige Vogelarten, deren Küken Nesthocker sind.

3 Suche im Buch nach weiteren Tierarten, deren Junge Nestflüchter sind.

Anpassung an den Lebensraum

Wirbeltiere haben außer der Antarktis alle Kontinente besiedelt. Sie leben im Meer und haben auch den Luftraum erobert.

Rehe und Hirsche
Rehe leben vorwiegend am Waldrand und ernähren sich als Wiederkäuer von Kräutern, Gräsern und jungen Baumtrieben. Meist leben sie in kleinen Rudeln. Die Kitze sind durch ihre Geruchslosigkeit und die Tarnfärbung sehr gut vor Feinden geschützt. Rehe sind Kulturfolger.
Der Rothirsch ist ein scheuer Waldbewohner. In der Brunftzeit muss der Platzhirsch sein Revier und seine Weibchen gegen Rivalen verteidigen.

Eichhörnchen sind Kletterkünstler
Eichhörnchen verbringen ihr Leben auf Bäumen. Der buschige Schwanz und die langen, spitzen Krallen helfen beim Klettern. Für den Winter, in dem sie Winterruhe halten, legen sie Vorräte an.

Maulwürfe unter uns
Maulwürfe sehen sehr schlecht. Sie sind mit ihrem walzenförmigen Körper und dem ausgezeichneten Geruchs- und Tastsinn gut an das Leben unter der Erde angepasst. Maulwürfe sind Einzelgänger, die Vorräte für den Winter anlegen.

Fliegende Säugetiere
Fledermäuse orientieren sich mithilfe von Ultraschall. Unsere einheimischen Arten fressen fast ausschließlich Insekten, die sie im Flug erbeuten. Für die Aufzucht der Jungen und für den Winterschlaf brauchen sie gut geschützte Höhlen oder offene Türme und Speicher.

Fische – ein Leben im Wasser
Fische sind wechselwarme Wirbeltiere, die an das Leben im Wasser angepasst sind. Sie besitzen einen stromlinienförmigen Körper; zur Fortbewegung dienen Flossen. Bei den meisten Fischen ist die Haut mit Schuppen besetzt, die den Körper schützen.
Fische haben ein besonderes Organ, das Seitenlinienorgan. Hierbei handelt es sich um einen Ferntastsinn, mit dem die Tiere Wasserbewegungen wahrnehmen.

Ein Organ, das nur Fische besitzen, ist die Schwimmblase. Mit ihrer Hilfe können Fische in unterschiedlichen Wassertiefen schweben.
Ein weiteres Kennzeichen ist die Kiemenatmung. Dabei nehmen die Fische den lebensnotwendigen Sauerstoff direkt aus dem Wasser in die Blutgefäße auf.

Befruchtung im Wasser
Die Eier werden bei den Fischen meist außerhalb des weiblichen Körpers befruchtet. Nach dem Laichen kümmern sich die Eltern selten um den Nachwuchs. Eine Ausnahme sind zum Beispiel die Stichlinge, bei denen die Männchen das Gelege versorgen.

Fische besiedeln viele Gewässer
Fische leben in verschiedenen Gewässern, im Süßwasser und in den salzhaltigen Meeren. Viele Meeresfische werden von den Menschen als Speisefische geschätzt. Einige Fischarten sind in der Lage, im Süßwasser und im Meerwasser zu überleben. Hierzu gehören Aale und Lachse.

Lebensraum der Amphibien
Lurche leben sowohl auf dem Land als auch im Wasser. Es sind Amphibien, weil ihr Körper für beide Lebensräume ausgestattet ist. Es gibt Froschlurche und Schwanzlurche. Zu den Froschlurchen gehören Frösche, Unken und Kröten, zu den Schwanzlurchen Salamander und Molche.

Atmung bei Amphibien
Die Haut der Amphibien muss ständig feucht sein, da Lurche als Hautatmer Sauerstoff durch die Haut aufnehmen und deshalb nicht nur auf die Lungenatmung angewiesen sind. Für ausreichend Feuchtigkeit sorgen Schleimdrüsen in der Haut.

Stoffwechsel bei Amphibien
Lurche sind wie die Fische wechselwarme Tiere, deren Körpertemperatur von der Umgebungstemperatur abhängt.

Fortpflanzung bei Amphibien
Die Larven der Lurche entwickeln sich im Wasser. Sie durchlaufen eine Metamorphose, in deren Verlauf sie ihre Gestalt verändern und von Kiemenatmern zu Lungenatmern werden. Die Hautatmung wird beibehalten.

Amphibienschutz
Die Zahl der Lurche geht in unserer Kulturlandschaft immer mehr zurück. Die Gründe hierfür sind z. B. der Mangel an Laichgewässern sowie giftige Spritzmittel. Deshalb ist es wichtig, die Tiere zu schützen und ihnen auch im Garten Unterschlupfmöglichkeiten zu bieten.

1 Wechselkröte

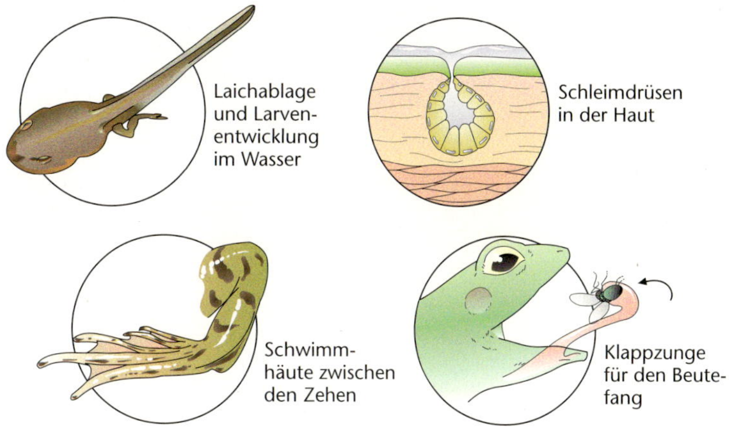

Reptilien
Die heutigen Reptilien oder Kriechtiere leben überwiegend in tropischen und subtropischen Ländern. Schlangen, Schildkröten und Krokodile sind die bekanntesten Gruppen.
Obwohl sie sehr unterschiedlich aussehen, haben doch alle einige typische Gemeinsamkeiten, die sie von anderen Tieren unterscheiden.

Reptilienhaut
Reptilien tragen ein Schuppenkleid oder einen Panzer. Den Schlangen helfen die Schuppen bei der Fortbewegung. Schuppen und Panzer schützen den Körper vor Verletzungen.

Körpertemperatur
Reptilien sind wechselwarme Tiere. Ihre Körpertemperatur wird von der Umgebungstemperatur bestimmt. In winterkalten Gebieten fallen Reptilien in eine Winterstarre.

2 Waldeidechse

3 Mäusebussard

Atmung bei Reptilien
Die undurchlässige Haut der Reptilien lässt Hautatmung nicht zu. Deshalb sind die Tiere auf Lungenatmung angewiesen.

Fortpflanzung bei Reptilien
Reptilien schlüpfen aus Eiern. Ihre Fortpflanzung ist vom Wasser unabhängig. Sie machen kein Larvenstadium durch.

Fortbewegung bei Reptilien
Kriechtiere besitzen seitlich vom Körper abstehende Beine. Dadurch ergibt sich ihr kriechender Gang. Haben sich die Beine wie bei Schlangen und Blindschleichen mehr oder weniger zurückgebildet, schlängeln sich die Tiere voran.

Vorfahren
Die Vorfahren der heutigen Reptilien waren Saurier. Sie beherrschten vor Millionen Jahren die Tierwelt der Erde.

Vögel besiedeln nahezu alle Lebensräume der Erde
Dabei wurden Körperbau und Verhalten den Nahrungsquellen angepasst. Oft sind es Spezialisten, die mit dem Schnabel als Werkzeug und den Krallen als Haltegriffen an ihre Nahrung gelangen.
Die Fähigkeit zu fliegen, ist dabei ihr größter Vorteil. Wenn etwa durch ungünstiges Klima die Nahrungsquellen versiegen, fliegen sie in günstigere Gebiete.

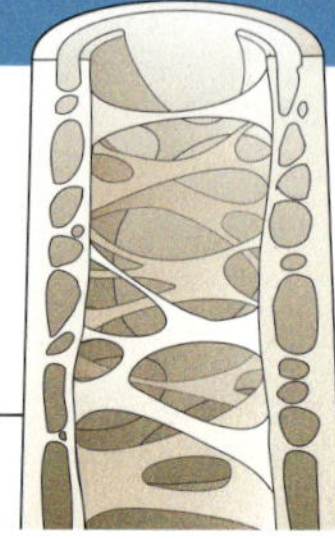

4 Struktur eines Vogelknochens

Nur Vögel besitzen Federn
Deckfedern umschließen außen den Vogelkörper. Daunen umhüllen die Körperoberfläche und schützen gegen Kälte. Schwungfedern bilden die Tragflächen des Flügels. Schwanzfedern steuern den Flug und bremsen bei der Landung. Das Gefieder verleiht dem Körper eine Stromlinienform.
Die Knochen der Vögel sind stark lufthaltig. Dadurch verringert sich das Körpergewicht – eine wichtige Voraussetzung für das Fliegen (▷B 4).

Vögel betreiben Brutpflege
Die Eier werden von den Eltern bebrütet. Nach dem Schlüpfen verlassen die Nestflüchter das Nest und folgen dem Eltern bei der Nahrungssuche. Nesthocker bleiben dagegen noch einige Zeit im Nest und werden dann dort gefüttert.

5 Turmfalke füttert Jungvogel.

Aufgaben

1 Begründe, weshalb zu viele Rehe und Hirsche für den Wald schädlich sind.

2 Erkläre, warum Eichhörnchen Vorräte für den Winter anlegen.

3 Manche Gärtner meinen, dass der Maulwurf die Wurzeln von Pflanzen abfrisst. Was kannst du solchen Gärtnern sagen?

4 Auf den Bäumen lebt das Eichhörnchen und unter der Erde der Maulwurf. Überlege, welche Anpassungen der Maulwurf bräuchte, damit auch er auf Bäumen leben könnte.

5 Fledermäuse sind bedroht. Suche im Internet nach Informationen, wie man Fledermäusen helfen kann.

6 Erkläre warum Lurche nicht ersticken, wenn sie während der Winterstarre bewegungslos am Grund von Gewässern überwintern.

7 Warum sondern manche Lurche aus ihrer Haut bei Gefahr bestimmte Stoffe ab? Nenne Beispiele und begründe.

8 Erkläre an einem Beispiel den Begriff „Metamorphose".

9 Das Herz der Lurche hat nur eine Hauptkammer. Sauerstoffarmes und sauerstoffreiches Blut werden dort gemischt. Warum ist das möglich?

10 „Amphibien sind Wirbeltiere, aber keine echten Landtiere". Erkläre diese Aussage.

11 Lurche sind wechselwarme Tiere. Wie müsste ihr Körper gebaut sein, damit sie ständig eine Körpertemperatur von 30 °C halten könnten?

12 Nenne mindestens fünf Besonderheiten beim Körperbau der Vögel, die den Tieren das Fliegen ermöglichen.

13 Der Schnabel eines Vogels kann verraten, was er frisst. Begründe diese Aussage und nenne fünf Beispiele.

14 Der Strauß ist ein Laufvogel der afrikanischen Steppe. Könnte er fliegen, wenn er größere Flügel hätte? Schaue dir das Bild der Feder an und begründe deine Meinung.

15 Warum gehören Saurier zu den Reptilien? Begründe.

16 Wo findest du die „Stromlinienform" in der Technik? Nenne Beispiele und überlege dir, welche Vorteile diese Bauweise hat.

17 Manche Reptilien in nördlichen Ländern behalten die Eier bis zum Schlüpfen der Jungtiere in ihrem Körper. Begründe, warum das für die Tiere von Vorteil ist!

18 Warum können Reptilien nicht wie Lurche über die Haut atmen?

19 Lege ein Kistenmuseum an: In flachen Apfelsinenkisten kannst du Bilder, Fotos, Fundstücke von Reptilien und Amphibien unterbringen und ausstellen.

20 Vergleiche die Merkmale der Reptilien mit denen einer anderen Tiergruppe, z. B. den Vögeln oder Amphibien. Fertige dazu eine Tabelle an. Markiere die Unterschiede farbig.

21 Beschreibe mit eigenen Worten die Entwicklung von Fischen. Fertige dazu Skizzen an.

22 Nenne vier Fischarten, die in Gewässern des Binnenlandes leben.

23 Beschreibe, wie sich die Lebensbedingungen für die Fische in einem Fluss von der Quelle zur Mündung ändern.

24 Heringe leben in Schwärmen. Welche Vorteile bietet ihnen das?

25 Bei der Kiemenatmung werden die Kiemenblättchen von Atemwasser umspült. Welche Voraussetzungen müssen gegeben sein, damit Fische möglichst viel Sauerstoff aus dem Wasser aufnehmen können?

26 Vergleiche die Lungenatmung der Säugetiere mit der Kiemenatmung der Fische.

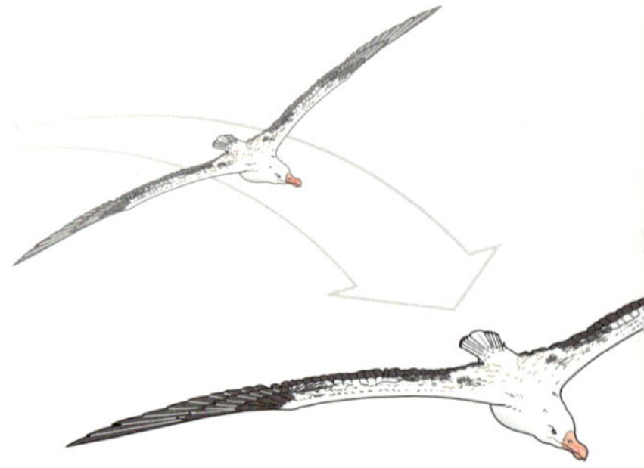

Körper in Bewegung

Fliegen, laufen, springen, rollen, radeln, fahren, rennen, drehen, schleichen … Es gibt viele Möglichkeiten, sich zu bewegen.

Schaue dich in deiner Umgebung um, überall bewegt sich etwas. Die Zahl der verschiedenen Bewegungen scheint dabei unermesslich groß zu sein. Doch so unterschiedlich diese Bewegungen auch sind, es gibt Gemeinsamkeiten zwischen ihnen. Welche das sind und welche Bedeutung sie haben, wirst du auf den nächsten Seiten erfahren.

1 Radfahrer an einem autofreien Sonntag

Aufgabe

1 Unterscheide die Bewegungen der Radfahrerinnen und Radfahrer in Bild 1 nach ihrer Richtung. Beschreibe genau, welche Bewegungen ausgeführt werden.

Viele unterschiedliche Bewegungen

Betrachte die Radfahrerinnen und Radfahrer in Bild 1. Die einen fahren langsam, die anderen schnell. Kommen sie an eine Kreuzung, halten sie an. Sobald die Kreuzung frei ist, fahren sie wieder zügig los. Manche nehmen den kürzesten Weg, um an ihr Ziel zu gelangen, andere radeln auch mal einen Umweg. Aber es geht mit Sicherheit nicht immer nur geradeaus.

Alle diese **Bewegungen** sind sehr unterschiedlich. Und doch reicht zu ihrer Beschreibung die Angabe von Fahrtrichtung und Geschwindigkeit.
In der Physik macht man sich diese Erkenntnis zunutze:

> Die Bewegung eines Körpers wird durch die Angabe von Richtung und Geschwindigkeit beschrieben.

Die Richtung einer Bewegung

In welche Richtungen können die Radfahrerinnen und Radfahrer fahren? Es gibt zum Beispiel gerade Strecken, Rechtskurven, Linkskurven sowie den Kreisverkehr. Solange eine Radfahrerin oder ein Radfahrer die Fahrtrichtung nicht ändert, geht es immer geradeaus. In der Physik spricht man in diesem Fall von einer **geradlinigen Bewegung**.

> Bei einer geradlinigen Bewegung behält ein Körper die Richtung seiner Bewegung bei.

Radfahrerinnen oder Radfahrer, die eine Kurve fahren, ändern ihre Fahrtrichtung. Die zugehörige Bewegung wird Kurvenfahrt genannt.
Wenn aus einer Kurvenfahrt eine Fahrt im Kreis wird, bezeichnet man die Bewegung als **Kreisbewegung**.

> Ändert ein Körper die Richtung seiner Bewegung, spricht man von einer Kurvenfahrt. Eine Bewegung im Kreis wird als Kreisbewegung bezeichnet.

Die Geschwindigkeit einer Bewegung

Ein Bus im Stadtverkehr muss seine Geschwindigkeit ständig ändern. Schaltet die Ampel auf Grün, fährt der Bus an (▷ B 2, oben). Er wird also immer schneller. Der Bus führt eine **beschleunigte Bewegung** aus.
Anschließend fährt er mit gleich bleibender Geschwindigkeit weiter (▷ B 2, Mitte).

2 Im Straßenverkehr muss die Geschwindigkeit immer wieder geändert werden.

In diesem Fall liegt eine **gleichförmige Bewegung** vor.

Bei einer gleichförmigen Bewegung hat ein Körper immer die gleiche Geschwindigkeit.

An der nächsten Haltestelle muss der Bus bremsen (▷ B2, unten). Er wird langsamer. Die Geschwindigkeit des Busses nimmt ab, bis er zum Stillstand kommt.
Solche Bremsvorgänge bezeichnet man in der Physik als **verzögerte Bewegung**.

Wird ein Körper immer schneller, führt er eine beschleunigte Bewegung aus. Wird er immer langsamer, handelt es sich um eine verzögerte Bewegung.

Auf dem Nürburgring

Der Nürburgring ist eine Rennstrecke mit vielen Kurven und Engstellen. Diese Engstellen bezeichnet man auch als Schikanen. Die Fahrt des Rennwagens auf der Rennstrecke setzt sich aus verschiedenen Bewegungen zusammen.

Am Start kann man eine geradlinige, beschleunigte Bewegung der Rennwagen beobachten. Vor der ersten Doppelkurve müssen die Fahrer bremsen. Die Formel-1-Rennwagen führen eine verzögerte Bewegung aus. Dann wird die Richtung der Bewegung verändert – es folgt eine Kurvenfahrt.

Nach der Doppelkurve kommt eine lange Gerade, auf der die Fahrer ihre Wagen wieder beschleunigen können. Sie erreichen auf diesem Streckenabschnitt Geschwindigkeiten von bis zu 260 km/h. Um sicher durch die anschließende Kurve zu kommen, müssen die Formel-1-Rennwagen stark abgebremst werden. Sie führen also wieder eine verzögerte Bewegung aus. Eine gleichförmige Bewegung ist auf dem Nürburgring nur kurzzeitig auf längeren geraden Streckenabschnitten möglich.

Der 50-Meter-Lauf

Diesen Versuch müsst ihr in einer Gruppe von mindestens 6 Schülerinnen und Schülern durchführen. Trefft euch an einem Ort, z. B. im Stadion oder auf dem Schulhof, wo ihr eine ausreichend lange Strecke für euren Versuch abstecken könnt.

Material

5 Stoppuhren, Meterband, Heft, Stift, Kreide, farbiges Klebeband

Messpunkt	Weg in m	Zeit in s	Weg/Zeit in m/s
1			
2			
3			
4			
5			

1 Messwerttabelle

Versuchsanleitung

Übertragt zuerst die Tabelle aus Bild 1 in euer Heft. Wählt dann aus eurer Gruppe eine Person aus, die eine Teststrecke von 50 Metern laufen soll. Messt auf dem Schulhof oder im Stadion eine Strecke von fünf mal 10 Metern ab. Markiert das Ende der Teilstrecken jeweils durch einen Kreidestrich oder einen Klebestreifen auf dem Boden.
Nun stellt sich alle zehn Meter eine Schülerin oder ein Schüler mit einer Stoppuhr an der Markierung auf.

a) Zeitmessung
Auf ein Kommando startet die Läuferin bzw. der Läufer, gleichzeitig beginnen die Zeitnehmer mit der Messung. Die Zeitnehmer an den Messpunkten stoppen ihre Uhren in dem Augenblick, in dem der Läufer bzw. die Läuferin die jeweilige Markierung überquert. Tragt anschließend alle gemessenen Zeiten in eure Tabelle ein.

Aufgaben

1. Betrachtet die Messwerte für die einzelnen Streckenabschnitte. Vergleicht die Zeit für die ersten 10 Meter mit den Zeiten, die der Läufer für die doppelte Strecke, die dreifache Strecke usw. benötigt hat. Könnt ihr einen Zusammenhang erkennen?

2. Wiederholt die Messung mit anderen Läuferinnen und Läufern. Woran könnt ihr erkennen, wer schnell und wer langsam läuft?

3. Wie könnt ihr aus den Messwerten von Zeit und Strecke eine Größe berechnen, welche die Schnelligkeit eines Läufer angibt?

Vergleicht dazu einen schnellen mit einem langsamen Läufer. Für welchen der beiden Läufer muss die gesuchte Größe einen kleinen Zahlenwert, für welchen einen großen Wert annehmen? Multipliziert und dividiert die Werte für die Zeit und die Strecke. Welche Rechenoperation liefert Ergebnisse, die mit euren Überlegungen übereinstimmen?

b) Zeit-Weg-Diagramm
Beim 50-Meter-Lauf habt ihr die Zeit und den Weg gemessen. Die gemessenen Werte könnt ihr nun in einem Diagramm darstellen (▷ B 2). Das Diagramm besteht aus zwei Achsen. Wählt für die senkrechte Achse den Weg in Metern und für die waagerechte Achse die Zeit in Sekunden. Tragt nun die Messwertpaare in das Diagramm ein.

Aufgabe

Betrachtet das Diagramm, das ihr aus den Messwerten erstellt habt. Überlegt, welche Art der Bewegung die Läufer beim 50-Meter-Lauf ausführen. Wie lässt sich diese Bewegung zeichnerisch darstellen?

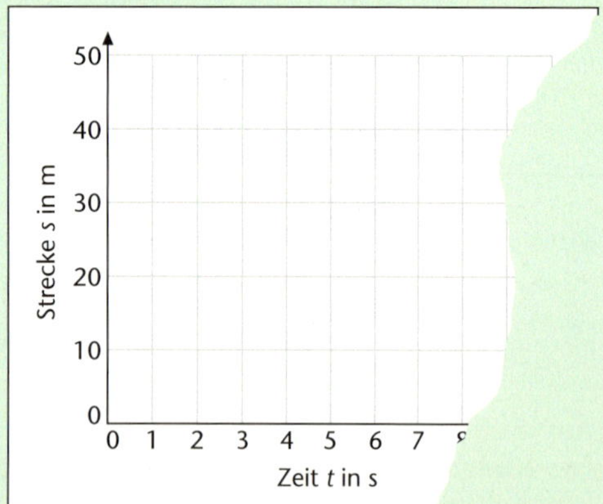

2 Zu Versuchsteil b

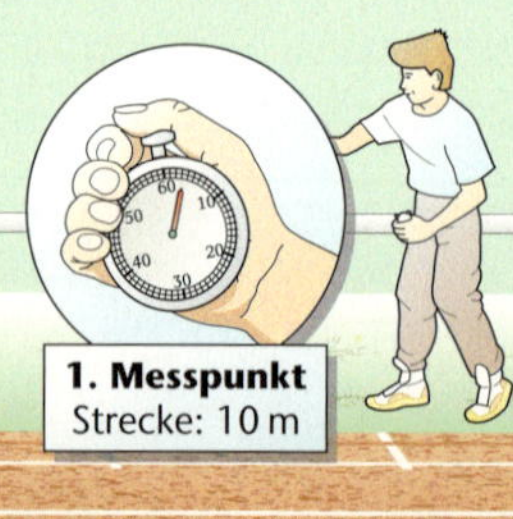

Geschwindigkeit

Laufen zwei Sportler dieselbe Strecke, lässt sich der schnellere Läufer einfach bestimmen: Derjenige, der weniger Zeit benötigt, läuft schneller.
Schwieriger wird es, wenn man einen 50-Meter-Läufer mit einem 100-Meter-Läufer vergleichen möchte, wenn die Strecken also unterschiedlich lang sind. In diesem Fall kann man die Strecken betrachten, die die Sportler jeweils in einer festgelegten Zeit, z. B. in einer Minute, zurücklegen. Wer in dieser Zeit die längere Strecke läuft, ist der Schnellere.

> Die Geschwindigkeit gibt an, welchen Weg ein Körper in einer bestimmten Zeit zurücklegt.

Dieses Vorgehen lässt sich verallgemeinern. Um die Geschwindigkeit von bewegten Körpern vergleichen zu können, betrachtet man den Weg, den ein Körper in einer Sekunde zurückgelegt hat.

Berechnung der Geschwindigkeit

Will man die Geschwindigkeit v berechnen, muss man den zurückgelegten Weg s durch die dafür benötigte Zeit t dividieren:

$$\text{Geschwindigkeit} = \frac{\text{Weg}}{\text{Zeit}}$$

$$v = \frac{s}{t}$$

Die Einheit der Geschwindigkeit

Du weißt nun, dass die Geschwindigkeit der Quotient aus Weg und Zeit ist. Jetzt fehlt nur noch eine Einheit für diese physikalische Größe.

Aus der Formel zur Berechnung der Geschwindigkeit lässt sich die zugehörige Einheit ableiten. Sie ist der Quotient aus den Einheiten von Weg und Zeit: 1 m/s (lies: ein Meter pro Sekunde). Häufig verwendet wird auch folgende Einheit:

1 km/h (lies: ein Kilometer pro Stunde)

Du kannst die beiden Einheiten leicht ineinander umrechnen (▷ B 1):

$$1\,\frac{\text{m}}{\text{s}} = \frac{3\,600\,\text{m}}{3\,600\,\text{s}} = \frac{3{,}6\,\text{km}}{1\,\text{h}} = 3{,}6\,\frac{\text{km}}{\text{h}}$$

$$1\,\frac{\text{km}}{\text{h}} = \frac{1\,000\,\text{m}}{3\,600\,\text{s}} = \frac{1\,\text{m}}{3{,}6\,\text{s}}$$

Geschwindigkeitsmessung

Wenn man mit dem Auto unterwegs ist, dann ist es wichtig während der Fahrt zu jeder Zeit genau zu wissen, wie schnell man ist. Dafür braucht man einen **Tachometer**, auch kurz „Tacho" genannt.
Ein Tachometer gibt die Geschwindigkeit meist in der Einheit Kilometer pro Stunde an. Die Geschwindigkeit, die ein Fahrzeug in einem bestimmten Moment hat, nennt man **Momentangeschwindigkeit**. Sie kann sich ständig ändern.

> Ein Tachometer misst die Momentangeschwindigkeit.

Durchschnittsgeschwindigkeit

Kaum eine Bewegung ist gleichförmig. Ein Fahrzeug im Straßenverkehr muss an einer Ampel anhalten und beschleunigt dann wieder. Auch auf der Autobahn fährt ein Fahrzeug nicht immer mit gleich bleibender Geschwindigkeit.
Setzt sich eine Bewegung aus verschiedenen Bewegungsarten zusammen, kann man die durchschnittliche Geschwindigkeit berechnen. Dazu bildet man den Quotienten aus dem gesamten zurückgelegten Weg und der insgesamt dafür benötigten Zeit. Man erhält die **Durchschnittsgeschwindigkeit**.

> Die Durchschnittsgeschwindigkeit ist der Quotient aus dem gesamten zurückgelegten Weg und der dafür benötigten Zeit.

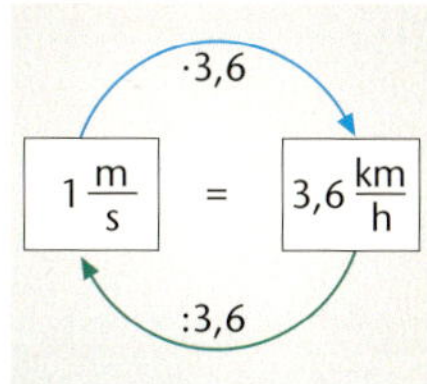

1 Umrechnung

Aufgaben

1 Bei den olympischen Sommerspielen 2 000 in Sydney legte der deutsche Radsportler Robert Bartko (▷ B 2) 4 000 Meter in 4 Minuten und 18 Sekunden zurück. Berechne seine Geschwindigkeit.

2 Kira möchte die Fließgeschwindigkeit eines Bachs bestimmen. Dazu setzt sie ein Papierschiff ins Wasser. Nach Kiras Messung braucht das Schiff für eine nahezu gerade Strecke von 150 Metern 1 Minute und 23 Sekunden.
Mit welcher Geschwindigkeit fließt das Wasser?

2 Zu Aufgabe 1

Strategie

Hilfen beim Lösen physikalischer Aufgaben

Im NWA-Unterricht wirst du auf physikalische Aufgaben treffen, die du mithilfe einer Formel lösen musst. Manchmal sind die Aufgaben aber so gestellt, dass sich die zugehörige Formel nicht direkt anwenden lässt. Die folgenden Seiten zeigen dir, wie du dann vorgehen kannst.

Endlich Ferien!
Am ersten Ferientag, morgens um 6 Uhr, startet Familie Klingen aus Duisburg in den Urlaub. Ihr Ziel ist der Wörthersee in Kärnten (Österreich). Vater, Mutter und die beiden Kinder Christa und Michael fahren zunächst nur bis Stuttgart, wo die Großeltern wohnen.

Mit welcher Durchschnittsgeschwindigkeit wurden die 424 km zwischen Duisburg und Stuttgart zurückgelegt?

Gegeben: $s = 424\,\text{km}$
$t = 4\,\text{h}$

Gesucht: v

Lösung: $v = \frac{s}{t}$

$v = \frac{424\,\text{km}}{4\,\text{h}}$

$v \approx 106\,\frac{\text{km}}{\text{h}}$

Die Durchschnittsgeschwindigkeit betrug 106 km/h.

Für die 424 km von Duisburg bis Stuttgart braucht Familie Klingen 4 Stunden.

Michael hat gerade in der Schule gelernt, wie man die Geschwindigkeit berechnet:

$$v = \frac{s}{t}$$

Er kann seinem Opa also erzählen: „Wir sind durchschnittlich 106 km/h schnell gefahren."

Ein Problem – mehrere Lösungswege
Am nächsten Tag fährt Familie Klingen von Stuttgart aus weiter nach Kärnten. Sie erreicht ihren Urlaubsort nach 7 Stunden. Michael erzählt seinem österreichischen Freund Erdan: „Unterwegs gab es mehrere Staus, sodass wir durchschnittlich nur mit 98 km/h fahren konnten." Erdan will nun berechnen, wie weit die Familie Klingen gefahren ist.

Auch Erdan kennt aus der Schule die Formel zur Berechnung der Geschwindigkeit. Er kann sie aber nicht benutzen, denn die Geschwindigkeit ist bereits bekannt: $v = 98\,\text{km/h}$.
Gesucht ist aber die Länge der gefahrenen Strecke s. Wie kann Erdan diese Aufgabe lösen?
Du lernst jetzt einige Verfahren kennen, die du immer wieder zum Lösen ähnlicher Aufgaben benutzen kannst.

A. Die Tabelle

Die Fahrzeit beträgt 7 Stunden. Die Durchschnittsgeschwindigkeit betrug 98 km/h, d. h. pro Stunde hat das Auto eine Strecke von 98 km zurückgelegt. Das führt zu folgender Tabelle:

Fahrzeit *t*	**zurückgelegte Strecke *s***
1 h	98 km
2 h	196 km
3 h	294 km
4 h	392 km
5 h	490 km
6 h	588 km
7 h	686 km

Lösung: Familie Klingen ist an diesem Tag eine Strecke von 686 km gefahren.

Du kannst dir sicher vorstellen, dass dieses Verfahren bei großen Zahlen umständlich ist, die Tabelle wird dann sehr lang. Die nächste Lösung kürzt den Weg ab.

B. Zweisatz / Dreisatz

Die Durchschnittsgeschwindigkeit beträgt 98 km/h. Das bedeutet, dass das Fahrzeug in einer Stunde eine Strecke von 98 km zurückgelegt hat.
In 7 Stunden fährt es demnach 7-mal so weit:

98 km x 7 = 686 km

Auch auf diesem Weg kommt man also zum richtigen Ergebnis: Die gefahrene Strecke ist 686 km lang.

C. Das Rechendreieck

Im NWA-Unterricht gibt es zum Lösen solcher Aufgaben ein sehr schönes Hilfsmittel, das Rechendreieck. Du schreibst dazu die bekannte Formel für die Geschwindigkeit in ein geteiltes Dreieck.

Übertrage in das Dreieck zuerst die rechte Seite der Formel (s/t). Der Trennstrich im Dreieck entspricht dabei dem Bruchstrich. Trage nun die Größe auf der linken Seite (v) in das verbleibende Feld ein.

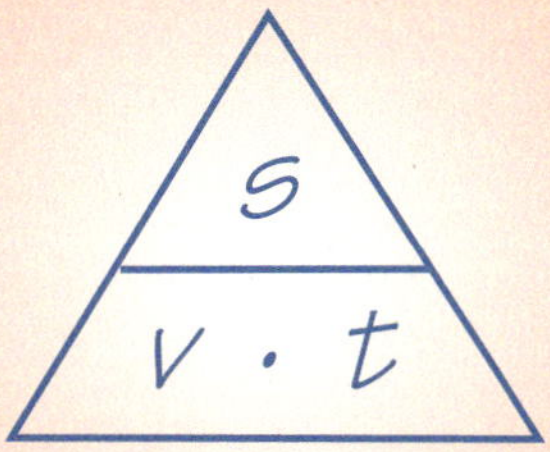

Im nächsten Schritt überlegst du dir, welche der drei Größen aus dem Dreieck gesucht ist. In unserem Beispiel ist es die Strecke s. Halte die gesuchte Größe im Dreieck zu.

Nun bleibt sichtbar, wie du rechnen musst:

$s = v \cdot t$
$s = 98\,\text{km/h} \cdot 7\,\text{h}$
$s = 686\,\text{km}$

Die zurückgelegte Strecke ist 686 km lang.
Mit dem Rechendreieck kannst du nicht nur s berechnen, sondern selbstverständlich auch t und v.

Beispiel-Aufgabe

Auf der Rückreise der Familie Klingen gibt es keine Staus. Deshalb liegt die Durchschnittsgeschwindigkeit bei 115 km/h.
Da der Umweg über Stuttgart entfällt, ist die Fahrstrecke nur 1 035 km lang.

Wie lang hat die Familie Klingen für die Rückfahrt gebraucht?

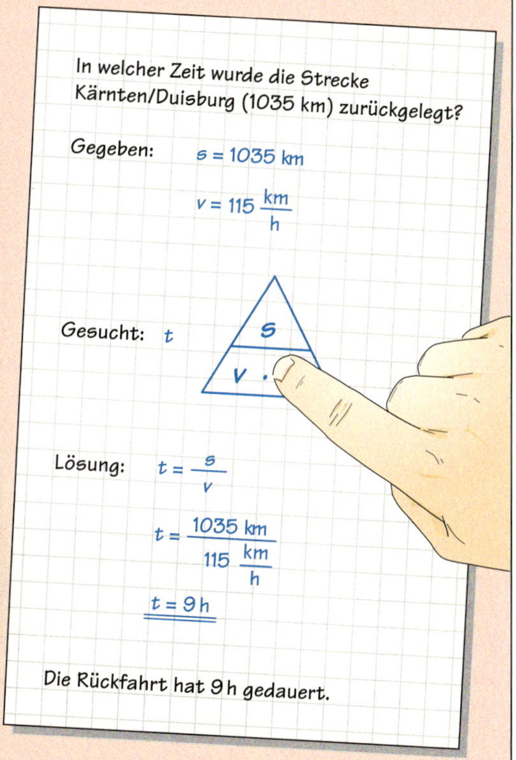

Brennpunkt

Skater und Radfahrer

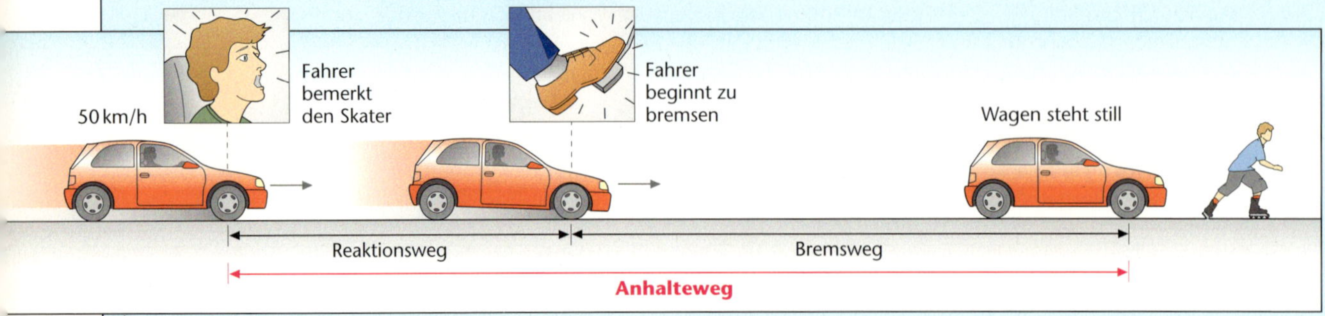

1 Anhalteweg

Radfahren – nicht immer ein Kinderspiel
Genau wie für Autos gilt auch für Fahrräder: Je größer die Geschwindigkeit, desto länger der Anhalteweg. Der Anhalteweg setzt sich aus dem Reaktionsweg und dem Bremsweg zusammen (▷ B 1):

Reaktionsweg + Bremsweg = Anhalteweg

Ein Erwachsener benötigt etwa eine Sekunde (die sog. Schrecksekunde), um die Gefahr zu erkennen und zu reagieren. Den Weg, den das Fahrzeug in dieser Sekunde noch ungebremst zurücklegt, nennt man Reaktionsweg. Der Bremsweg ist der Weg, den das Fahrzeug braucht, um bei Betätigung der Bremse bis zum Stillstand zu kommen.
Stelle dir vor, ein Radfahrer fährt mit 20 km/h. Das sind etwa 5,5 m/s. Plötzlich sieht er 5 m vor sich ein Hindernis.

2 Diese Verkehrszeichen musst du als Radfahrer und Skater unbedingt kennen.

Braucht der Radfahrer nur eine Sekunde um zu reagieren, so wird er auf das Hindernis vor ihm völlig ungebremst auffahren.

Sicherheit im Straßenverkehr
- Fahrradhelme schützen vor schweren Kopfverletzungen.
- Sind Radwege vorhanden, müssen sie genutzt werden. Gehwege sind für Radfahrer verboten.
- Für die Überquerung von Zebrastreifen und Bahnübergängen gilt: absteigen und das Fahrrad schieben.

Inline-Skating – aber sicher!
Inline-Skater sind fast so schnell wie Fahrradfahrer. Ein Skater sollte wissen, dass er – ausgehend von der gleichen Geschwindigkeit – einen größeren Anhalteweg als ein Fahrradfahrer benötigt. Die Technik der Inline-Skates ist inzwischen so ausgefeilt, dass schon Anfänger schnell auf 20 km/h kommen können. Daher ist es sehr wichtig, die Fahrtechniken sicher zu beherrschen. Ein schnelles und sicheres Bremsen verringert den Bremsweg erheblich und vermindert das Verletzungsrisiko.

Sicherheit im Straßenverkehr
- §1 der StVO gilt auch für Skater: Vorsicht und gegenseitige Rücksichtnahme. Die nötige Fairness gegenüber anderen Verkehrsteilnehmern ist Ehrensache für einen Skater.
- Schutzkleidung ist für die eigene Gesundheit wichtig. Dazu gehören: Protektoren für beide Knie, Ellenbogen und Handgelenke sowie ein Helm.
- Sei immer bremsbereit und fahre vorausschauend.
- Fahre rechts, überhole links. Mache dich rechtzeitig vorher bemerkbar.

Windstärke	Windgeschwindigkeit	Bezeichnung
2	6 – 11 $\frac{km}{h}$	leichte Brise 
4	20 – 28 $\frac{km}{h}$	mäßiger Wind 
6	39 – 49 $\frac{km}{h}$	starker Wind 
8	62 – 74 $\frac{km}{h}$	stürmischer Wind 
10	89 – 102 $\frac{km}{h}$	schwerer Sturm 
12	über 118 $\frac{km}{h}$	Orkan 

4 Beaufort-Skala

Windstärken

Um eine Luftströmung genau zu beschreiben, müssen ihre Richtung und ihre Stärke angegeben werden. Der britische Admiral Sir Francis Beaufort (1774–1857) hat sich dazu 1805 eine Skala ausgedacht (▷ B 4). Dabei bedeutet die Stärke 0 absolute Windstille. Die höchste Stärke legte Beaufort mit 12 fest. Das ist dann schon ein Orkan.

„Und sie bewegt sich doch!“

Dieser Ausspruch soll von Galileo Galilei stammen. Unsere Erde bewegt sich tatsächlich immer. Sie dreht sich um sich selbst und um die Sonne. Mit einer Geschwindigkeit von etwa 30 km/s (▷ B 3) schafft sie es, sich auf ihrer Bahn in 365,25 Tagen um die Sonne zu bewegen.
Fliegt ein Raumschiff um die Erde, bewegt es sich in einer Sekunde 8 km weit. Die bis jetzt größte bekannte Geschwindigkeit hat das Licht mit 300 000 km/s. Auch die Funksignale von den Nachrichtensatelliten haben Lichtgeschwindigkeit.

Geschwindigkeit in Knoten

Die Seefahrer benutzten früher ein Log (▷ B 5) – ein Brett, das an einer langen Leine hing. Die Leine war in regelmäßigen Abständen mit Knoten versehen. Wurde das Log über Bord des fahrenden Schiffes geworfen, blieb das Brett auf dem Wasser zurück und der Messende zählte nun die Knoten, die in einer bestimmten Zeit durch seine Hand liefen.
Auch heute noch wird die Geschwindigkeit von Schiffen in Knoten angegeben:
1 Knoten = 1 Seemeile pro Stunde
1 Seemeile (1 sm) = 1 852 Meter
Ein Fang- und Verarbeitungsschiff der Hochseefischer erreicht etwa 14 Knoten.
$14\,sm/h = 14 \cdot 1\,852\,m/h = 25\,928\,m/h$
Das sind 25,9 km/h.

5 Seefahrer mit Log

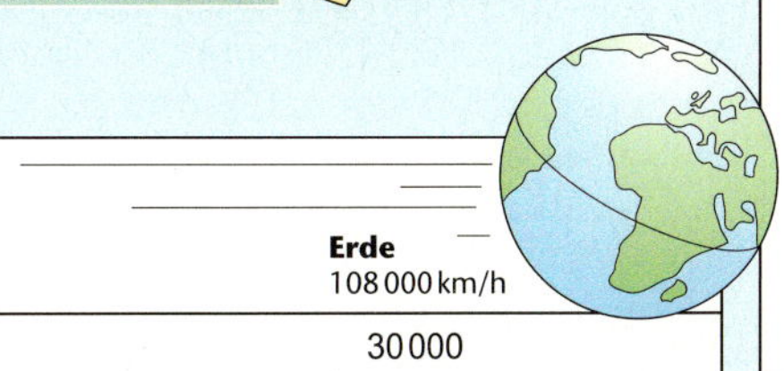

Körper in Bewegung

Bewegungsarten
Betrachtet man die Geschwindigkeit während einer Bewegung, dann kann man drei Bewegungsarten unterscheiden: die gleichförmige Bewegung, die beschleunigte Bewegung und die verzögerte Bewegung (▷ B 1).
Wird ein Körper immer schneller, spricht man von einer beschleunigten Bewegung. Körper, deren Geschwindigkeit immer kleiner wird, führen eine verzögerte Bewegung aus.
Bleibt die Geschwindigkeit unverändert, bewegt sich der Körper gleichförmig.

Die Bewegungsrichtung
Je nach Bewegungsrichtung unterscheidet man zwischen einer geradlinigen Bewegung, einer kreisförmigen Bewegung und einer Kurvenfahrt (▷ B 1).
Bei einer Achterbahn kannst du die verschiedenen Bewegungsarten beobachten.

Die Geschwindigkeit
Die Geschwindigkeit gibt an, welchen Weg ein Körper in einer bestimmten Zeit zurücklegt. Die Geschwindigkeit wird berechnet als Quotient aus Weg und Zeit. Formelzeichen: v

Berechnung: $v = \frac{s}{t}$

Einheiten: $1\,\frac{\text{m}}{\text{s}}$ oder $1\,\frac{\text{km}}{\text{h}}$

Im Stadtverkehr, aber auch auf der Autobahn fährt ein Fahrzeug nicht immer mit der gleichen Geschwindigkeit, mal beschleunigt es, mal bremst es ab. Die Durchschnittsgeschwindigkeit des Fahrzeugs lässt sich aus der Länge der zurückgelegten Strecke und der insgesamt dafür benötigten Zeit berechnen. Die Momentangeschwindigkeit kann man auf dem Tachometer ablesen.

Das Zeit-Weg-Diagramm
Die Bewegung eines Körpers lässt sich auch zeichnerisch darstellen. Dazu legt man ein Zeit-Weg-Diagramm an (▷ B 3). Auf der senkrechten Achse wird der zurückgelegte Weg s in Metern aufgetragen, auf der waagerechten Achse die Zeit t in Sekunden. Zeichnest du das Zeit-Weg-Diagramm einer gleichförmigen Bewegung, dann erhältst du eine ansteigende Gerade.

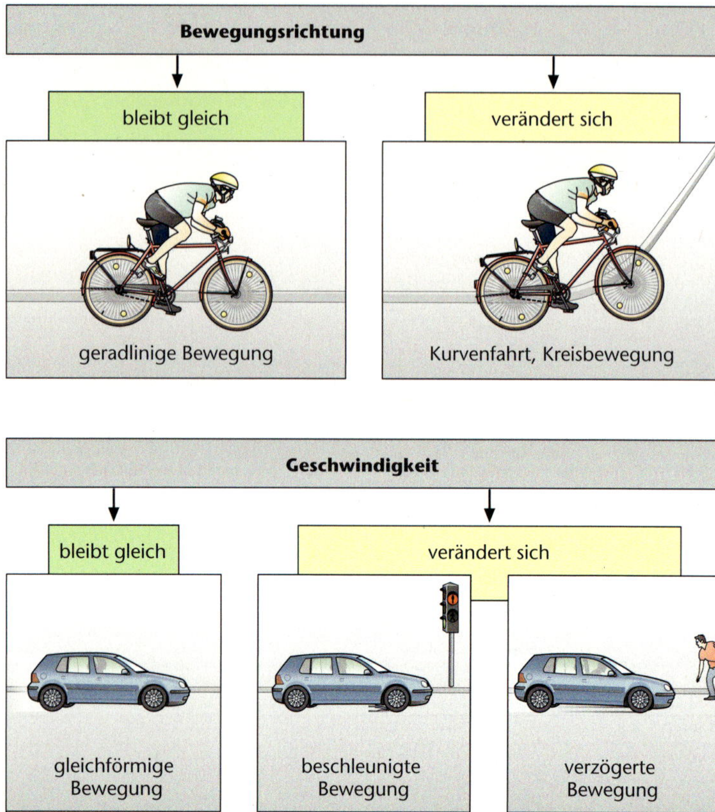

1 Richtung und Geschwindigkeit beschreiben eine Bewegung.

2 Bewegungen können ganz unterschiedlich sein.

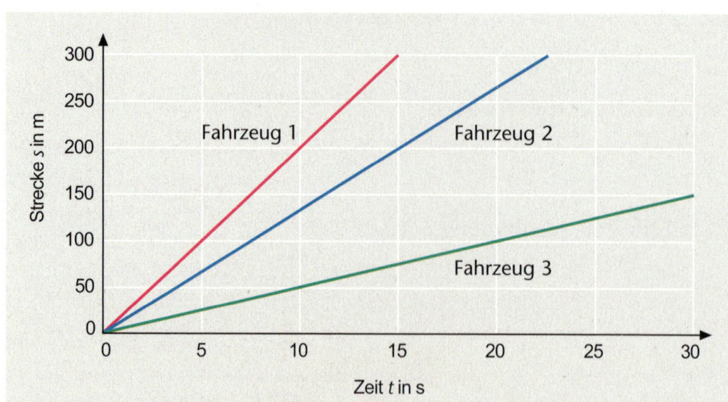

3 Zeit-Weg-Diagramm der gleichförmigen Bewegung verschiedener Fahrzeuge

Aufgaben

1 Alles bewegt sich! Welche unterschiedlichen Bewegungen kannst du in den oberen Bildern erkennen? Beschreibe die Bewegung und ordne sie den Bewegungsarten zu.

2 Schreibe für verschiedene Bewegungsarten auf, woran man sie erkennt. Beginne deine Sätze immer so: Bei einer … Bewegung bewegt sich ein Körper immer …

3 Ein Motorradfahrer legt in einer Ortschaft eine Strecke von 150 Metern in 9,7 Sekunden zurück. Ist diese Geschwindigkeit laut StVO zulässig?

4 Bei einer „Olympiade der Tiere" traten die folgenden sechs Tiere auf der 200-Meter-Strecke gegeneinander an. Sie erreichten beachtliche Zeiten:

Libelle	24,8 s
Elefant	18 s
Katze	15 s
Lachsforelle	30 s
Tigerhai	13,5 s
Stockente	6,5 s

Berechne für jedes Tier die erreichte Geschwindigkeit.

5 Die Wuppertaler Schwebebahn (▷ B 1) benötigt für 13,3 km eine Fahrzeit von 30 Minuten. Berechne ihre Durchschnittsgeschwindigkeit.

6 Ein PKW fährt mit einer Geschwindigkeit von 130 km/h auf der Autobahn. Wie lange braucht er für eine Strecke von 50 km?

7 Informiere dich bei einem Fahrradhändler oder bei der Polizei, welche Sicherheitseinrichtungen an deinem Fahrrad Pflicht sind.

8 Ein Auto fährt mit einer Geschwindigkeit von 130 km/h auf der Autobahn. Sind die folgenden Aussagen richtig oder falsch?
a) Das Auto fährt etwa 36 Meter in einer Sekunde.
b) Das Auto fährt 65 Kilometer in 30 Minuten.
c) Das Auto fährt 320 Kilometer in 2 Stunden und 30 Minuten.
d) Das Auto fährt mehr als 2 Kilometer in einer Minute.

9 Ein Flugzeug fliegt in drei Stunden von Leipzig nach Alexandria. Die Strecke beträgt 2 670 km. Berechne die Geschwindigkeit des Flugzeugs.

1 Zu Aufgabe 5

10 In den folgenden Bildern gehören immer drei Angaben zusammen. Finde sie!

Schall in Luft
Sturm
Laufkäfer
Radfahrer
Formel-I-Rennauto
Bobfahren
Regentropfen

m/s
24
0,2
6,9
5
38,8
340
72,2

km/h
1224
25
18
86,4
0,72
140
260

11 An verschiedenen Punkten einer Seilbahnstrecke wurden die Zeiten gemessen, die eine Kabine vom Startpunkt bis zum Messpunkt brauchte.
a) Berechne die Durchschnittsgeschwindigkeit der Seilbahn in Kilometern pro Stunde.
b) Erstelle aus den Messwerten ein Zeit-Weg-Diagramm.
c) Berechnest du die Geschwindigkeiten der Seilbahn nach den einzelnen Streckenabschnitten, wirst du eine Abweichung zur Durchschnittsgeschwindigkeit feststellen. Was könnten die Gründe dafür sein?

Weg in m	Zeit in s
60	25
100	33
270	75
450	150
650	217

Bewegung hält fit und macht Spaß

Tanzen, einem Ball hinterherlaufen, Fahrrad oder Inliner fahren: Das macht Spaß! Und außerdem hält es deinen Körper in Schwung und gesund!

Schon lange vor der Geburt spürte deine Mutter dein erstes Strampeln und ein paar Jahre später hast du begonnen, mit deinen Freunden Fangen zu spielen. Auch in der Schule und in der Freizeit führst du die verschiedensten Bewegungen aus. Selbst nachts, wenn sich dein Körper im Schlaf erholt, drehst du dich oft von einer Seite auf die andere.

Manche Tiere können viel schneller laufen, geschickter schwimmen, eleganter klettern, weiter springen und gekonnter balancieren als der Mensch. Aber der Mensch beherrscht, wenn auch nicht so perfekt, fast alle diese Bewegungsformen.

Wenn du schnell gelaufen bist, kannst du spüren, dass dein Herz schlägt und dass du schneller und tiefer atmest.
Auf den nächsten Seiten erfährst du, warum du deinen Körper bewegen kannst und wie das funktioniert.

Aufgaben

Plant ein Projekt zum Thema Bewegung. Bittet auch eure Sportlehrer um Unterstützung. Für den Einstieg in das Projekt könnt ihr die folgenden Aufgaben lösen.

1 a) Erstelle eine Hitliste der Bewegungen, die du gern ausführst, und der Bewegungen, die du nicht magst.
b) Wie würdest du dich am liebsten fortbewegen, wenn du alles könntest? Schreibe dazu eine Geschichte.

2 a) Denkt euch in Partnerarbeit sechs Bewegungsstationen aus. Nutzt auch Geräte, die in der Turnhalle vorhanden sind.
b) Fertigt eine Skizze der Stationen an.
c) Fragt eure Sportlehrer, ob ihr diese Bewegungsstationen mit eurer Klasse ausprobieren dürft.

Das Skelett – deine stabile innere Stütze

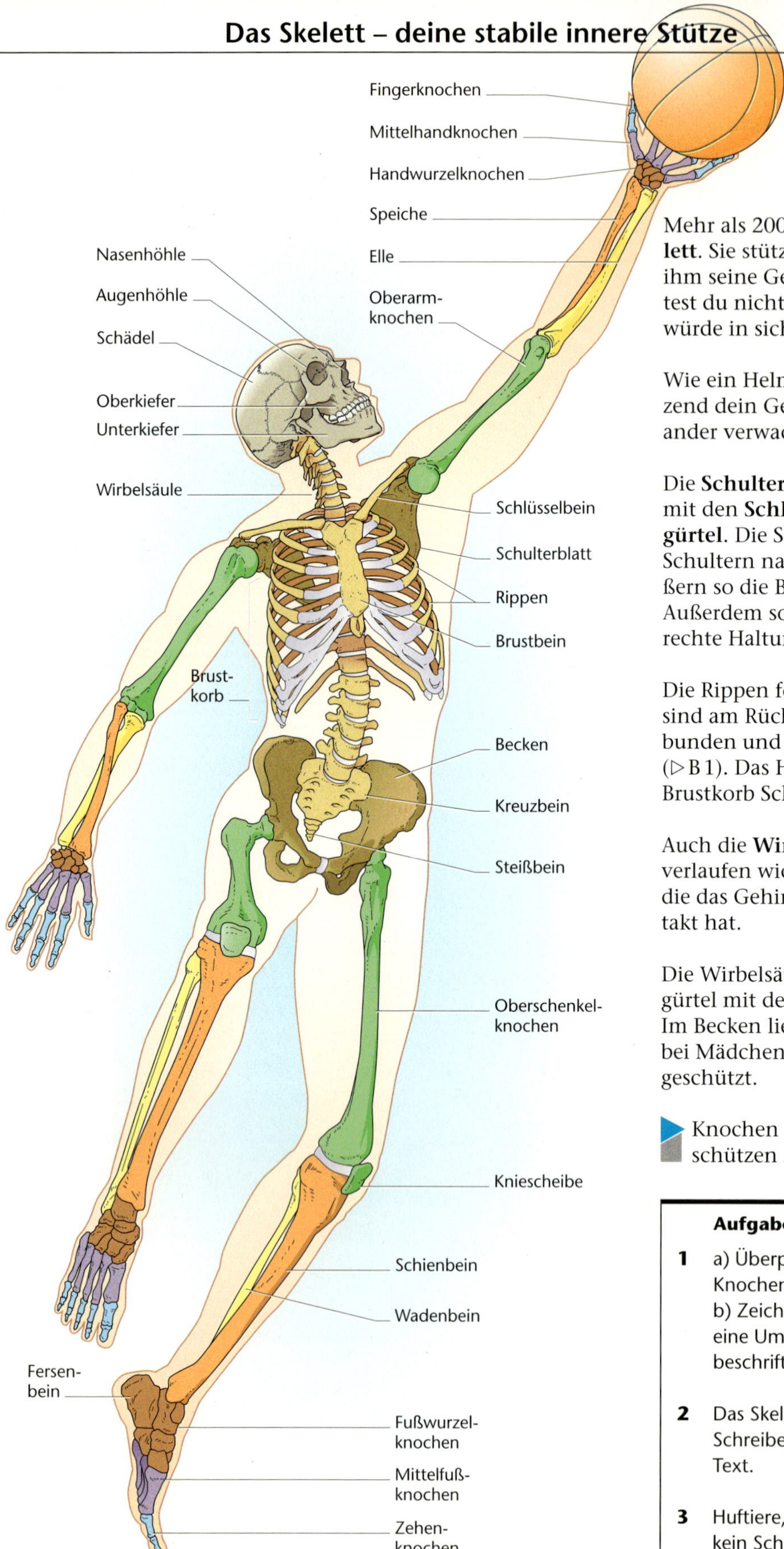

1 Skelett des Menschen

Mehr als 200 Knochen bilden dein **Skelett**. Sie stützen deinen Körper und geben ihm seine Gestalt. Ohne Knochen könntest du nicht aufrecht gehen, dein Körper würde in sich zusammensacken.

Wie ein Helm umgibt der **Schädel** schützend dein Gehirn. Er besteht aus miteinander verwachsenen Knochen (▷ B 1).

Die **Schulterblätter** bilden gemeinsam mit den **Schlüsselbeinen** den **Schultergürtel**. Die Schlüsselbeine „schieben“ die Schultern nach außen (▷ B 1) und vergrößern so die Bewegungsfreiheit der Arme. Außerdem sorgen sie für eine stabile, aufrechte Haltung des Oberkörpers.

Die Rippen formen deinen **Brustkorb**. Sie sind am Rücken mit der Wirbelsäule verbunden und vorn am Brustbein befestigt (▷ B 1). Das Herz und die Lunge finden im Brustkorb Schutz.

Auch die **Wirbelsäule** bietet Schutz: In ihr verlaufen wichtige Nervenbahnen, über die das Gehirn mit allen Körperteilen Kontakt hat.

Die Wirbelsäule verbindet den Schultergürtel mit den **Beckenknochen** (▷ B 1). Im Becken liegen die Blase, der Darm und bei Mädchen die Geschlechtsorgane gut geschützt.

▶ Knochen stützen den Körper und schützen zahlreiche innere Organe.

Aufgaben

1 a) Überprüfe an dir selbst, welche Knochen gut zu ertasten sind.
b) Zeichne die ertasteten Knochen in eine Umrisszeichnung des Körpers und beschrifte sie.

2 Das Skelett erfüllt mehrere Aufgaben. Schreibe zu diesem Thema einen kurzen Text.

3 Huftiere, Hunde und Katzen besitzen kein Schlüsselbein. Warum benötigen sie diese Knochen nicht? Vergleiche mit dem Menschen.

1 Eiffelturm (Paris)

Wie sind Knochen aufgebaut?
Die äußere, feste und harte Schicht des Knochens ist das **Knochengewebe**. Dieses ist gleichzeitig elastisch, damit der Knochen nicht so leicht bricht. Die dünne **Knochenhaut** überzieht das Knochengewebe wie ein Strumpf den Fuß (▷B2).

Im Inneren mancher Knochen liegt eine weiche Masse, das **Knochenmark**. Es befindet sich meist nur im **Schaft** des Knochens und spielt eine wichtige Rolle bei der Bildung von Blut. Die hier gebildeten Blutbestandteile werden vom Blut mitgeführt.

Die Knochenenden zeigen einen erstaunlichen Aufbau: Viele kleine Balken und Verbindungen schaffen ein dichtes Netz (▷B2). Ähnlich wie die Verstrebungen des Eiffelturms (▷B1) sorgen **Knochenbälkchen** im Knochen für Stabilität. So wiegt der Knochen viel weniger, als wenn die Enden ganz mit Knochengewebe ausgefüllt wären.

▶ Der Knochen besteht aus Schaft, Knochenhaut, Knochengewebe, Knochenbälkchen und Knochenmark.

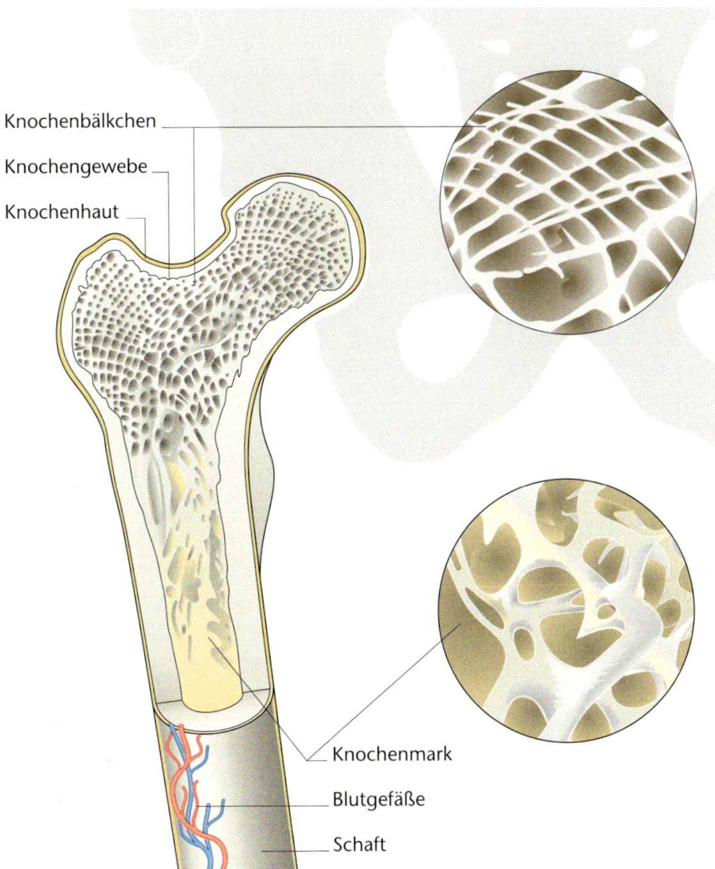

2 Aufbau des Oberschenkelknochens

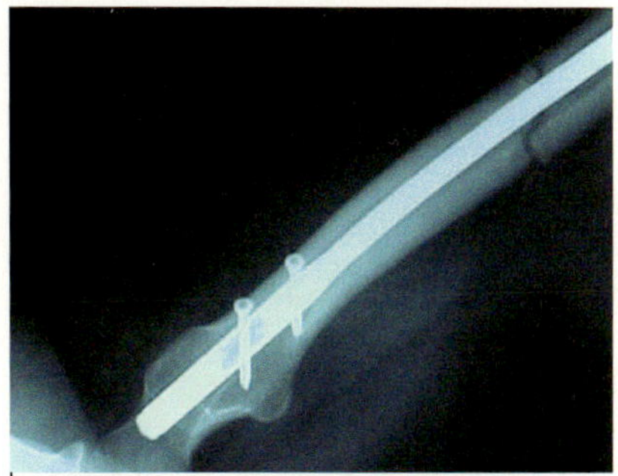
3 Röntgenaufnahme Knochenbruch

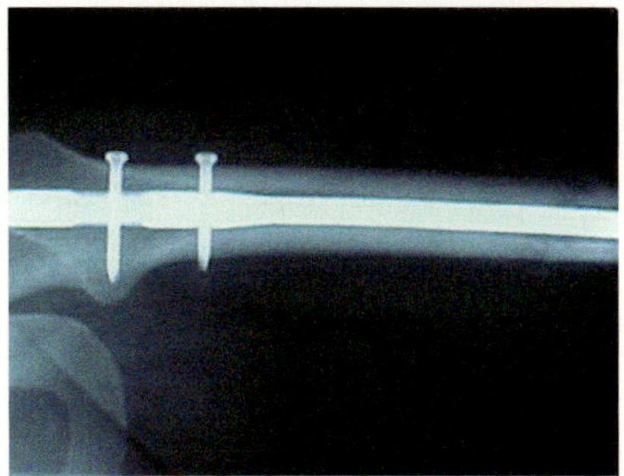
4 Röntgenaufnahme geheilter Knochenbruch

Deine Knochen leben!
Knochen sind nicht starr und tot, sondern lebende Organe. Wenn du größer wirst, wachsen deine Knochen mit. Auch wenn du nicht mehr wächst, werden die Knochen ständig erneuert.
Deshalb muss der Knochen ernährt werden. Für die Ernährung sorgt das Blut. Es gelangt über Blutgefäße in den Knochen hinein.

Manchmal bricht ein Knochen (▷B3). Damit die Knochenteile richtig zusammenwachsen, müssen Ärzte ihre Lage überprüfen und, wenn nötig, korrigieren. Nur dann ist der nach einiger Zeit geheilte Knochen (▷B4) wieder normal belastbar.

▶ Knochen erneuern sich ständig. Sie leben und werden über die Blutgefäße ernährt.

Aufgaben

1 Betrachte einen großen Knochen in der Metzgerei. Fertige zu Hause eine Zeichnung an und beschrifte sie.

2 Wozu dienen die Blutgefäße im Knochen?

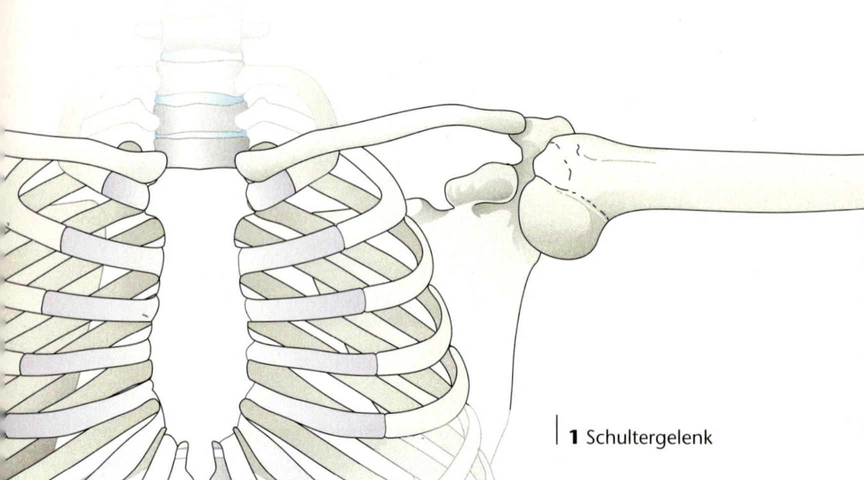

1 Schultergelenk

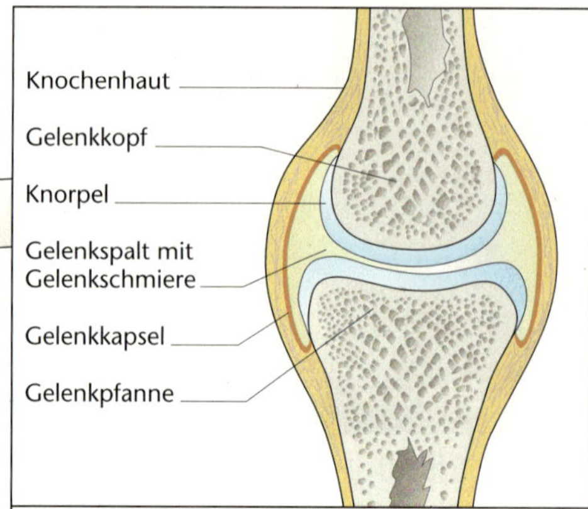

3 Aufbau eines Gelenkes, Schema

Du kannst den Arm seitlich heben, dich vielleicht sogar im Spagat auf den Boden setzen. In beiden Situationen werden die Knochen in deinem Arm oder deinen Beinen bewegt. Die bewegliche Verbindung zweier Knochen heißt **Gelenk**. Nur weil du Gelenke hast, kannst du laufen, schwimmen, tanzen und springen.

Wie ist ein Gelenk aufgebaut?
Die aufeinander liegenden Flächen der Knochen sind mit einer **Knorpelschicht** (▷ B 3) überzogen. Diese Schicht hat eine feste Form und ist elastisch. So reiben die Knochen nicht aneinander, nutzen sich nicht ab und sind auch bei starkem Druck zu bewegen. Damit die überknorpelten Flächen besser aufeinander gleiten, befindet sich im **Gelenkspalt** eine Schmiere, die **Gelenkflüssigkeit.**

Die **Gelenkkapsel** umschließt das Gelenk. **Bänder** festigen es und geben mögliche Bewegungsrichtungen vor. Sie sind stabil und kaum dehnbar. Deshalb können sie die Knochen im Gelenk zusammenhalten. Im Kniegelenk passen die aufeinander treffenden Gelenkflächen nicht gut zusammen. Eingelagerte Knorpelscheiben und Halt gebende Bänder haben hier eine besonders wichtige Funktion. Sie geben auch die Pendelbewegung des Unterschenkels vor.

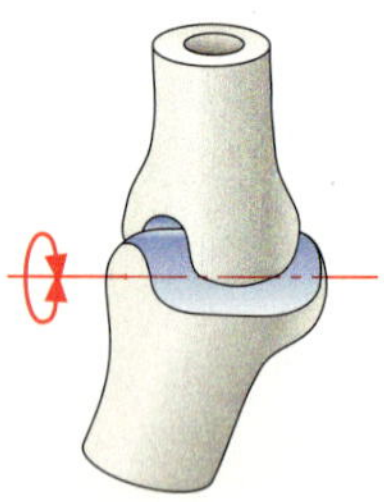

Scharniergelenk

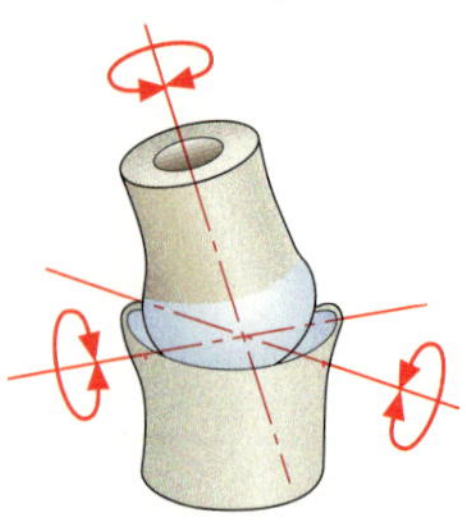

Kugelgelenk

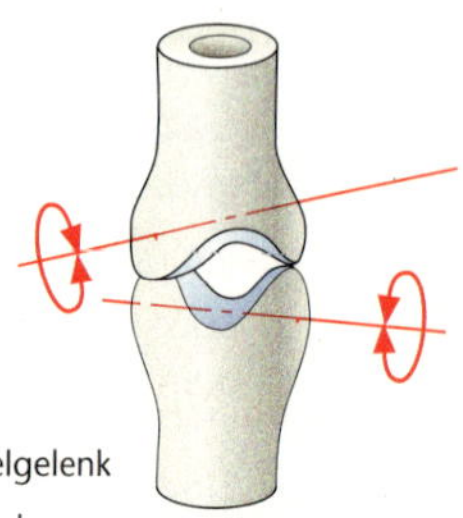

Sattelgelenk

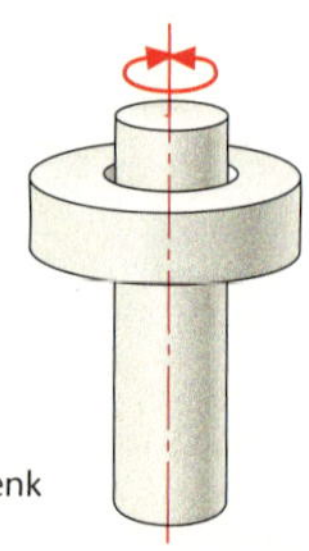

Drehgelenk

2 Gelenktypen

Gelenke sind unterschiedlich geformt
Nach ihrer Form werden die Gelenke in verschiedene Typen eingeteilt:
Du kannst deinen Unterarm am Ellbogen wie eine Tür bewegen. Türen sind mit Scharnieren befestigt. Gelenke, die solch eine Bewegung ermöglichen, heißen **Scharniergelenke** (▷ B 2).
Dein Oberarmknochen endet kugelförmig im Schultergelenk. Deshalb kannst du deinen Arm in jede Richtung bewegen. Diesen Gelenktyp nennt man **Kugelgelenk** (▷ B 2).

Drehst du deinen Kopf nach links oder rechts, ermöglichen das die beiden obersten Wirbelknochen der Wirbelsäule. Ein Wirbel bildet einen Zapfen, der andere hat eine passende Öffnung und kann um den Zapfen drehen. Dieses Gelenk ist ein **Drehgelenk** (▷ B 2).
Dein Daumen beginnt an der Handwurzel. Die Gelenkflächen dort sehen aus wie ein Pferdesattel. Daher heißt dieser Gelenktyp **Sattelgelenk** (▷ B 2).

▶ Die bewegliche Verbindung von Knochen heißt Gelenk.
Es gibt Scharniergelenke, Kugelgelenke, Drehgelenke und Sattelgelenke.

Aufgaben

1 Versuche mit gestreckten Beinen zu hüpfen. Was beobachtest du? Begründe.

2 Viele Gegenstände aus dem täglichen Leben sind beweglich wie Gelenke. Notiere fünf Beispiele.

3 a) Überlegt in der Gruppe, wie ihr Modelle der Gelenktypen herstellen könnt.
b) Baut solche Modelle gemeinsam.

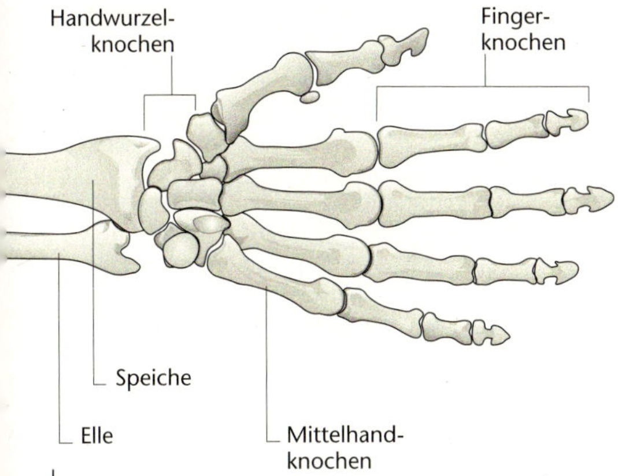

1 Handgelenk

Soweit die Füße tragen

Fast alle Kinder kommen mit gesunden Füßen zur Welt. Schlechte Schuhe und mangelnde Bewegung können die Füße aber verändern. Bei über der Hälfte der Erwachsenen sind die Füße verformt. Sie haben Senk-, Hohl- und Spreizfüße. Diese verformten Füße schmerzen meistens. Das ganze Leben halten deine Füße viele Belastungen aus. Beim gesunden Fuß federt das **Fußgewölbe** (▷ B 2) das Körpergewicht ab und verteilt es auf Ballen und Ferse, wie du es von einer Brücke und den Brückenpfeilern kennst (▷ B 3).

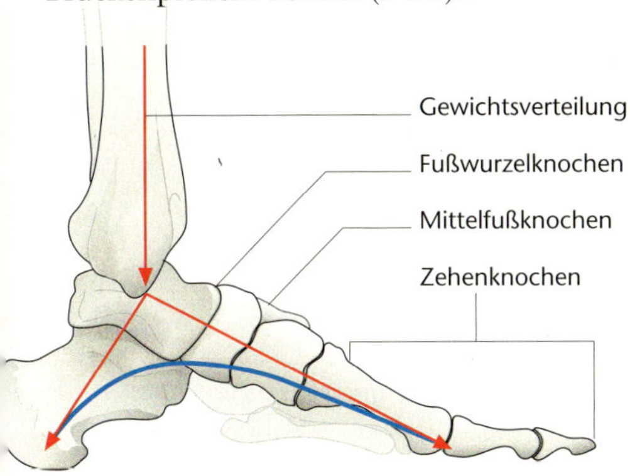

2 Fußgewölbe

3 Brücke mit Pfeilern

Aufgaben

1 a) Zeichne den Umriss deiner Hand.
b) Markiere die beweglichen Stellen.

2 Überprüfe, wie du den gestreckten Daumen bewegen kannst.

3 Du kannst deine Hände wie Werkzeuge gebrauchen. Welche Werkzeuge sind das? Zeichne.

4 Überlege dir Übungen, die deine Füße stärken. Frage den Sportlehrer oder die Sportlehrerin, ob ihr diese Übungen gemeinsam ausprobieren könnt.

5 a) Drücke deinen nassen Fuß auf ein Küchenpapier und umrande den Abdruck sofort mit einem farbigen Stift.
b) Vergleiche mit den Fußformen in Abbildung 4. Ist dein Fuß verformt?

Die Hand kann beinahe alles

Es ist erstaunlich, wie vielseitig du deine Hände einsetzen kannst. Du hältst einen Stift zum Schreiben, du öffnest eine Flasche und du stützt deinen Körper am Reck. Deine Arme enden mit „Universalwerkzeugen", die zugleich präzise und kräftig sind. Du kannst sie so unterschiedlich benutzen, weil du in der Lage bist, den Daumen zur Handfläche zu führen.
Die Hand ist für den Menschen ein sehr wichtiger Körperteil.

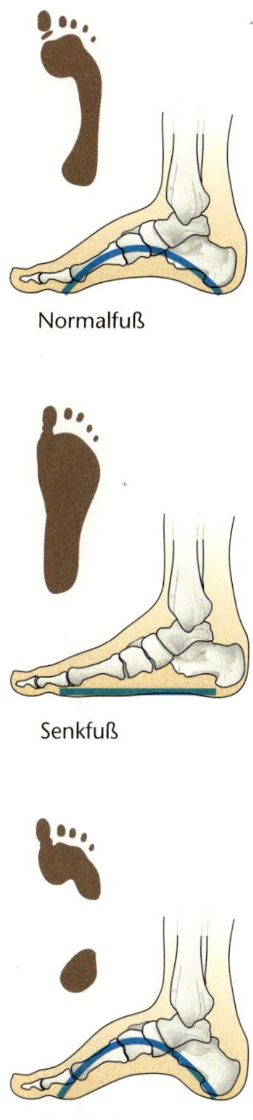

4 Fußskelettformen

Einige Tipps zur Pflege der Füße

- Wasche deine Füße täglich und trockne sie gründlich ab.
  - Schneide dir regelmäßig die Zehennägel.
- Wechsle täglich die Strümpfe, da deine Füße schwitzen.
  - Gute Schuhe entsprechen der natürlichen Fußform.
- Laufe oft barfuß, um die Fußmuskulatur zu kräftigen.
  - Sorge für einen Wechsel von Bewegung und Ruhe. Lege in Ruhepausen die Füße hoch.

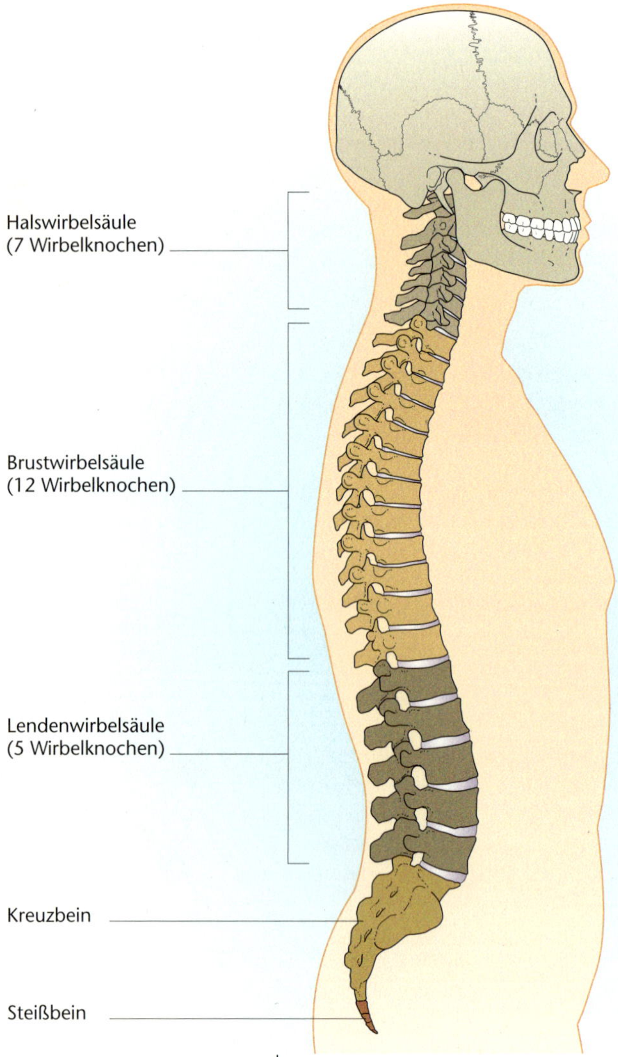

1 Wirbelsäule des Menschen

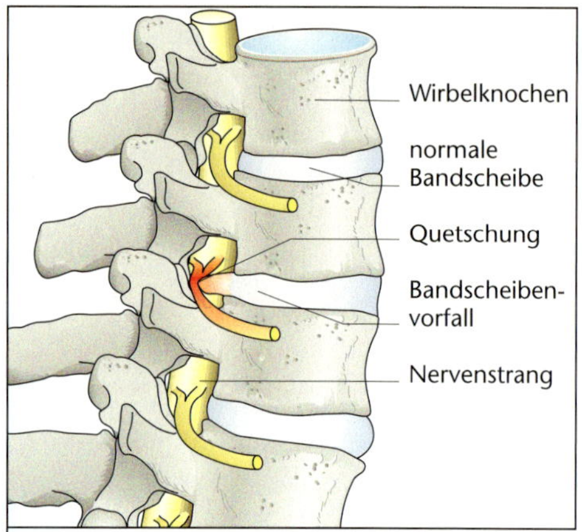

2 Bandscheiben und Bandscheibenvorfall

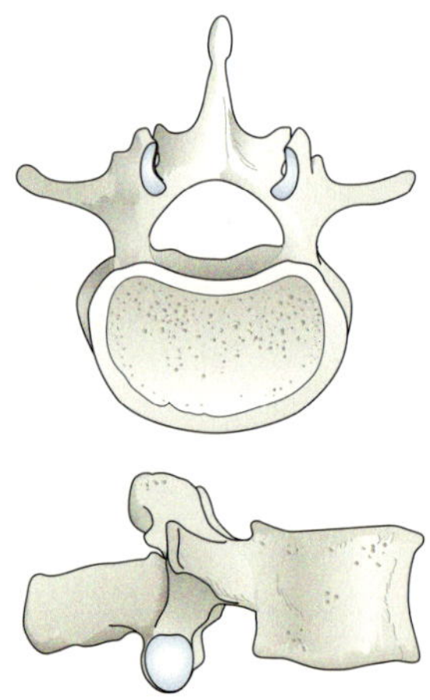

3 Wirbel von oben und von der Seite

Mitten durch deinen Oberkörper verläuft eine Stütze

Die **Wirbelsäule** verbindet Schädel und Becken. Sie verläuft durch den Schwerpunkt und die Mitte deines Körpers und ermöglicht so den aufrechten Gang.

Viele kurze Knochen – die **Wirbel** – bilden übereinander gelegt die Wirbelsäule. Sie wird in verschiedene Abschnitte unterteilt: Halswirbelsäule, Brustwirbelsäule, Lendenwirbelsäule, Kreuzbein und Steißbein (▷ B 1). Die Wirbel des Kreuz- und Steißbeins sind verkümmert und fest miteinander verwachsen.

Viele Wirbeltiere wie der Hund oder die Katze verfügen zusätzlich über eine Schwanzwirbelsäule.

Morgens bist du größer!

Die Wirbel sind durch Bänder miteinander verbunden. Elastische **Bandscheiben** liegen zwischen den Wirbeln (▷ B 2). Wenn du nach einem Sprung landest, wirken die Bandscheiben als Stoßdämpfer. Wie Gelkissen sind sie mit einer Flüssigkeit voll gesogen. Morgens sind deine Bandscheiben etwa 1 cm dick. Abends sind sie etwas flacher. Stöße und Erschütterungen werden auch durch die besondere Form deiner Wirbelsäule abgefedert. Sie sieht aus, als würdest du zwei lang gezogene „S" untereinander schreiben (▷ B 1). Bei Tieren wie dem Hund findest du diese Form nicht, da sich der Hund auf vier Beinen fortbewegt.

Die Wirbelsäule des Menschen ist doppelt S-förmig und federt Stöße ab.

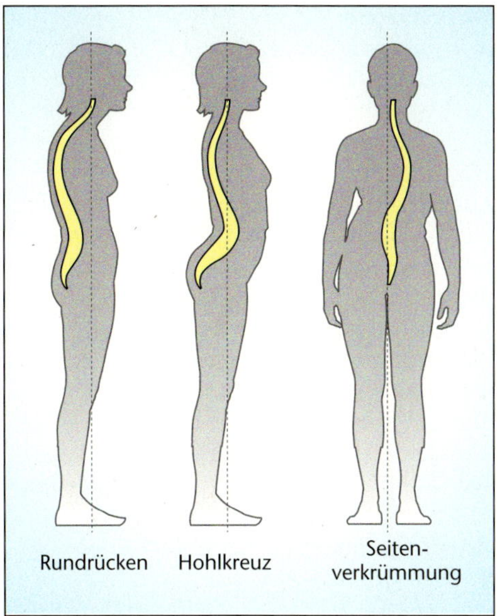

4 Krankhafte Veränderungen der Wirbelsäule

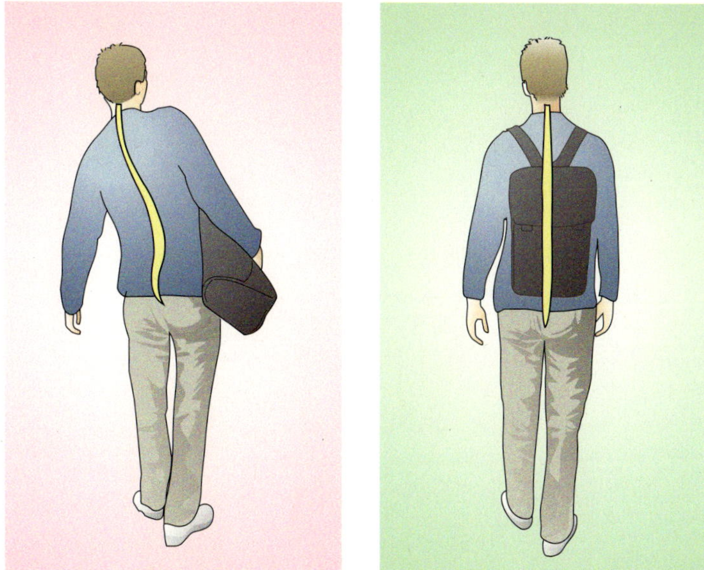

5 Falsches und richtiges Tragen

Haltungsschäden

Die Form der Wirbelsäule kann verändert sein. Ist der Bogen eines „S" sehr stark ausgeprägt, entsteht ein **Rundrücken** oder ein **Hohlkreuz**. Wenn die Wirbelsäule dauerhaft zur Seite verbogen ist, heißt das **Seitenverkrümmung** (▷ B 4). Oft sind Rückenschmerzen die Folge. Diese Haltungsschäden entstehen meist durch häufiges falsches Tragen, Heben und Sitzen (▷ B 5 – B 7).

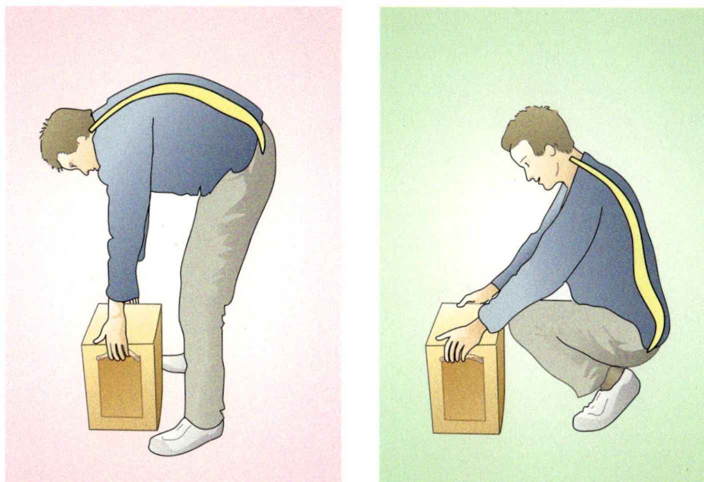

6 Falsches und richtiges Heben

7 Falsches und richtiges Sitzen

Aufgaben

1 Taste mit der flachen Hand die Rückenmitte deines Nachbarn in Längsrichtung ab. Was kannst du fühlen?

2 a) Lasse deine Körpergröße morgens und abends möglichst genau messen.
b) Vergleiche die Messwerte und begründe.

3 a) Informiere dich über den Bau der Wirbelsäule von Hunden.
b) Vergleiche die Form der Wirbelsäule von Hund und Mensch.

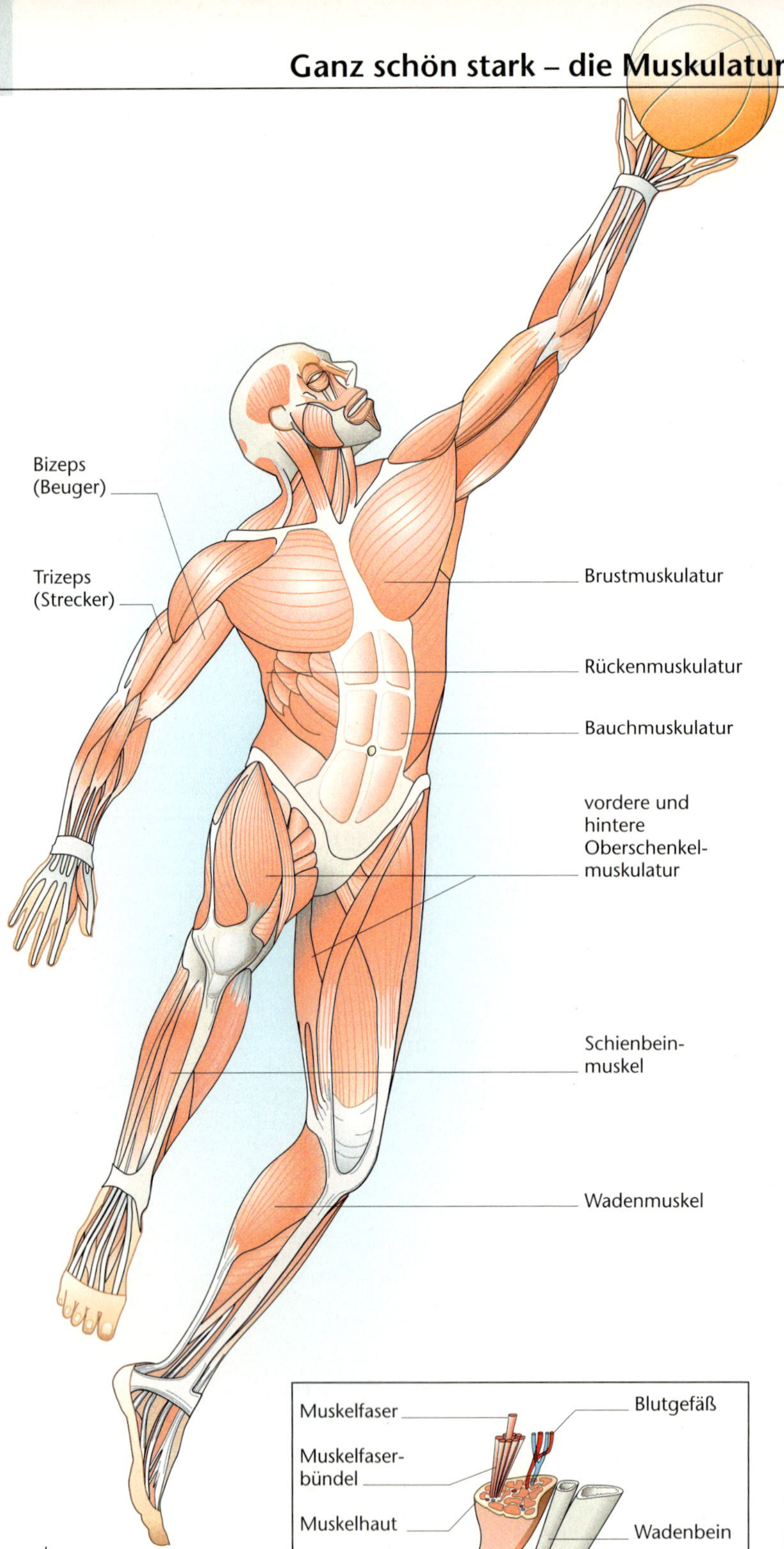

1 Muskulatur des Menschen

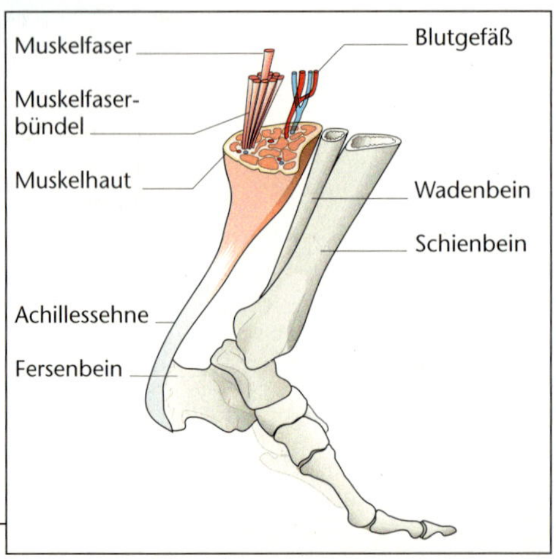

2 Aufbau des Muskels

Muskelsache

In Abbildung 1 siehst du die Muskulatur eines Basketballspielers in der Wurfbewegung. Die **Muskeln** sorgen dafür, dass er sich bewegen kann und dass er seine Gliedmaßen anwinkeln und strecken kann.
Auch wenn du auf einem Stuhl sitzt, halten dich Muskeln aufrecht. Die Gesichtsmuskeln bestimmen deinen Gesichtsausdruck. Insgesamt verfügt jeder Mensch über mehr als 600 Muskeln. Einer davon bringt dein Blut in Bewegung. Es ist das **Herz**. Auch die Wände von Magen und Darm bestehen aus Muskulatur.
Alle deine Muskeln zusammen machen fast die Hälfte deines Körpergewichts aus.

▶ Für alle Bewegungen braucht der Mensch Muskeln.

Wie ist ein Muskel aufgebaut?

Wenn du dir ein Stück Fleisch anschaust, siehst du einen tierischen Muskel. Der Muskel des Menschen ist genauso gebaut (▷ B 2).

Der kleinste Bestandteil ist die **Muskelfaser**. Sie ist mit bloßem Auge nicht sichtbar, erst unter dem Mikroskop kannst du sie erkennen. Viele dünne Muskelfasern werden durch eine Bindehaut zusammengehalten und bilden ein **Muskelfaserbündel**. Die Muskelfaserbündel liegen eingebettet in Bindegewebe und werden von der **Muskelhaut** umschlossen.

Zwischen den Muskelfaserbündeln befinden sich Blutgefäße. In ihnen wird das Blut transportiert, das den Muskel ernährt. Die Enden des Muskels werden von Muskelhaut gebildet, sie werden **Sehnen** genannt. Über die Sehnen sind die Muskeln an einem Knochen befestigt.
An deiner Achillessehne an der Ferse (▷ B 2) kannst du ertasten, wie fest eine Sehne ist.

▶ Der Muskel besteht aus Muskelfaserbündeln, die von Muskelhaut umhüllt sind. Er endet in einer Sehne, die am Knochen ansetzt.

Wie arbeitet ein Muskel?

Jeder Muskel kann sich zusammenziehen. Dabei wird er fester und dicker.
Wenn sich der Muskel zusammenzieht, wird der Knochen, der über eine Sehne mit diesem Muskel verbunden ist, in eine andere Lage gebracht.

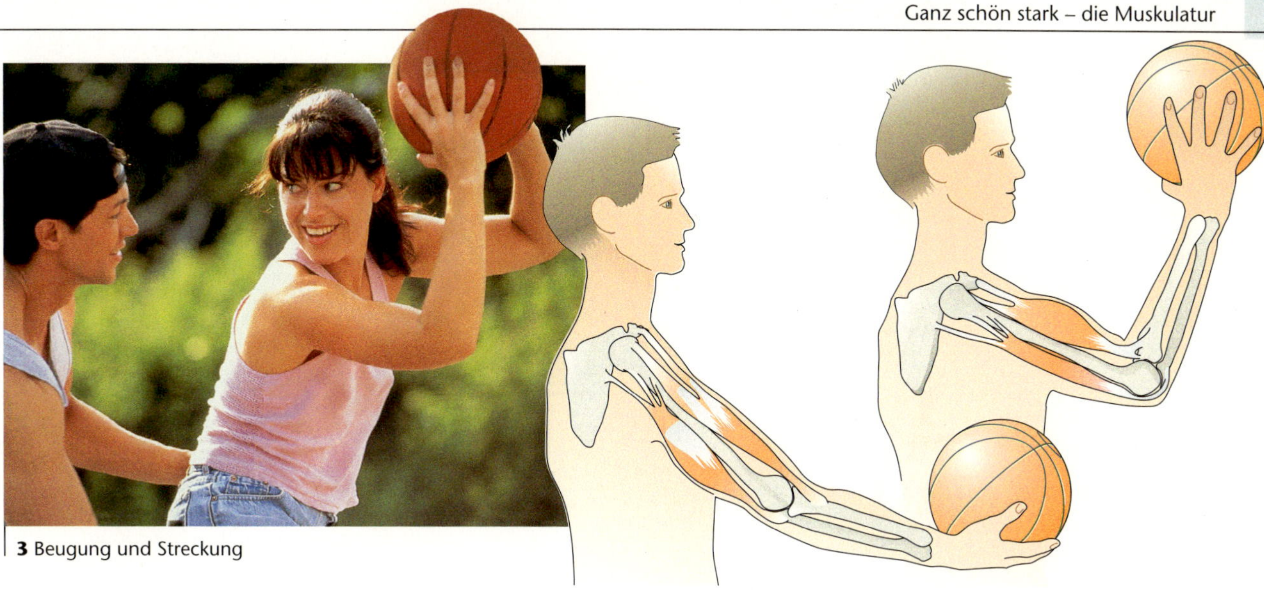

3 Beugung und Streckung

Entspannt sich der Muskel, wird er wieder länger und der Knochen bewegt sich zurück in die Ausgangslage.

Muskeln können sich zusammenziehen und die Lage von Knochen dadurch verändern.

Muskeln arbeiten immer im Team
Wenn du deinen Arm (▷ B 3) beugst, wird dein Unterarm an den Oberarm herangezogen (▷ B 3). Der Muskel, der sich dabei verkürzt, heißt Bizeps. Er ist ein **Beugemuskel**.
Um den Arm zu strecken (▷ B 3), muss der Beugemuskel wieder gedehnt werden. An der Rückseite des Oberarms arbeitet ein anderer Muskel und streckt den Arm im Ellenbogengelenk. Dieser Muskel wird Trizeps genannt und gehört zu den **Streckmuskeln**. Bizeps und Trizeps überspannen das Ellenbogengelenk.

Da sich deine Muskeln nur verkürzen können, muss ein anderer Muskel sie wieder dehnen. Es gehören immer zwei Muskeln zusammen, die entgegengesetzt wirken. Diese beiden Muskeln heißen **Gegenspieler**. Auch Muskelgruppen können wie Gegenspieler wirken.

Muskeln arbeiten an einer Bewegung als Gegenspieler.

Stichwort: Muskelkater
Etwa 12 Stunden nach einer ungewohnten, größeren Anstrengung können Muskelschmerzen auftreten, wenn du die entsprechenden Muskeln bewegst. Diese Schmerzen entstehen durch Überdehnungen oder winzige Verletzungen von Muskelzellen. An den folgenden Tagen darfst du dieselbe Übung nur mit halb so großer Anstrengung durchführen. Nach 3 bis 5 Tagen vergeht der Muskelkater.

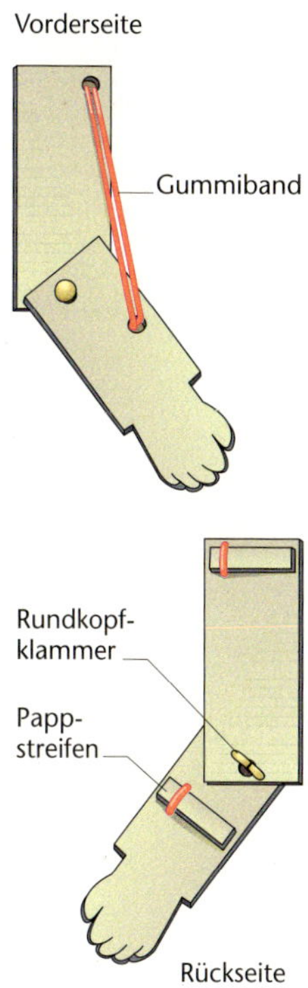

4 Modell zur Armmuskulatur

Aufgaben

1 a) Ertaste die Muskeln deines linken Oberarms und deines rechten Unterschenkels.
b) Benenne die Muskeln und präge dir ihre Namen ein.

2 Betrachte Abbildung 1. Welche Muskeln sind angespannt?

3 a) Versuche durch das Gehen Stimmungen (traurig, aufgeregt, glücklich ...) auszudrücken.
b) Drücke jetzt nur mit deinem Gesicht Stimmungen aus. Die Klasse soll erraten, um welche es sich handelt.

4 a) Baue das in Abbildung 4 dargestellte Modell. Du brauchst Pappe, Gummiband, Musterklammer, Schere und Locher.
b) Winkle den Unterarm des Modells unterschiedlich stark an. Beobachte das Gummiband.
c) Was kannst du mit diesem Modell gut darstellen?
d) Was stimmt nicht mit der Funktionsweise des menschlichen Arms überein?

5 Beuge und strecke das Fußgelenk und das Kniegelenk. Beobachte, welche Muskeln du dabei anspannst.

Aus Rück(en)sicht

Mobilisation der Halswirbelsäule
Führe die Übung langsam und kontrolliert aus.
Du neigst deinen Kopf abwechselnd nach links und rechts. Dabei dehnst du die Muskeln im Halsbereich.

Führe Übungen immer so aus, wie sie beschrieben werden, denn falsche Bewegungen können schaden.

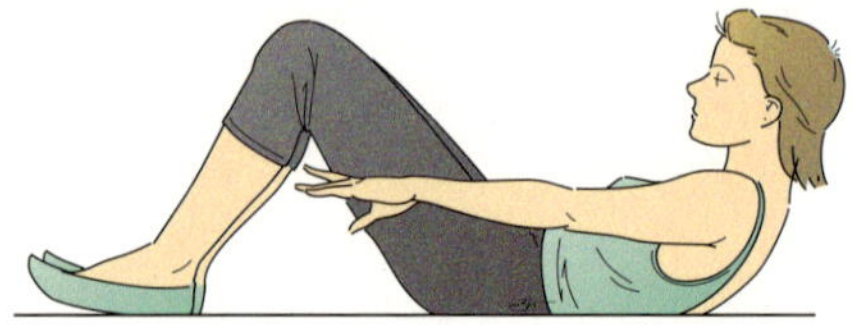

Kräftigung der Bauchmuskeln
In Rückenlage mit angestellten Beinen drückst du die Fersen in den Boden. Du hebst den Kopf und die Schultern etwas an, dabei sind deine Arme locker in der Vorhalte.

Stärkung von Rumpf- und Beinmuskulatur
In Seitenlage stützt du dich auf einen Unterarm. Du hebst dein Becken an, bis dein Körper gestreckt ist. Das obere Bein und den freien Arm kannst du zusätzlich abspreizen.

Kräftigung der Rückenmuskulatur II
Die Knie sind leicht gebeugt und die Beine stehen etwa schulterbreit auseinander. Mit gestreckten Armen bringst du deinen geraden Rücken in die Vorhalte. Auch dabei werden deine Rückenmuskeln gestärkt.

Kräftigung der Rückenmuskulatur I
In Bauchlage streckst du Arme und Beine, die Nase berührt fast den Boden. Du hebst diagonal einen Arm und ein Bein etwas an. Das stärkt deine Rückenmuskulatur und gleichzeitig streckst du deine Halswirbelsäule.

Aufgaben

1 a) Trage in eine Tabelle ein, zu welcher Tageszeit du was getan hast. Kennzeichne die Bewegungsphasen rot und die Ruhephasen blau.
b) Plane deinen Tagesverlauf so, dass du mehr Zeit für Sport und Bewegung hast.
c) Besprecht in der Klasse, wie ihr gute Vorschläge umsetzen könnt. Probiert es aus.

2 a) Betrachtet die Zeichnungen zu den Rückenübungen.
b) Erstellt in Partnerarbeit mithilfe eurer Sportlehrer eine Sammlung weiterer Übungen zur Stärkung der Rückenmuskulatur.
c) Fasst die Übungen auf einem Plakat zusammen und hängt es in die Turnhalle.
d) Probiert diese Rückenübungen in der nächsten Sportstunde aus.

3 a) Bestimme das Gewicht deiner Schultasche.
b) Prüfe die Schultasche auf Dinge, die du nicht benötigst, und überlege, wie du das Gewicht deiner Schultasche weiter verringern könntest.

4 a) Welche Sportart betreibst du?
b) Welche Sportverletzungen treten in deiner Sportart häufig auf?
c) Wie kannst du diese Verletzungen vermeiden?

5 a) Erstellt in Gruppenarbeit ein Plakat mit den Dehnungs-Top-Ten und hängt es in der Turnhalle auf.
b) Führt die Übungen in der nächsten Sportstunde gemeinsam durch.

Rückenschmerzen kannst du vorbeugen
Vielleicht hat dir dein Rücken schon einmal weh getan? Bestimmt hast du zu lange gesessen oder gestanden. Das war für deinen Rücken zu einseitig. Bewege dich, wann immer es möglich ist, und achte darauf, dass sich Ruhephasen mit Bewegungsphasen abwechseln.
Eine falsche Körperhaltung kann auch die Ursache für Rückenschmerzen sein. Deine Rumpfmuskulatur muss kräftig genug sein, damit sie die Wirbelsäule und das Becken stabilisieren kann.
Mit speziellen Übungen kannst du die Muskulatur des Nackens, des Bauches und des Rückens kräftigen. Trainiere auch die Gesäßmuskulatur und die Oberschenkelmuskulatur regelmäßig.

Kräftige Muskeln sind wichtig für einen gesunden Rücken.

Wie du richtig trainierst
Als Allererstes findest du heraus, was deine Lieblingssportart ist. In einer Trainingsgruppe, in der du dich wohl fühlst, erlernst du die typischen Bewegungen, bis du sie automatisch ausführen kannst.
Dafür brauchst du Kraft. Deine Muskulatur wird nur dann stärker, wenn du sie nutzt. Nach und nach kannst du deinen Körper etwas mehr fordern. Du wirst merken, dass deine Leistungen steigen. Dann macht das Trainieren noch mehr Spaß.
Aber vermeide zu starke Beanspruchung. Nach einem anstrengenden Training musst du deinem Körper Zeit geben, um sich zu erholen.
Durch zu lange Trainingspausen wird die Muskulatur wieder schwächer. Das kannst du schon nach drei Wochen spüren.

Aufwärmen ist ein Muss
Deine Muskulatur kann mehr leisten und du verletzt dich seltener, wenn du dich aufwärmst. Ein lockeres Spiel oder das übliche Einlaufen bereitet deine Muskeln auf die Anstrengung vor. Zum Trainingsende solltest du deine Muskeln nur leicht belasten und auch dehnen. Diese Phase des Trainings heißt Abwärmphase. Abgewärmte Muskeln nehmen seltener Schaden und du erholst dich nach einem anstrengenden Training schneller und besser.

Trainiere regelmäßig und entsprechend deinem Leistungsstand.
Wärme dich zu Trainingsbeginn auf und zu Trainingsende ab.

Brennpunkt

Erstversorgung bei Sportverletzungen

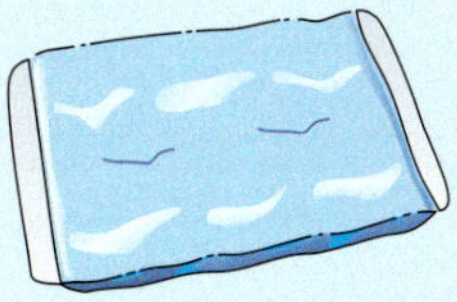

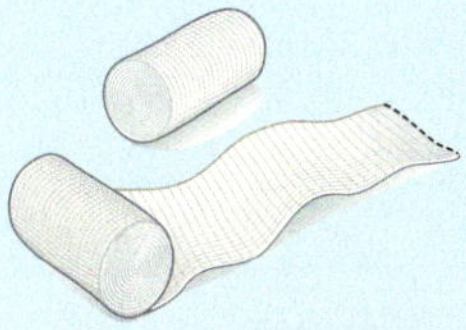

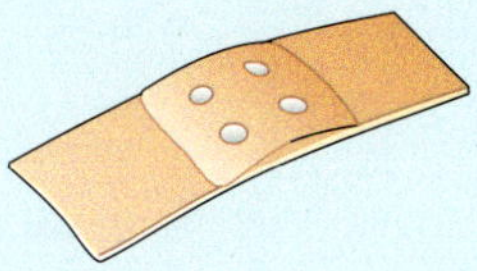

1. Kälte: Ein Eisbeutel soll den verletzten Bereich 30 Minuten kühlen.
2. Kompressionsverband: Das verletzte Gewebe wird so weit zusammengedrückt, dass Blut oder Gewebsflüssigkeit nicht weiter austritt.
3. Hoch lagern: Der verletzte Bereich wird höher als das Herz gelagert.
4. Nicht bewegen: Den verletzten Körperteil ruhig halten.

Bei Verletzungen entstehen oft Schwellungen. Dabei tritt Blut oder Gewebsflüssigkeit in das umliegende Gewebe ein. Die Punkte 1. bis 3. dienen dazu, Schwellungen zu verhindern. Der Punkt 4. hilft, eine Verletzung nicht zu verschlimmern.

Bei gerade aufgetretenen Sportverletzungen darf man **nie**
- Wärme anwenden,
- den elastischen Verband zu eng anlegen,
- Warnsignale wie Schmerz, Schwellung oder Benommenheit missachten.

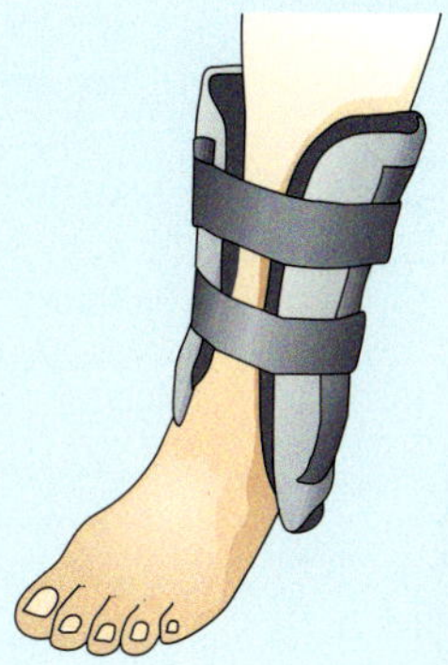

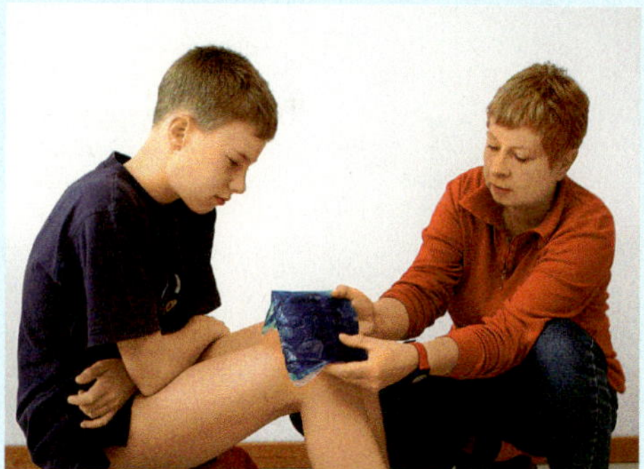

1 Behandlung einer Sportverletzung

Beim Sport kann es zu Verstauchungen, Überdehnungen, Muskelzerrungen, Bänderrissen und Muskelrissen kommen. Immer muss geklärt werden: Was genau ist passiert? Welche Verletzung liegt vor? Die zweite Frage können oft nur Ärzte klären.

Aufgaben

1 Informiere dich über Verletzungen, die im Sportunterricht passieren.

2 Wie gehst du vor, wenn sich ein Mitschüler oder eine Mitschülerin verletzt? Schreibe die einzelnen Schritte genau auf.

Strategie

Tipps für erfolgreiches Lernen

A. Vor dem Lernen
Punkt 14 Uhr sitzt du am Schreibtisch und bist entschlossen, nun mit deinen Hausaufgaben zu beginnen. Wenn du früh am Nachmittag anfängst, hast du später mehr Zeit für Sport oder dein Hobby. Der Anfang fällt dir leichter, wenn du zuerst dein Gehirn in Schwung bringst: Wie wäre es zum Start mit etwas frischer Luft? Öffne das Fenster und atme tief durch. Jetzt kann es losgehen. Stimme dich aufs Lernen ein, indem du dich motivierst. Du hast es nämlich in der Hand, ob Lernen auch Spaß machen kann.

Schaue zuerst auf deinen Stundenplan und überlege dir, in welcher Reihenfolge du lernen willst. Welche Aufgaben musst du schon bis zum nächsten Tag fertig haben?
Erledige zuerst Aufgaben, die dir Spaß machen oder leicht zu bewältigen sind, bis dein „Lernmotor" warm gelaufen ist. Gehe erst dann an schwierigere Aufgaben.

B. Beim Lernen
Lasse dich beim Lernen nicht ablenken, weder von Musik noch von Anrufen oder Besuchern. Je konzentrierter du bei der Arbeit bleibst, umso schneller bist du fertig.
Versuche, Ordnung in deinem Kopf zu schaffen. Gliedere einen langen Text in Abschnitte. Überlege dir Überschriften und Oberbegriffe. Schreibe dir Wörter, die nicht in deinen Kopf gehen wollen, auf. Stelle dir selber Fragen: „Wer? Was? Wann? Wo? Warum? Wieso?"
Setze dein „Kopfkino" in Gang. Stelle dir den Lernstoff möglichst bildlich und anschaulich wie in einem Film vor. Manchmal hilft es beim Lernen, wenn du dabei laut sprichst, z. B. dir selbst etwas erklärst.
Jeder lernt anders. Du hast sicher schon gehört, dass es verschiedene „Lerntypen" gibt. Zu welchem Lerntyp du gehörst, musst du erst ausprobieren.
Wenn du mal länger lernen musst, plane Pausen ein. Die erste solltest du nach 20 Minuten machen. Verschaffe dir Bewegung, reck und streck dich oder tanze nach deiner Lieblingsmusik. Iss eine Banane und weiter geht's.

C. Nach dem Lernen
Schaue dir den Lernstoff regelmäßig wieder an, am besten nach einem Tag, nach einer Woche und nach einem Monat. Drei bis vier Wiederholungen reichen, um einmal Gelerntes zu speichern und nicht mehr zu vergessen. Vielleicht hört dir jemand zu, während du den Lernstoff wiederholst und du kannst seine Fragen beantworten. Das hilft, dass sich das Gelernte im Gehirn „setzt".

Brennpunkt

Leistungs- oder Breitensport

1 Im Freibad

2 Schwimmwettkampf

Lisa schwimmt sehr gern. Sie hat ein großes Ziel – sie will Deutsche Meisterin werden. Lisa schwimmt schon sehr schnell. Ihre Trainerin sagt, sie habe großes Talent und das müsse gefordert und gefördert werden. Die Trainerin kennt sich gut aus, sie ist Sportlehrerin und selbst schon einmal bei den Olympischen Spielen gestartet.
Im Verein ist Lisa ein Vorbild für die jüngeren Schwimmerinnen. Sie trainiert fünfmal in der Woche: viermal im Wasser und einmal an Land. Das Trockentraining mit Gewichten dient dem Kraftaufbau. Lisa betreibt Leistungssport.
Verantwortliche Trainer achten darauf, dass sie ihre Schützlinge mit Spaß und ohne Schmerzen zu sehr guten Leistungen führen.
Lisa will in drei Wochen bei den Landesmeisterschaften besonders schnell schwimmen. Doch sie hat Schmerzen in der Schulter und überlegt, ob sie ein Schmerzmittel einnehmen soll.
Ihre Eltern werden sie zum Wettkampf begleiten, um sie anzufeuern. Sie erwarten viel von Lisa, denn im letzten Jahr gewann sie eine Silbermedaille.

Martha treibt auch gern Sport. Sie ist im Sportverein angemeldet und geht zweimal pro Woche zum Schwimmtraining. Schwimmen ist Marthas Hobby, sie betreibt Breitensport.
Es macht Martha viel Spaß sich im Wasser zu bewegen. Sie erlernt die verschiedenen Schwimmstile und die Wasserspiele am Ende der Trainingseinheit sind immer ein schöner Abschluss.
Manchmal geht Martha nicht zum Training, wenn sie viele Hausaufgaben erledigen muss oder eine ihrer Freundinnen Geburtstag hat.
Am liebsten schwimmt Martha im Sommer. Dann findet das Training im Freibad statt und auf dem Rasen wird auch Volleyball gespielt.

Aufgaben

1. Warum treiben Lisa und Martha Sport? Nenne für beide Mädchen die Gründe.
2. Was würdest du tun, wenn du vor einem Wettkampf Schmerzen hättest wie Lisa? Begründe deine Antwort.
3. Erstellt in Gruppenarbeit eine Tabelle mit Argumenten für und gegen den Leistungssport.

3 Siegerehrung

Schlusspunkt

Bewegung hält fit und macht Spaß

Skelett
Das Skelett ist aus zahlreichen Knochen zusammengesetzt. Sie stützen den Körper und geben ihm Gestalt. Außerdem bieten die Knochen vielen inneren Organen Schutz.

Aufbau der Knochen
Ein Knochen besteht aus Schaft, Knochenhaut, Knochengewebe, Knochenbälkchen und Knochenmark.
Die Knochen leben: Sie werden über die Blutgefäße ernährt und erneuern sich ständig.

Gelenke
Die beweglichen Verbindungen der Knochen heißen Gelenke. Man unterscheidet Scharniergelenke, Kugelgelenke, Drehgelenke und Sattelgelenke.

Hand und Fuß
Hände sind Universalwerkzeuge. Sie erhalten ihre Vielseitigkeit dadurch, dass man den Daumen zur Handfläche führen kann.
Die Füße tragen das gesamte Körpergewicht. Bei gesunden Füßen ist das Fußgewölbe wie eine Brücke geformt. Dadurch wird das Gewicht auf Ballen und Ferse verteilt.

Die Wirbelsäule
Die Wirbelsäule besteht aus vielen Wirbeln, die durch Bänder miteinander

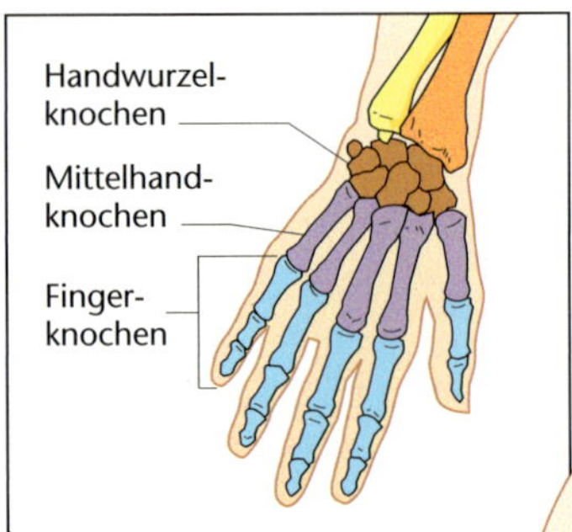

1 Handgelenk

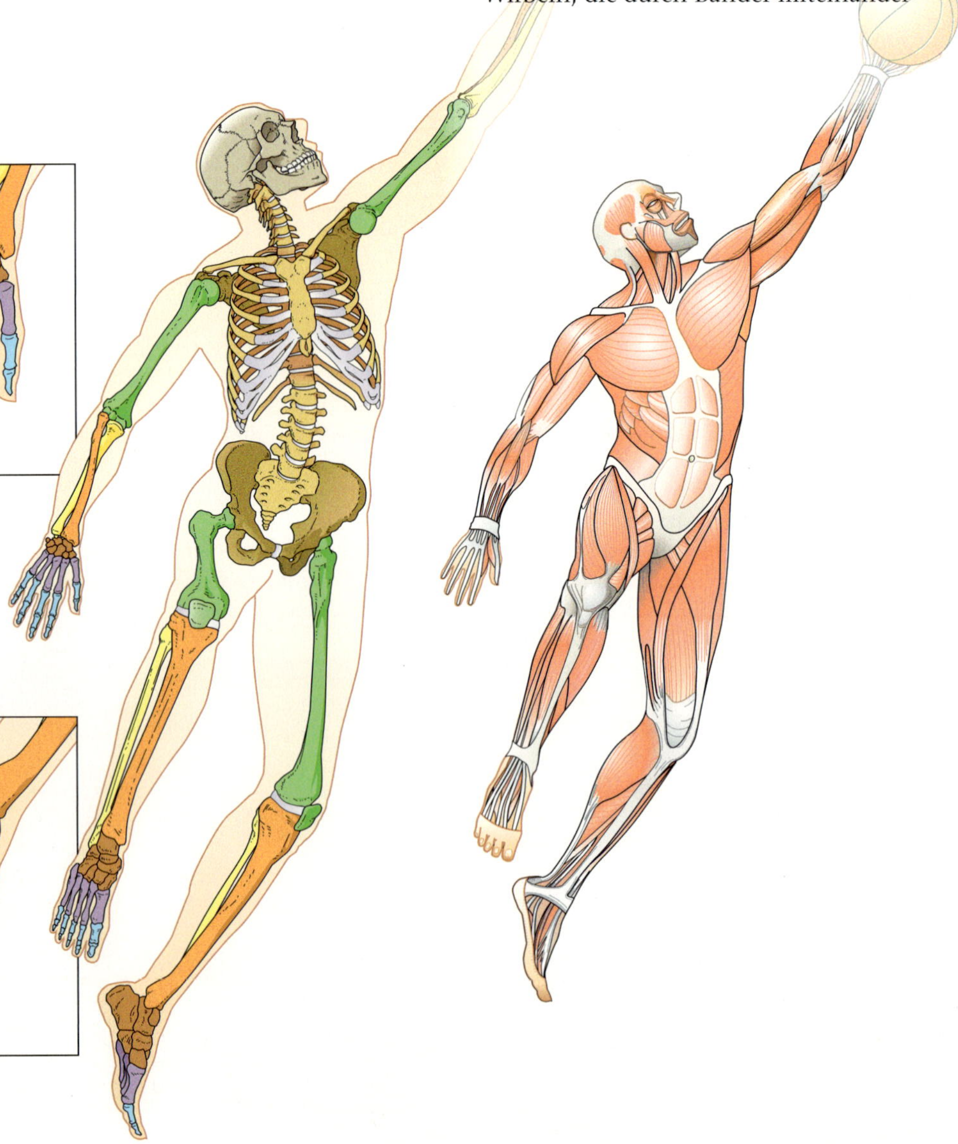

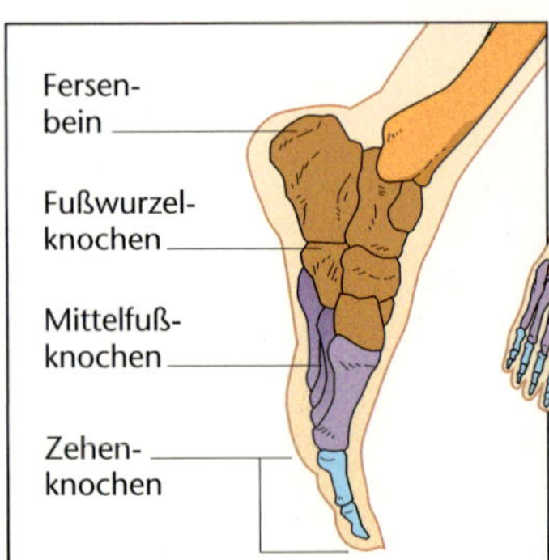

2 Fußgewölbe

verbunden sind. Zwischen den Wirbeln liegen die Bandscheiben. Sie dienen als Stoßdämpfer.
Die doppelt S-förmige Wirbelsäule federt Stöße und Erschütterungen ab und schützt das Rückenmark.

Muskulatur
An jeder Bewegung sind Muskeln beteiligt. Ein Muskel besteht aus Muskelfaserbündeln, die von Muskelhaut umhüllt sind, und endet in einer Sehne.
Ein Muskel kann sich nur verkürzen. Jeder Muskel hat einen Gegenspieler, der ihn wieder dehnt.

Durch richtiges Training Rückenschmerzen vorbeugen
Durch eine kräftige Rückenmuskulatur kann man Rückenschmerzen vorbeugen. Ebenso wie die Muskulatur von Nacken, Bauch, Gesäß und Oberschenkeln lässt sich die Rückenmuskulatur mit bestimmten Übungen trainieren.
Achte beim Trainieren darauf, dass du deinen Leistungsstand einhältst. Wichtig ist außerdem, dass du dich zu Trainingsbeginn auf- und am Trainingsende abwärmst.

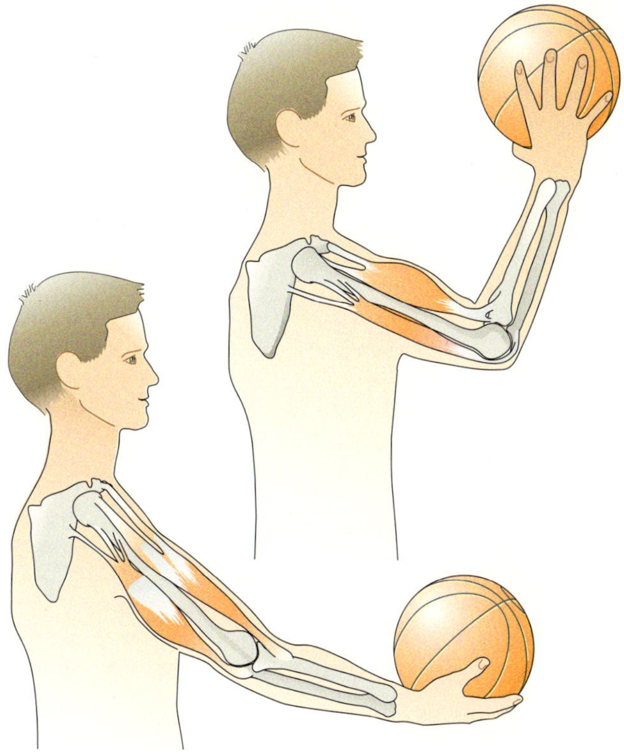
3 Das Zusammenspiel der Muskeln

Aufgaben

1 Das Skelett hat unterschiedliche Funktionen. Zum einen stützt es den Körper, zum anderen bietet es den inneren Organen Schutz.
Nenne Teile des Skeletts und gib an, welche Organe sie schützen.

2 Beschreibe anhand von Bild 1 den Aufbau eines Knochens. Ordne den Zahlen die passende Bezeichnung zu.

3 Suche in der Technik oder der Architektur nach Konstruktionen, deren Aufbau der Anordnung der Knochenbälkchen ähnlich ist.

4 a) Welche Gelenktypen kennst du?
b) Nenne zu jedem Gelenktyp ein Beispiel aus deinem Körper.

5 Die verschiedenen Gelenktypen kommen auch in vielen Gegenständen des täglichen Gebrauchs zur Anwendung. Nenne solche Gegenstände, die bei dir zu Hause oder in der Schule benutzt werden.

6 Betrachte das Armskelett und das Beinskelett.
Welche Gemeinsamkeiten kannst du feststellen?

7 Welche Muskeln im Bein kennst du?

8 Nenne einen Muskel und seinen Gegenspieler.
Beschreibe deren Wirkungsweise.

9 Jeder Mensch kann etwas für die Gesunderhaltung seines Skeletts und seiner Muskulatur tun. Beschreibe, wie du dazu beitragen kannst und worauf du achten musst.

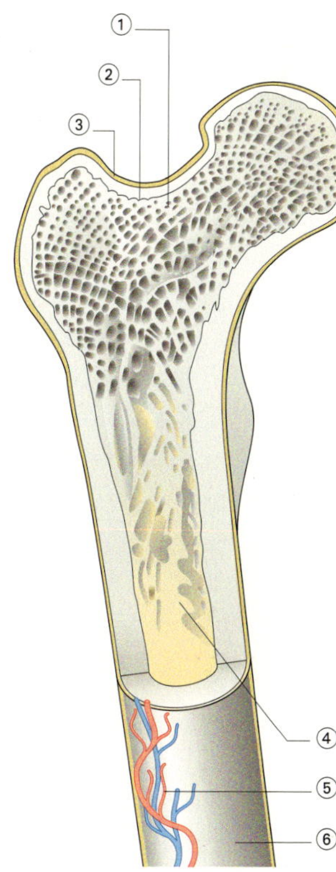

1 Zu Aufgabe 2

Luft und Feuer

Feuer ist faszinierend und für uns im Alltag von großem Nutzen. Wenn man unachtsam damit umgeht, kann Feuer aber auch lebensbedrohlich werden und großen Schaden anrichten.

Um ein Feuer zu machen, benötigst du brennbare Stoffe. Beispiele dafür sind Holz, Kohle, Lampenöl oder Erdgas. Feuer erzeugt Licht und Wärme. Die Flamme einer Öllampe leuchtet hell im Dunkeln. Am Lagerfeuer wird die Luft warm, in seiner Nähe kannst du dich aufwärmen. Über glühender Holzkohle oder der Flamme eines Gasherds kannst du Fleisch braten oder Gemüse kochen.

Feuer kann für Menschen und andere Lebewesen aber auch gefährlich sein. Die Flammen zerstören alles Brennbare, zurück bleibt meist nur Asche. Die Feuerwehr setzt geeignete Löschmittel zur Bekämpfung von Bränden ein. Das gebräuchlichste Löschmittel ist Wasser.

Luft und Feuer gehören zusammen. Starke Winde lassen Brände häufig wieder aufflammen. Ohne Luft ersticken die Flammen, das Feuer geht aus.

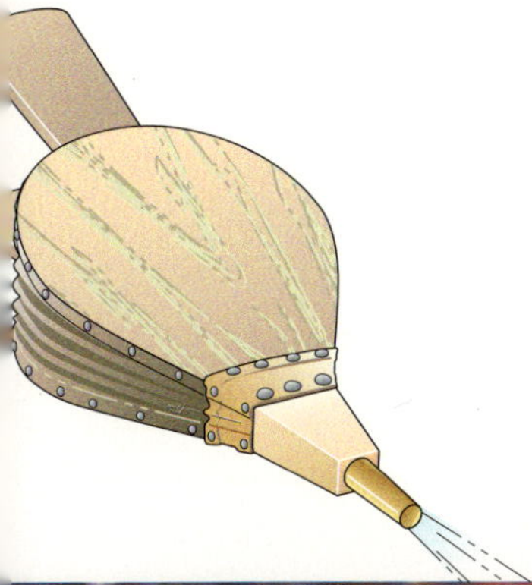

Versuche mit einer Kerze

1 Flamme auf dem Sprung

Material

Schutzbrille, Kerze, Kerzenhalter, Streichhölzer

Versuchsanleitung

Entzünde die Kerze. Warte, bis die Flamme ruhig brennt. Blase die Flamme aus und halte ein brennendes Streichholz sofort in die Nähe des Dochtes. Wiederhole den Vorgang mehrmals nacheinander (▷ B 1).

1 Flamme auf dem Sprung

2 Flamme aus der Flamme

Material

Schutzbrille, Kerze, Kerzenhalter, Streichhölzer, Glasröhrchen (gewinkelt, gleichschenklig), Tiegelzange

Versuchsanleitung

Entzünde eine Kerze. Halte mit einer Tiegelzange ein gewinkeltes Glasröhrchen mit der einen Öffnung in den innersten Bereich der Kerzenflamme (Glasröhrchen nicht mit den Fingern anfassen! Verbrennungsgefahr). Bringe eine Streichholzflamme an das offene Ende des Glasröhrchens (▷ B 2).

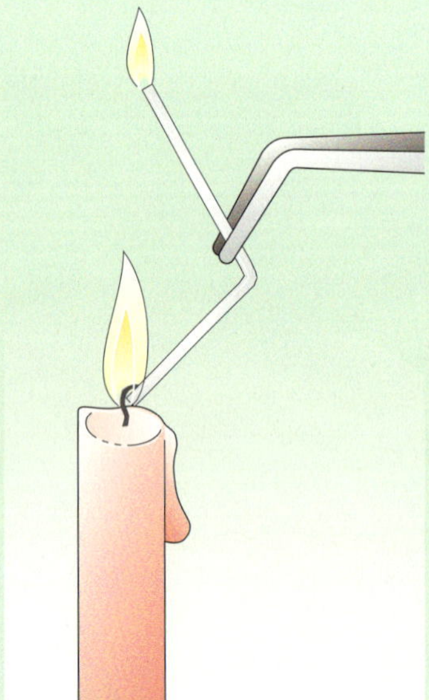

2 Flamme aus der Flamme

3 Auf die Luft kommt es an

Material

Schutzbrille, Kerze, Kerzenhalter, Zündhölzer, Glasrohr (beidseitig offen, Ø etwa 30 mm), Holzplatte, Glasplatte, 2 Unterlegklötzchen

Versuchsanleitung

a) Stelle eine brennende Kerze auf eine Holzplatte. Stülpe ein Glasrohr über die Kerze. Decke das obere Ende des Glasrohres mit einer Glasplatte ab (▷ B 3, links).

b) Wiederhole den Versuch und stelle das Glasrohr auf zwei Holzklötzchen. Lasse das Glasrohr oben offen (▷ B 3, rechts).

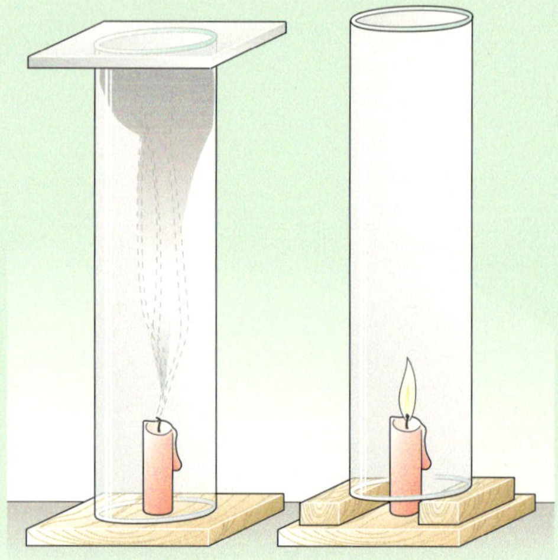

3 Auf die Luft kommt es an

4 Mikadostäbchen selbst gemacht

Material

Schutzbrille, Kerze, Kerzenhalter, Streichhölzer, Holzstäbchen

Versuchsanleitung

Entzünde eine Kerze. Halte ein Holzstäbchen zwischen beiden Händen und führe es durch den unteren Teil der Flamme. Wiederhole den Vorgang mehrmals, bis ein markiertes Mikadostäbchen nach Wahl entstanden ist (▷ B 4).

4 Mikadostäbchen selbst gemacht

Aufgabe

Beobachte das erstmalige Entzünden einer Kerze genau und überlege, warum die Flamme zunächst kleiner wird.

Vom Feuerstein zum Feuerzeug

Von den Anfängen des Feuermachens

Feuerstein, auch Flint genannt, kommt in der Natur vor. Der graue oder schwarze Stein ist härter als Stahl, abgesplitterte

Bruchstücke sind scharfkantig. Feuersteine dienten dem Menschen in der Steinzeit zum Feuerschlagen. Der Funkenflug entzündete einen Zunderschwamm, das ist ein Baumpilz, der vor allem auf alten Buchen wächst. Nicht nur durch Schlagen, auch durch Reibung wurde früher Feuer entfacht. Dazu wickelte man eine Schnur schleifenförmig um einen Holzstab und befestigte sie an einem Bogen. Durch Bewegen des Bogens drehte sich der Stab schnell auf weichem Holz. Durch Reibung entstand Wärme, die trockenes Material zusammen mit Zunder entzündete.

Feuer – nicht nur zum Wärmen und Kochen

Griechisches Feuer wurde im 7. Jahrhundert als „Feuerwaffe" in Seeschlachten im Mittelmeer eingesetzt (▷B 1). In einer Chronik wird berichtet, dass im Jahr 674 Kaiser Konstantin IV. Feuer speiende Rohre gegen feindliche Schiffe gerichtet und diese in Brand gesetzt hat. Der Brandsatz enthielt unter anderem auch Petroleum. Mit der Erfindung von Feuerwaffen wurde auch das **Lustfeuerwerk** entdeckt, zuerst in China, später auch in Europa.

Ab dem 15. Jahrhundert wurden Feste an europäischen Fürsten- und Königshäusern mit Feuerwerk gefeiert. Dazu stellten Feuerwerker schnell und langsam brennende Zündschnüre und Pulvermischungen her. Durch Zusatz von Salzen ließen sich die Flammen gelb, rot oder grün färben.

1 Griechisches Feuer

Feuerzeuge – früher und heute

Das erste Feuerzeug wäre heute nicht mehr zulässig. In Paris erfand im Jahr 1808 Jean-Louis Chancel ein **Tunkfeuerzeug** (▷B 3). Dazu wurden Hölzer mit Schwefel und einer Zündmischung bestrichen. Wollte man Feuer anzünden, tauchte man den Kopf des Holzes in eine Paste mit Schwefelsäure.
Die heutigen Feuerzeuge (▷B 4) werden meist mit Gas (verflüssigtes Butan) betrieben. Wird ein Stahlrädchen an einem Zündstein gerieben, entsteht ein Funke, der das ausströmende Gas entzündet. Der Zündstein besteht hauptsächlich aus dem seltenen Metall Cer und aus Eisen.

2 Steinzeitliches Taschenfeuerzeug – der allererste Versuch

3 Tunkfeuerzeug

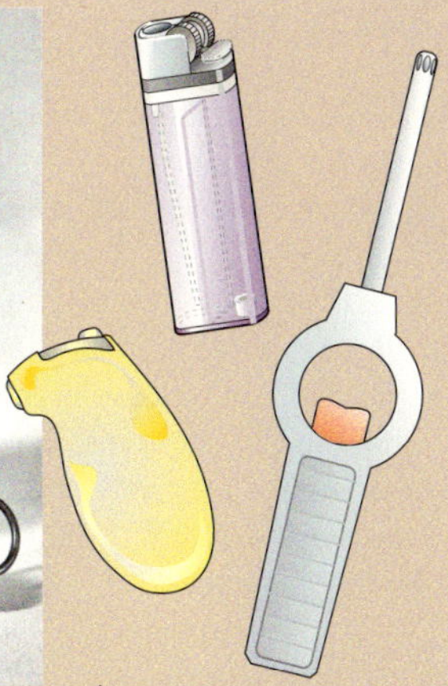

4 Moderne Feuerzeuge

Werkstatt

Brennmaterial für ein Lagerfeuer

Ein Feuer im Freien darf nur an genehmigten Plätzen entzündet werden. Am besten geeignet ist ein ummauerter Grillplatz.

Das Feuer muss ständig beaufsichtigt werden. Wenn starker Wind aufkommt, dann musst du das Feuer sofort löschen. In der Nähe von Gebäuden oder leicht entzündlichen Stoffen darfst du kein Feuer anmachen.

Aufgabe
Erkunde einen Platz, an dem eine Feuerstelle vorhanden ist und ein Feuer gemacht werden darf.

1 Was brennt am besten?

Material
Zeitungspapier, Papiertüte, Schreibpapier, Stroh, Watte, Heu, dünne und dicke Ästchen, dünne und dicke Holzscheite, Zapfen, Holzkohle oder andere Brennmaterialien, Tiegelzange, Teelicht, Streichhölzer, feuerfeste Handschuhe, Wasserflasche, Wasser, feuerfeste Unterlage, Schutzbrille

Versuchsanleitung
a) Ziehe die Handschuhe an. Stelle ein brennendes Teelicht auf die feuerfeste Unterlage in der Feuerstelle. Halte kleine Stücke eines Brennmaterials mit der Tiegelzange über die Flamme des Teelichts (▷ B 1). Beobachte, ob die Stoffe Feuer fangen.

b) Feuchte Papier und kleine Ästchen mit Wasser an. Wie schnell fängt das Material jetzt Feuer?

Aufgaben
1. Erstelle ein Versuchsprotokoll. Gib zuerst an, welches Brennmaterial du verwendet hast. Beschreibe anschließend, welche Stoffe schnell Feuer fangen. Wie sehen die Brandreste aus?

2. Was beobachtest du, wenn das Brennmaterial feucht ist?

3. Wie kannst du das Aufflammen bei schwer entzündlichen Stoffen beschleunigen? Überprüfe deine Überlegungen im Versuch.

1 Wie gut brennt Stroh?

2 Ein Lagerfeuer aufschichten

Material
Verschiedene Brennmaterialien, feuerfeste Handschuhe, Streichhölzer, Schutzbrille

Versuchsanleitung
Schichte aus verschiedenen Brennmaterialien ein Lagerfeuer auf und entzünde es. Beobachte, in welcher Reihenfolge die Stoffe Feuer fangen.

Aufgaben
1. Warum werden locker zerknüllte Papierseiten ins Feuer gelegt und nicht die zusammengefaltete Zeitung?

2. Warum darf im Lagerfeuer kein Kunststoff verbrannt werden?

3 Feuer aus!

Material
Sand, Schaufel

Versuchsanleitung
Lösche das Lagerfeuer mit Sand (▷ B 2). Beobachte die Feuerstelle so lange, bis du sicher bist, dass in der Asche keine Glut mehr vorhanden ist und das Feuer vollständig gelöscht ist.

Aufgaben
1. Ist ein Feuer gelöscht, wenn keine Flammen mehr zu sehen sind?

2. Unter welchen Bedingungen kann sich ein Feuer wieder entzünden?

3. Die Feuerwehr lässt an einer Brandstelle eine Brandwache zurück. Nenne Gründe dafür.

2 Eine Flamme wird erstickt.

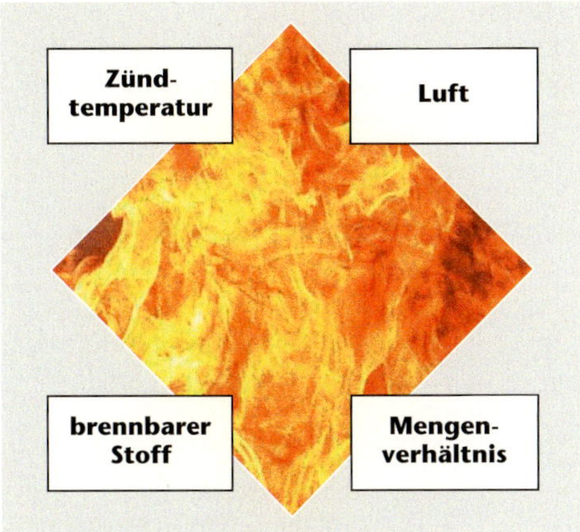

1 Bedingungen für eine Verbrennung

2 Was zündet zuerst?

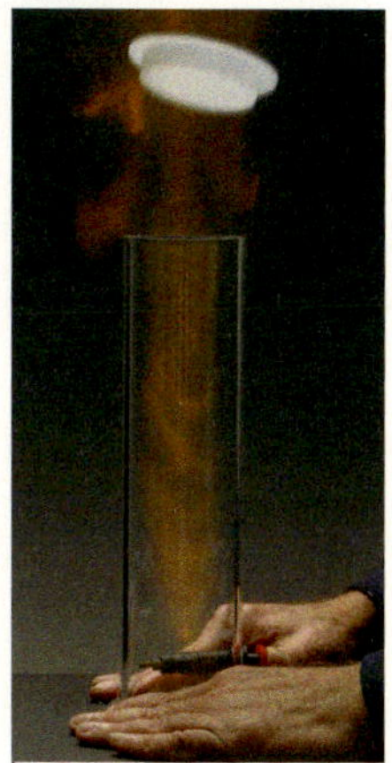

3 Bestimmung der Zündgrenze

Brennmaterial für ein Lagerfeuer
Ein Lagerfeuer wird kunstvoll aufgeschichtet: Unten liegt zerknülltes Zeitungspapier, darüber legt man dünne Äste und trockene Holzstücke. Wurzelstücke und dicke Äste werden so aufgestellt, dass Luft dazwischen gelangen kann (▷B4).

Bedingungen für eine Verbrennung
Für ein Feuer benötigst du brennbare Stoffe. Papier, Holz und Kohle sind feste Brennstoffe. Benzin ist ein flüssiger, Erdgas ein gasförmiger Brennstoff.

Bevor ein Stoff Feuer fängt, muss er auf seine **Zündtemperatur** erwärmt werden (▷B2; V1). Ein Lagerfeuer wird nach der Zündtemperatur der Brennstoffe geschichtet. Beim Verbrennen von Papier wird so viel Wärme frei, dass die Zündtemperatur von Holz erreicht wird. Dünne Äste und fein zerteiltes Holz fangen schnell Feuer. Die entstehende Hitze führt dann zur Zündung der dicken Holzscheite.
Kommt ein Lagerfeuer nicht richtig in Gang, fehlt meistens **Luft**. Nur wenn ausreichend Luft vorhanden ist, entsteht ein kräftiges Feuer.

Die Zündfähigkeit eines Benzin-Luft-Gemisches wird in einem Zündrohr untersucht (▷B3; V2). Je nach Tropfenzahl entstehen verschiedene **Mengenverhältnisse** von Benzin und Luft, die unterschiedlich gut zünden. (Achtung: Bringe nie eine offene Flamme in die Nähe von Benzin!)

Damit eine Verbrennung stattfindet
- muss ein brennbarer Stoff vorliegen,
- genügend Luft zugeführt werden,
- die Zündtemperatur erreicht sein,
- das Mengenverhältnis stimmen.

Versuche

1 Auf einer Metallplatte liegen ein Stück Pappe, ein Holzklotz, ein Stück Kohle und mehrere Zündhölzer. Mit der Brennerflamme wird die Plattenmitte von unten erhitzt.

2 In ein Zündrohr werden 5 Tropfen Wundbenzin gegeben. Das Rohr wird mit einem Kunststoffdeckel dicht verschlossen und der Inhalt gut durchgeschüttelt. Im abgedunkelten Raum wird das Benzin-Luft-Gemisch gezündet (Schutzbrille!) (▷B3).
Der Versuch wird mit veränderter Tropfenzahl wiederholt.

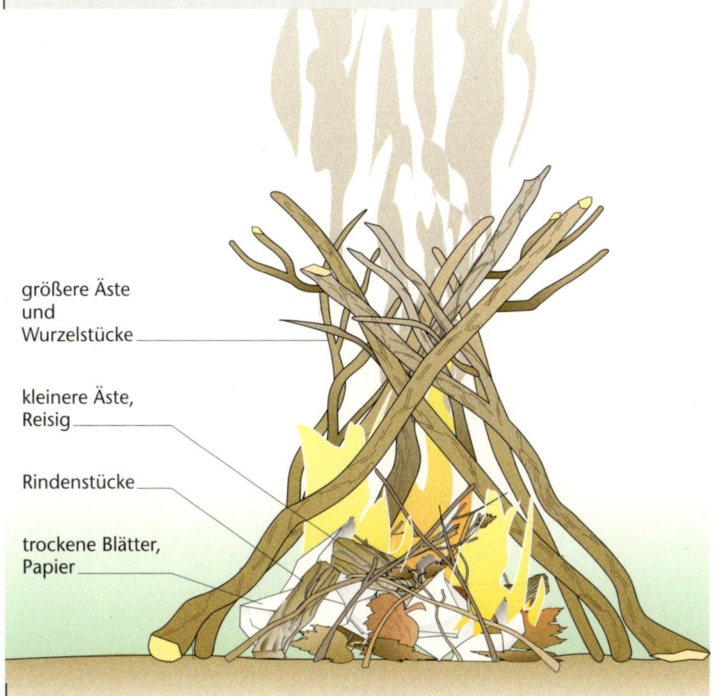

4 Lagerfeuer

Werkstatt

Zündende Versuche

Wie kannst du einen Stoff zum Brennen bringen? Beim Umgang mit Feuer kannst du lernen, warum es das eine Mal brennt und das andere Mal nicht. Wer ein Feuer entzünden kann, weiß auch, wie er das Zünden verhindert.

1 Zünden durch Reiben

Material
Schutzbrille, Streichholzschachtel, Streichhölzer

Versuchsanleitung
Entnimm der Streichholzschachtel ein Streichholz. Bewege das Streichholz entlang der Reibfläche, bis es entzündet wird (▷ B 1). Bewege es vom Körper weg.

1 Zünden eines Streichholzes

Aufgaben
1. Hast du eine Idee, was beim Zünden des Streichholzes passiert?

2. Nach dem Entzünden kannst du das brennende Streichholz nur kurz zwischen den Fingern halten. Was geschieht, wenn du es nach oben, nach unten oder waagerecht hältst? Versuche eine Erklärung dafür zu finden.

2 Zünden durch Hitze

Material
Schutzbrille, Reagenzglas, Reagenzglashalter, Gasbrenner, 6 Streichhölzer, Stoppuhr

Versuchsanleitung
a) Gib in ein Reagenzglas 3 Streichhölzer mit dem Streichholzkopf nach unten. Halte das Reagenzglas über die nicht leuchtende Brennerflamme (▷ B 2). Miss die Zeit bis zur Zündung.

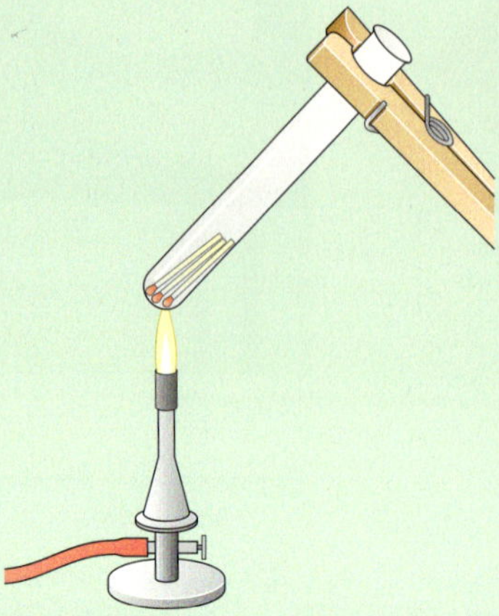

2 Zu Versuch 2

b) Wiederhole den Versuch mit 3 Streichhölzern, deren Kopf nach oben weist. Vergleiche die Zeiten bis zur Zündung.

Aufgabe
Beschreibe, wodurch die Zündhölzer Feuer fangen. Wie sehen die Brandreste aus?

3 Zünden in der Flamme

Material
Schutzbrille, Teelicht, Streichhölzer, Wunderkerze, feuerfeste Unterlage

Versuchsanleitung
Halte eine Wunderkerze über die Flamme eines Teelichts (▷ B 3). Achte darauf, dass die sprühende Wunderkerze in sicherem Abstand zu Personen und brennbaren Stoffen abbrennt.

3 Brennende Wunderkerze

Aufgabe
Überlege, warum Wunderkerzen nicht unbeaufsichtigt abbrennen dürfen.

4 Zünden aus der Ferne

Material
Schutzbrille, feuerfeste Unterlage, feuerfeste Schale, langer Holzspan, Teelicht, Streichhölzer, Brennspiritus

Versuchsanleitung
Gib 2 ml Brennspiritus in die Schale. Stelle die Schale auf eine feuerfeste Unterlage. Entzünde einen langen Holzspan über der Flamme eines Teelichts und nähere den brennenden Holzspan von oben der Schale mit Spiritus (▷ B 4).

4 Zu Versuch 4

Aufgaben
1. Schätze ab, wie nahe der brennende Holzspan an die Flüssigkeitsoberfläche gebracht werden muss, bis der Spiritus Feuer fängt.

2. Welche Sicherheitsvorschriften müssen beim Umgang mit feuergefährlichen Stoffen beachtet werden (▷ B 5)?

5 Sicherheitshinweise

Holz verkohlen wie vor 2000 Jahren

Von Beruf Köhler
Dürre Ästchen verbrennen rasch, zurück bleibt ein kleines Häufchen Asche. Dicke Holzstücke verkohlen im Feuer, bevor sie entflammen und zu Asche verbrennen. Nur ein Köhler weiß, wie aus schweren Baumhölzern die leichte Holzkohle entsteht. Heute gibt es nur noch wenige Köhler, die die Kunst der Holzverkohlung beherrschen.

1 Ein Holzkohlemeiler

2 Köhlerhütte aus früherer Zeit

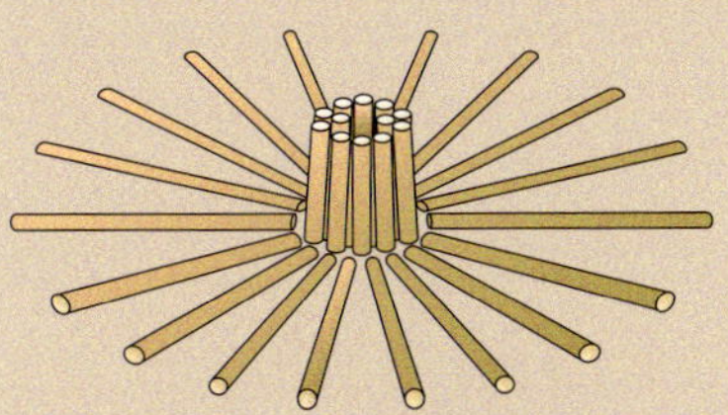

Zuerst wird die Ebene, die Kohlenplatte, hergestellt. In der Mitte entsteht ein Schacht.

Auf der Kohlenplatte werden die Hölzer um den Schacht gesetzt.

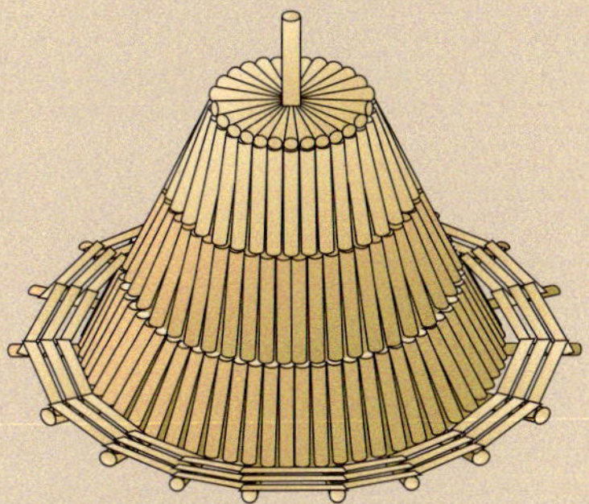

Der Holzstapel besteht aus drei bis vier Stockwerken stehender Spalten. In den Schacht wird der Füllstamm gestellt.

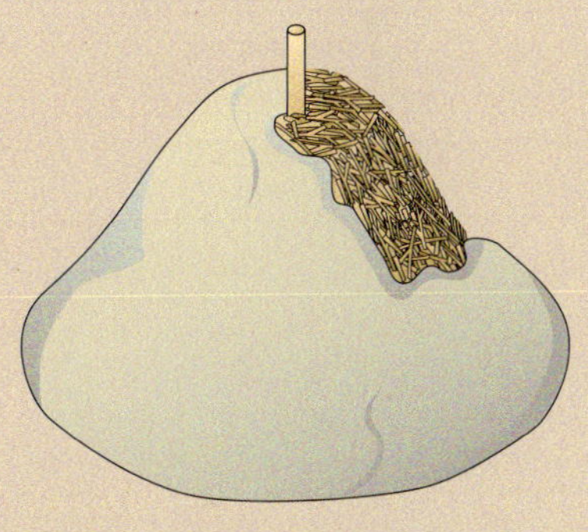

Der Meiler wird mit feuchter Asche und Gras luftdicht abgedeckt. Der Meiler wird im Schacht gezündet.

3 Aufbau eines Holzkohlemeilers

Kunstvoll geschichtet im Meiler
Die Herstellung von Holzkohle ist harte Arbeit und dauert mehrere Wochen. Während dieser Zeit bleibt der Köhler in seiner Hütte nahe beim Holzkohlemeiler (▷ B 2). Für den Aufbau des 3 bis 4 Meter hohen Meilers wählt er einen windgeschützten Platz, in dessen Nähe ein Bach vorbeifließt.
Zunächst werden lange Holzstangen so aufgestellt, dass in der Mitte ein schmaler Luftschacht bleibt. In diesen Schacht wird ab der ersten Lage ein Füllstamm eingesetzt. Rundherum werden trockene Holzstücke in mehreren Etagen zu einem Meiler aufgeschichtet (▷ B 3). Meist werden dicke Buchenholzstücke verwendet, die etwa einen Meter lang sind. Darüber kommt eine Schicht aus feuchtem Laub oder Heu. Dann wird der ganze Meiler mit Erde luftdicht abgedeckt und gezündet. Dazu zieht der Köhler den Füllstamm in der Mitte heraus und füllt den Schacht von oben mit glühender Holzkohle.

Verkohlen bei Tag und bei Nacht
Nun muss der Köhler Tag und Nacht dafür sorgen, dass der Meiler nicht ausgeht oder Feuer fängt. Damit das Holz langsam verkohlt, sticht er kleine Luftlöcher in die Erdhülle. Bei etwa 300 °C bilden sich im Holzkohlemeiler Wasserdampf und Gase. Aus den Löchern steigen feine weiße Wölkchen auf (▷ B 1). Man sagt: „Der Meiler schwitzt".

Entweicht blauer Rauch, ist die Verkohlung abgeschlossen und alle Luftlöcher müssen wieder verstopft werden. Ohne Luftzufuhr erstickt die Glut und der Meiler erkaltet. Schicht für Schicht wird die fertige Holzkohle abgetragen, mit Wasser gekühlt und in Säcke gefüllt.

Holzkohle (▷ B 4) ist ein begehrter Brennstoff, da sie beim Verbrennen viel mehr Hitze entwickelt als Holz. Sie wird heute meist nicht mehr im Freien, sondern in modernen Industrieanlagen erzeugt.

4 Holzkohle

Wir verbrennen Stoffe

1 Wie lange brennt ein Teelicht?

Material

Schutzbrille, Teelicht, Becherglas (100 ml), Becherglas (250 ml), Becherglas (500 ml), Stoppuhr, feuerfeste Unterlage, Streichhölzer

Versuchsanleitung

Stelle ein Teelicht auf die feuerfeste Unterlage und entzünde es. Stülpe das kleinste Becherglas über das Teelicht.
Miss die Zeit, wie lange das Teelicht unter dem Becherglas brennt. Wiederhole den Versuch mit dem mittleren und zuletzt mit dem größten Becherglas (▷ B 1). Vergleiche die Brenndauern.

1 Wie lange brennt das Teelicht?

2 Eine Kerze verbrennt

Material

Kerze, Streichhölzer, Porzellanschale, Tiegelzange, feuerfeste Unterlage

Versuchsanleitung

Entzünde eine Kerze und lasse sie etwas brennen. Halte dann mit der Tiegelzange eine kalte, trockene Porzellanschale über die Kerzenflamme.

Aufgabe

Beobachte und erkläre das Ergebnis.

3 Verändert sich die Masse von Eisen beim Glühen?

Material

Schutzbrille, Waage, Porzellanschale, Gasbrenner, Eisenwolle

Versuchsanleitung

a) Lege die Porzellanschale auf die Waage und stelle die Waage auf „null“. Lege die Eisenwolle auf die Porzellanschale und lies den Wert ab (▷ B 2a).

b) Nimm die Porzellanschale mit der Eisenwolle von der Waage. Entzünde das Gas am Brenner und halte die schwach rauschende Gasflamme vorsichtig von der Seite an die Eisenwolle (▷ B 2b). Stelle die Porzellanschale mit der Eisenwolle wieder auf die Waage. Was kann man aus der Veränderung der Anzeige schließen?

Aufgabe

Zerreibe das Verbrennungsprodukt und vergleiche dessen Farbe und dessen Festigkeit mit der Eisenwolle.

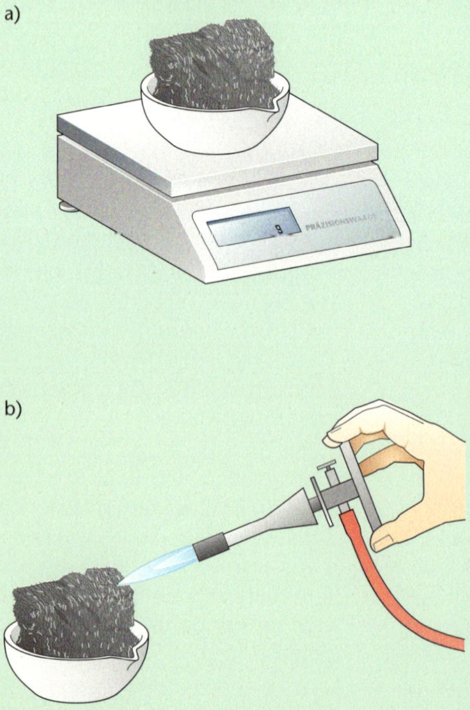

2 Eisenwolle wird gewogen und entzündet

3 Zahnstocher auf der Unterlage tragen die Münzen

4 Verbrennungen verändern Stoffe

Material

Schutzbrille, 6 kleine Münzen, 2 Zahnstocher aus Holz, Pinzette, 2 Holzklötzchen als Unterlage, Waage, feuerfeste Unterlage, Gasbrenner

Versuchsanleitung

a) Lege die beiden Zahnstocher wie in Bild 3 gezeigt auf die Klötzchen und belaste sie mit allen Münzen. Drücke mit dem Finger zusätzlich darauf und prüfe die Festigkeit der Zahnstocher.

b) Verbrenne die beiden Zahnstocher wenigstens auf einer Länge von 4 cm. Halte sie dabei mit der Pinzette. Halte die Zahnstocher waagerecht und drehe sie beim Verbrennen um ihre Längsachse, dann bleiben sie nahezu gerade. Lege nun die zwei verbrannten Zahnstocher auf die Klötzchen. Untersuche, wie viele Münzen diese beiden Zahnstocher tragen können.

Aufgabe

Erkläre die Versuchsergebnisse.

1 Vorher enthielt das Lagerfeuer noch Holz.

2 Eine Fackel erzeugt Licht.

Verbrennungen verändern die Stoffe
Zündet man Holzkohle an, so glüht sie bei Luftzufuhr hell auf und verglüht langsam unter Wärmeabgabe. Zurück bleibt hellgraue, fast weiße Asche. Ein Vergleich zeigt, dass die Asche wesentlich leichter ist als die Holzkohle, welche man ursprünglich eingesetzt hat. Es müssen demnach bei der Verbrennung flüchtige Stoffe entstanden sein. Die bei der Verbrennung entstandenen Stoffe haben also neue Eigenschaften. Einen Vorgang, bei dem Stoffe mit neuen Eigenschaften entstehen, nennt man eine **chemische Reaktion**.

Bei einer chemischen Reaktion entstehen Stoffe mit neuen Eigenschaften.

Magnesium verbrennt
Kennst du das weiße Pulver, mit dem sich Turner vor den Turnübungen die Hände einreiben (▷B 4)? Dieses Pulver heißt Magnesia. Es saugt den Körperschweiß auf, sodass der Turner nicht abrutscht.
Dieses Pulver kannst du herstellen, indem du ein Stück Magnesiumband anzündest (▷V 1). Dann verbrennt das grau glänzende Metall mit greller Flamme zu einem weißen Pulver (▷B 3).

Auch hier hat also eine **Stoffumwandlung** stattgefunden. Aus Magnesium ist durch eine chemische Reaktion Magnesia entstanden.

Verbrennungen setzen Energie frei
Ein Lagerfeuer wärmt. Eine Fackel erhellt den dunklen Nachthimmel (▷B 2).
Bei der Verbrennung von Magnesium zu Magnesia kannst du eine grell leuchtende Flamme beobachten.
Bei einer Verbrennung entstehen nicht nur neue Stoffe, sondern es wird auch immer Energie frei. Diese Energie wird in Form von Wärme und Licht abgegeben.

Jede Verbrennung ist eine chemische Reaktion, bei der Energie frei wird.

Versuch

1 Ein 15 cm langes Magnesiumband wird über einer Porzellanschale verbrannt. Die Eigenschaften des Magnesiums und des Verbrennungsproduktes werden untersucht.
Nicht direkt in die Flamme schauen!

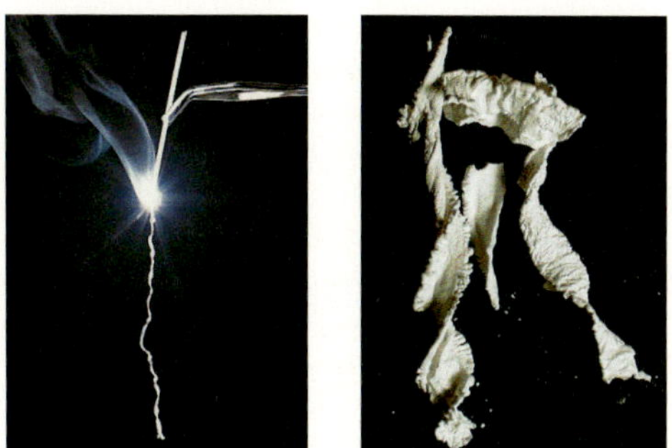

3 Magnesium verbrennt zu Magnesiumoxid.

4 Magnesia verhindert das Abrutschen beim Turnen.

1 Methoden der Brandbekämpfung

Entzug des brennbaren Stoffes
Hitze und Trockenheit erhöhen im Sommer die Brandgefahr. Eine achtlos weggeworfene Flasche kann als Brennglas wirken und ein Feuer entfachen. Sind genügend trockene Brennstoffe vorhanden, breitet sich das Feuer rasch aus. Ein Flächenbrand kann meist nur noch aufgehalten werden, wenn die Feuerwehr breite Schneisen schlägt oder Gräben zieht. Ohne Brennstoffe geht das Feuer aus. Auch in einer dicht bebauten Altstadt kann sich ein Feuer rasch ausbreiten. Manchmal hilft es nur, ein angrenzendes Haus einzureißen, um das Feuer zu stoppen (▷B 1).

Abkühlen unter die Zündtemperatur
Die Feuerwehr bekämpft einen Brand meist mit großen Mengen Wasser. Wasser löscht durch Kühlen. Der brennende Stoff wird unter seine Zündtemperatur abgekühlt (▷V 1; V 2).

Unterbrechen der Luftzufuhr
Wasser ist nicht immer das geeignete Löschmittel. Kleine Brände in Töpfen oder Pfannen können durch rasches Abdecken erstickt werden. Die brennende Kleidung einer Person wird durch Einhüllen in eine Decke gelöscht.

Benzinbrände werden mit Schaum (▷B 2) oder mit Kohlenstoffdioxid bekämpft. Der Schaum verhindert die Luftzufuhr und wirkt kühlend. Das gasförmige Kohlenstoffdioxid verdrängt die Luft und erstickt die Flammen. Metall-Brände werden mit Sand, Salz oder Zement abgedeckt. Dadurch wird die Luftzufuhr unterbrochen und das Feuer geht aus.

Verändern des Mengenverhältnisses
Ein Gemisch aus Benzin und Luft zündet bei einem bestimmten Mengenverhältnis. Enthält die Luft zu viel oder zu wenig Benzindampf, stimmt das Mengenverhältnis nicht mehr und das Gemisch zündet nicht. Bei einem Brand sollte man daher Türen und Fenster schließen, um das Mengenverhältnis von Luft und brennbarem Stoff zu verändern.

Möglichkeiten der Brandbekämpfung:
- Entzug des brennbaren Stoffes,
- Abkühlen unter die Zündtemperatur,
- Unterbrechen der Luftzufuhr,
- Verändern des Mengenverhältnisses.

2 Die Feuerwehrleute am Schaumlöscher werden mit Wasser gekühlt.

Versuche

1 Ein Streifen Pappe wird mit der Tiegelzange in die Nähe eines Teelichts gehalten. In welcher Entfernung fängt er Feuer? Der Versuch wird mit einem angefeuchteten Pappstreifen wiederholt. Vergleiche die Ergebnisse.

2 Eine Streichholzschachtel wird mit Wasser gefüllt und mit der Tiegelzange über die Flamme eines Teelichts gehalten. Beobachte, was geschieht. Wie kannst du die Beobachtung erklären?

Richtiges Handeln kann Leben retten
Brände entstehen meist ganz überraschend. Wer weiß, was zu tun ist, der kann sich und andere vor Schaden bewahren. Wenn es brennt, bilden sich Flammen, Hitze und Rauch. Am gefährlichsten für den Menschen ist der Rauch. Er ist schneller als das Feuer und nimmt die Sicht. Giftiger Rauch wirkt erstickend.
Bei einem Brand ist es wichtig, möglichst alle Türen zu schließen. Dadurch werden Flammen und Hitze zurückgehalten und die Fluchtwege bleiben rauchfrei, sodass anderen Menschen noch die Flucht gelingt. Die Fluchtwege sind durch grüne Schilder mit weißen Symbolen gekennzeichnet. Wer die Fluchtwege kennt, kann das Gebäude im Falle eines Brandes schnell verlassen.

An Orten, an denen Gefahrstoffe gelagert werden, gelten besondere Sicherheitsvorschriften. In der Nähe brennbarer Stoffe ist es z. B. verboten zu rauchen oder ein offenes Feuer zu entzünden (▷B 5).

Erst melden, dann löschen
Wichtiger als das Feuer zu bekämpfen ist die Alarmierung der Feuerwehr. Das hat den Vorteil, dass die Feuerwehr schon unterwegs ist, wenn einem beim Löschen etwas zustoßen sollte. Jeder ist verpflichtet, ein Feuer oder die Notlage von Menschen und Tieren zu melden. Dies gilt auch für Kinder. Wer einen Notruf abgibt, muss ruhig und deutlich sprechen. Für die Feuermeldung sind die Fragen in Bild 1 wichtig. Bis die Feuerwehr eintrifft, kann man mit einem Feuerlöscher, mit einem Eimer Wasser, mit einer Löschdecke oder mit Sand löschen (▷B 4).

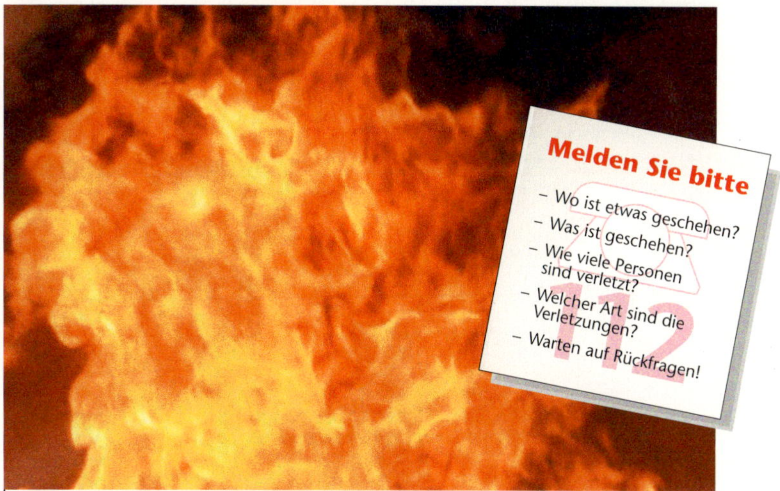

1 Feuermeldung über die Notrufnummer 112

Feuergefährliche Stoffe erkennen
Auf Behältern mit feuergefährlichen Stoffen sind Gefahrensymbole abgebildet. Genaue Informationen über die Gefahr geben der Kennbuchstabe und die Gefahrenbezeichnung. Das Flammensymbol und der Buchstabe F+ bedeuten „hochentzündlich". Solche Stoffe können sich schon bei Temperaturen unter 0 °C entzünden. Das Flammensymbol und der Kennbuchstabe F weisen auf leicht entzündliche Stoffe hin (▷B 2). Stoffe, die explodieren können, sind mit dem Explosionssymbol und dem Buchstaben E gekennzeichnet (▷B 3).

2 Gefahrensymbol „entzündlich"

3 Gefahrensymbol „explosionsgefährlich"

Gefahrstoffe sind durch Gefahrensymbole gekennzeichnet.

Aufgabe

1 Wie meldest du einen Brand bei der Feuerwehr? Plant zu zweit ein Rollenspiel und führt es vor.

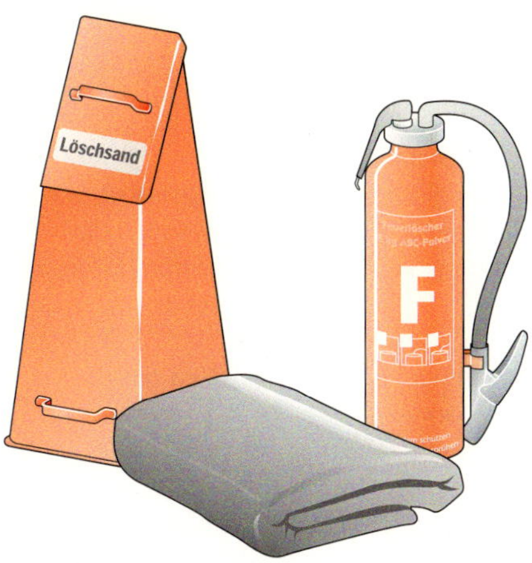

4 Mittel zur Brandbekämpfung

5 Kraftstoff ist feuergefährlich.

Eine Dokumentation erstellen

Die Feuerwehr informiert
Erstelle zum Thema Feuerwehr eine Dokumentation.

A. Sammle Informationen
Organisiere zuerst bei der Feuerwehr einen Besuchstermin für die Klasse oder lade Feuerwehrleute ein. Suche auch im Internet (Homepage der Feuerwehr) oder in Büchern Informationen zur Feuerwehr.

B. Wähle Informationen aus
Verschaffe dir einen ersten Überblick über das Stoffangebot, z. B. Jugendfeuerwehr, Ausrüstung der Feuerwehr, Brandursachen usw., und wähle dann ein interessantes Thema aus. Arbeite möglichst in einer Gruppe.

C. Ordne die Informationen
Nun müssen die unterschiedlichen Informationen und Themen zusammengetragen und sinnvoll geordnet werden. Mögliche Ordnungskriterien sind:

- gleichartige Informationen/Themen zusammenfassen
- Überbegriffe bzw. übergeordnete Themen finden, z. B. Brände: Brandursachen/Brandarten/Brandbekämpfung
- weniger wichtige Informationen aussortieren

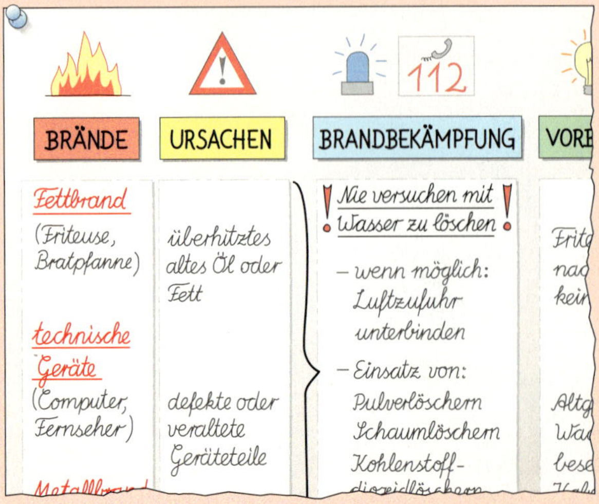

D. Erstelle eine Dokumentation
Welche Möglichkeiten gibt es hier (z. B. Plakatwand, Schaukasten)? Welche sind geeignet und warum? Sollen die Arbeiten aus einem ungewöhnlichen Blickwinkel dargestellt werden?
Tipps:

- Text-, Bild- und Anschauungsmaterial sollen gleichgewichtig nebeneinander stehen.
- Die Dokumentation sollte nicht zu überladen sein (weniger ist mehr!).
- Der Textteil sollte kurz und informativ sein und in möglichst großer Schrift dargestellt werden.

Brennpunkt

Feurige Ratschläge

Brandschutzeinrichtungen
Feuermelder (▷B 4) sind an einem roten Kästchen mit schwarzem Punkt zu erkennen. Im Notfall schlägt man die Scheibe z. B. mit einem Schuh ein und drückt kurz den schwarzen Knopf. Die Nummer des Feuermelders wird direkt an die Feuerwehr weitergeleitet. Ist kein Feuermelder vorhanden, kann man von jedem Handy und fast jedem öffentlichen Telefon kostenlos die Notrufnummern 110 (Polizei) oder 112 (Feuerwehr) anrufen.
In öffentlichen Gebäuden befinden sich auch oft **Wandhydranten**, die mit einem eigenen Symbol gekennzeichnet sind. In einem Metallkasten ist ein flacher oder formbeständiger Druckschlauch aufgerollt, der über Steigleitungen an das Wassernetz angeschlossen ist.

Sprinkleranlagen
Vor allem Kaufhäuser, Theater, Tiefgaragen und Lagerhallen sind mit so genannten **Sprinkleranlagen** ausgerüstet. Sie sind zugleich Feuerlöscher und Feuermelder. Über Rohrleitungen gelangt Wasser zu Sprinklerdüsen, die an der Decke befestigt sind. **Sprinkler** (engl. to sprinkle: sprühen) sind kleine Brausen (▷B 2). Ihre Öffnungen sind mit zugeschmolzenen Glasröhren verschlossen, die eine gefärbte Flüssigkeit enthalten. Bricht ein Feuer aus, erwärmt sich die Flüssigkeit im Glas und dehnt sich aus. Dadurch zerspringt das Glas. Das aus der Leitung strömende Wasser verteilt sich auf dem Sprühteller des Sprinklers und besprüht das Feuer. Gleichzeitig wird Feueralarm ausgelöst. Anstelle von Wasser können Sprinkler auch andere Löschmittel enthalten.

1 Hinweise zur Bedienung eines Feuerlöschers

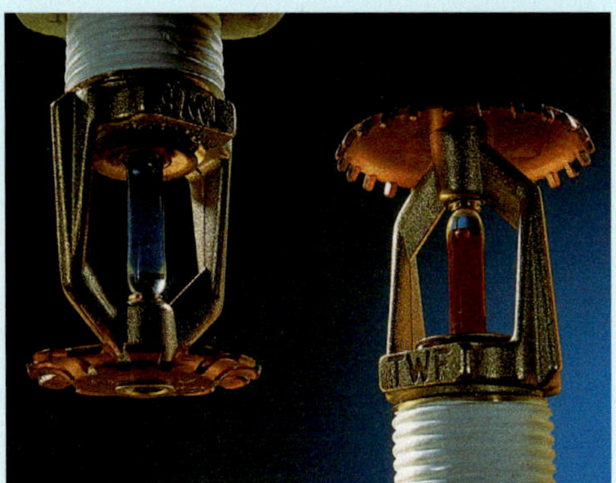

2 Sprinkler

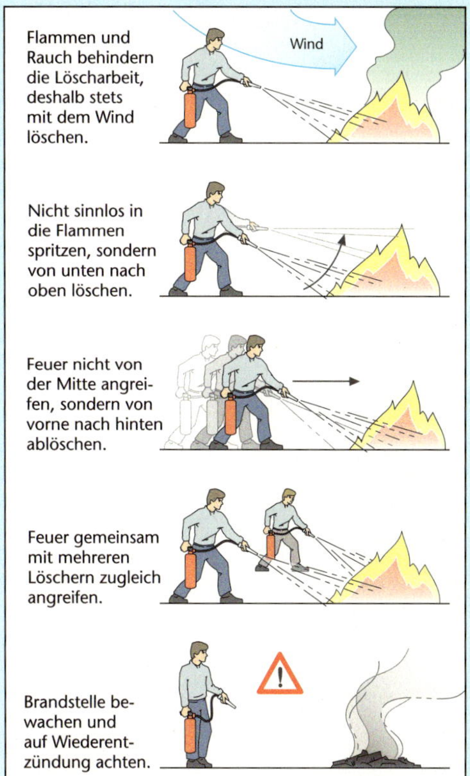

3 Feuerlöschen

4 Feuermelder

Luft und Feuer

Bedingungen für eine Verbrennung

Eine Verbrennung findet nur statt, wenn vier Bedingungen gleichzeitig erfüllt sind (▷ B 1):

1. Ein brennbarer Stoff muss vorhanden sein.
2. Luft muss Zutritt zum brennbaren Stoff haben.
3. Die Zündtemperatur des brennbaren Stoffs muss erreicht sein.
4. Die Luft und der brennbare Stoff müssen in einem bestimmten Mengenverhältnis vorliegen.

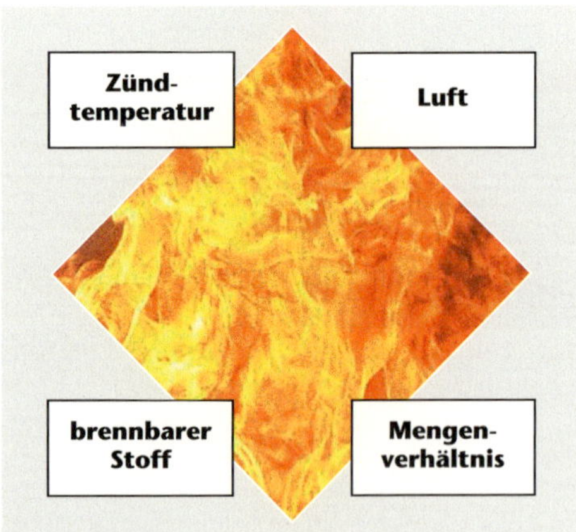

1 Bedingungen für eine Verbrennung

Brandschutzeinrichtungen

Brandschutzeinrichtungen dienen dazu, ein Feuer möglichst schnell zu melden oder seine Ausbreitung zu verhindern, bis die Feuerwehr eintrifft. Zu den Brandschutzeinrichtungen gehören Feuermelder, Feuerlöscher, Wandhydranten und Sprinkleranlagen (▷ B 3).

3 Sprinkleranlage

Möglichkeiten der Brandbekämpfung

Es gibt verschiedene Möglichkeiten, um ein Feuer zu löschen:

1. Entzug des brennbaren Stoffs
2. Unterbrechung der Luftzufuhr
3. Abkühlen unter die Zündtemperatur
4. Verändern des Mengenverhältnisses

2 Löschhubschrauber

Abkühlen unter die Zündtemperatur

Entzug des brennbaren Stoffes

Unterbrechung der Luftzufuhr

Die Meldung eines Brandes

Bei der Meldung eines Brandes oder eines Unfalls sind folgende Angaben wichtig:

1. Wo ist etwas geschehen?
2. Was ist geschehen?
3. Wie viele Personen sind verletzt?
4. Welcher Art sind die Verletzungen?

Chemische Reaktion

Bei einer chemischen Reaktion entstehen Stoffe mit neuen Eigenschaften. Jede Verbrennung ist eine chemische Reaktion, bei der Energie frei wird.

Gefahrstoffe

Gefahrstoffe sind gekennzeichnet durch Gefahrensymbole (▷ B 4, B 5), Kennbuchstaben und Gefahrenbezeichnungen.

4 Leicht entzündlich

5 Explosionsgefährlich

1 Ein Silvesterfeuerwerk

2 Grillen am offenen Feuer

3 Kerzen als Weihnachtsschmuck

Aufgaben

1 In den meisten Fällen entstehen Brände durch die Unachtsamkeit von Menschen. Nenne Ursachen von Bränden und ordne sie.
a) Welche Tätigkeiten können zu Bränden führen?
b) Zu welchen Jahres- oder Tageszeiten entstehen vermehrt Brände?
c) Welche Gegenstände oder Geräte im Haushalt können ein Feuer verursachen?

2 Bei der Jugendfeuerwehr werden Mädchen und Jungen zwischen 12 und 18 Jahren zu Feuerwehrleuten ausgebildet (▷ B 7). Informiere dich, was du bei der Jugendfeuerwehr lernen kannst.

7 Jugendfeuerwehr

3 Brennendes Fett darf nicht mit Wasser gelöscht werden. Wie könntest du ein Feuer in der Pfanne bekämpfen (▷ B 4)? Erkläre die Vorgehensweise mit deinem Wissen über die Brandbekämpfung.

4 Betrachte eine Kerzenflamme genau.
a) In welchem Zustand brennt das Wachs, im festen, im flüssigen oder im gasförmigen Zustand? Überlege, wie du deine Antwort überprüfen kannst.
b) Eine brennende Kerze wird langsam kleiner. Wie kannst du feststellen, ob die Kerze beim Brennen leichter oder schwerer wird? Plane einen Versuch, mit dem du diese Frage klären kannst, und führe ihn durch (▷ B 5).

5 Gibt man ein Streichholz in ein Reagenzglas, das man dann in die Flamme eines Gasbrenners hält, entzündet sich das Streichholz auch ohne direkten Kontakt mit der Brennerflamme (▷ B 6). Erläutere an diesem Beispiel, unter welchen Bedingungen eine Verbrennung stattfindet.

6 Erst melden, dann löschen! Beschreibe, was du der Feuerwehr melden musst, wenn du einen Brand entdeckst.

4 Brennendes Fett in der Pfanne

5 Zu Aufgabe 4

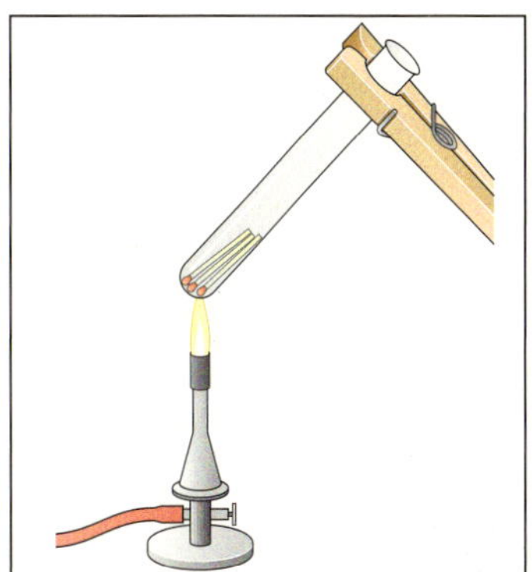

6 Zu Aufgabe 5

Alles nur Luft

Luft umgibt uns nahezu überall. Weil wir sie nicht sehen, nicht riechen und nicht schmecken können, nehmen wir sie kaum wahr.

Ohne Luft könnten Pflanzen, Menschen und Tiere aber nicht überleben. Flugzeuge und Vögel werden von der Luft getragen, Segelboote und Windräder von ihr angetrieben.

Luft kann jedoch auch zerstörerisch wirken: Ein starker Wind oder Sturm hinterlässt oft große Schäden, mit Schadstoffen belastete Luft führt bei vielen Menschen zu gesundheitlichen Problemen.

Was aber ist Luft eigentlich? Woraus besteht sie und welche Eigenschaften hat sie? In diesem Kapitel wirst du Antworten auf diese und weitere Fragen finden.

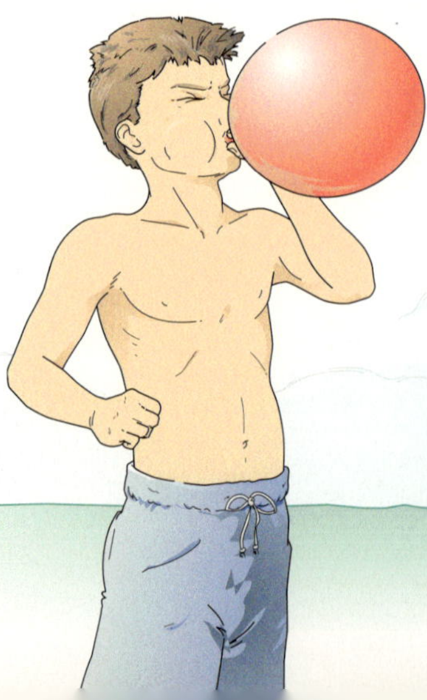

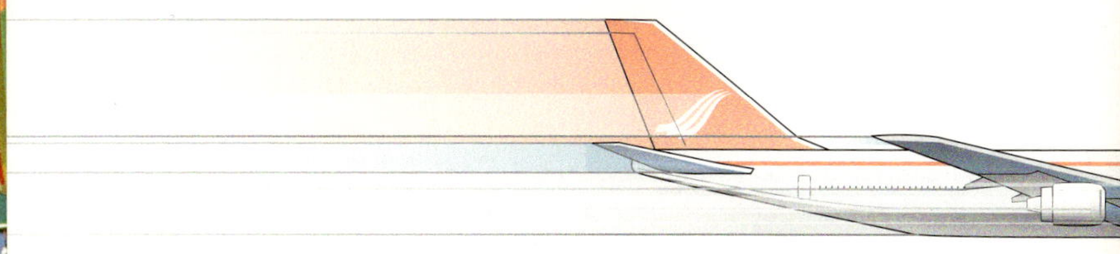

1 Bequemes Polster und Spielgerät zugleich

2 Ein luftgefülltes Kissen schützt vor Verletzungen.

Luft – mehr als nichts

Mario will sich etwas Duschgel aus dem Vorratsbehälter abfüllen. Er hält eine leere Plastikflasche unter einen dicken Strahl der auslaufenden Flüssigkeit (▷ B 3, links). Sein Versuch ist erfolglos – die Flasche bleibt leer. Was hat Mario falsch gemacht?

Mario hat nicht berücksichtigt, dass die Flasche nicht leer, sondern mit Luft gefüllt ist. Die Luft nimmt den gesamten Raum in der Flasche ein. Wenn die Flüssigkeit in die Flasche hinein soll, dann muss Luft aus der Flasche heraus. Weil der dicke Flüssigkeitsstrahl aber die gesamte Flaschenöffnung abdeckt, ist der Luft der Weg nach draußen versperrt.

Im zweiten Anlauf lässt Mario das Duschgel in einem dünnen Strahl aus dem Vorratsbehälter laufen. Wenn er jetzt genau zielt, dann lässt sich die Flasche problemlos befüllen (▷ B 3, rechts): Die Luft kann nun über die verbleibende Öffnung aus der Flasche entweichen.

Luft nimmt einen Raum ein

Wie aber ist die Luft in die „leere" Flasche gelangt?

Die Luft, die uns umgibt, ist ein unsichtbares Gemisch aus verschiedenen Gasen. Gasförmige Stoffe zeichnen sich wie feste Stoffe oder Flüssigkeiten durch gewisse Eigenschaften aus.

Besteht ein Körper aus einem festen Stoff, besitzt er ein bestimmtes Volumen und eine bestimmte Form. Ein Stein in deinem Schuh drückt z. B. beim Laufen, er passt sich der Form deines Fußes nicht an.

Ein flüssiger Körper kann seine Form dagegen verändern. Du kannst Saft entweder in ein hohes schlankes Glas füllen oder in einen Becher – die Flüssigkeit passt sich immer der Form des Gefäßes an. Ihr Volumen bleibt dabei aber gleich.

Gase wiederum füllen gleichmäßig den gesamten Raum aus, der ihnen zur Verfügung steht. Gasförmige Körper haben weder eine feste Form noch ein festes Volumen.

3 Bevor man die Flasche füllen kann, muss die Luft raus.

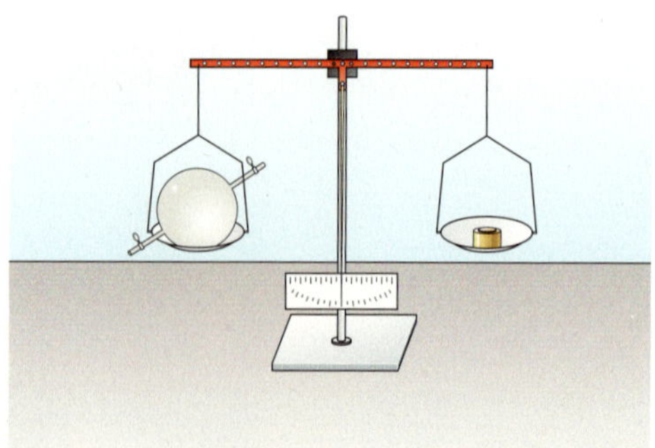

4 Ein luftgefüllter Kolben hat ein Gewicht.

Auch Luft ist ein gasförmiger Körper und füllt den gesamten verfügbaren Raum aus – also auch den Raum in der Flasche.

Luft hat ein Gewicht
Dass du an festen und flüssigen Körpern manchmal „schwer" zu tragen hast, ist für dich eine alltägliche Erfahrung. Aber auch gasförmige Stoffe wie Luft haben ein Gewicht. Mit folgendem Versuch kann man es nachweisen: Eine Glaskugel mit zwei Öffnungen wird auf einer Feinwaage gewogen (▷B4). Nun verschließt man eine der Öffnungen und pumpt über die andere Öffnung möglichst viel Luft heraus. Nach dem Verschließen der zweiten Öffnung wird die Kugel erneut gewogen. Sie ist nun leichter (▷B5).

Luft ist ein unsichtbares Gasgemisch. Sie nimmt einen Raum ein und hat ein Gewicht.

Dem Gewicht der Luft sind wir ständig ausgesetzt. Du weißt bestimmt, dass die Erde von einer Lufthülle – der Atmosphäre – umgeben ist. Ihr Gewicht ist die Ursache für den Luftdruck, der an der Oberfläche der Erde herrscht.

Aufgaben

1 Erkläre, warum sich eine Flasche mit engem Hals besser mit Wasser füllen lässt, wenn der Wasserstrahl nur dünn ist.

2 Eine Autotüre lässt sich leichter schließen, wenn ein Fenster etwas geöffnet ist. Erkläre, warum das so ist.

3 Was versteht man unter dem Luftdruck?

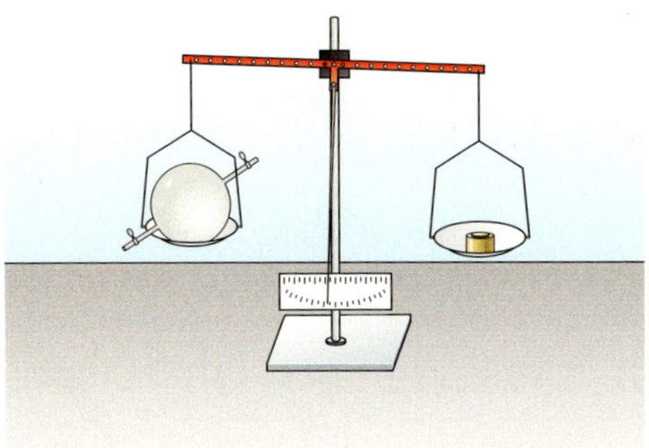

5 Der luftleere Kolben ist leichter als der luftgefüllte.

Werkstatt

Eigenschaften von Luft

1 Luft contra Wasser

Material
Wanne, Becherglas, Papiertuch

Versuchsanleitung
Fülle die Wanne so hoch mit Wasser, dass du das Becherglas vollständig eintauchen kannst.
Stecke ein Papiertuch in das Becherglas. Befestige es eventuell mit einem Klebstreifen. Drehe das Glas um und tauche es mit der Öffnung nach unten in das Wasserbad ein (▷B1). Was kannst du beobachten? Erkläre.

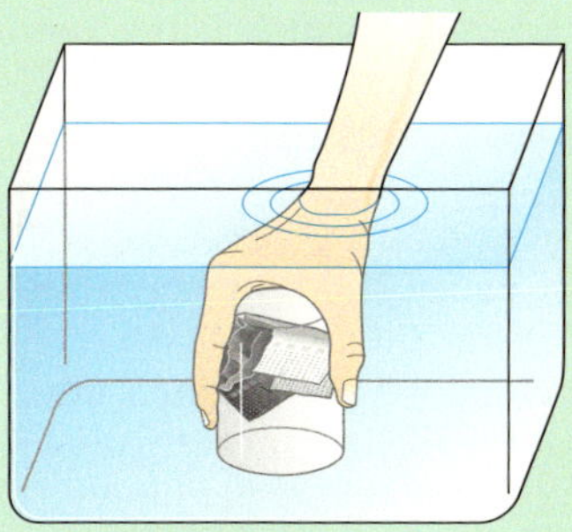

1 Ein Papiertuch unter Wasser

2 Luft nimmt ein Volumen ein

Material
2 Flaschen mit engem Hals, 2 Trichter, Knetmasse, 1 Trinkhalm

Versuchsanleitung
a) Stecke den Trichter in den Hals der Flasche. Dichte den Spalt zwischen Flaschenhals und Trichter mit Knetmasse ab. Fülle nun Wasser in den Trichter. Was passiert? Erkläre deine Beobachtung.

b) Nimm die zweite Flasche und stecke zusätzlich zum Trichter noch den Trinkhalm in den Flaschenhals (▷B3). Dichte die Flaschenöffnung wieder mit Knetmasse ab. Welchen Unterschied zu Versuch a) kannst du beobachten, wenn du nun Wasser in den Trichter füllst? Begründe deine Beobachtung.

3 Zu Versuch 2b

3 Luft hat ein Gewicht

Material
2 Luftballons, 1 dünner Holzstab, Bindfaden, 1 Nadel

Versuchsanleitung
Blase zwei Luftballons zu gleicher Größe auf. Befestige sie mit einem Bindfaden an den Enden des Holzstabes.
Befestige in der Mitte des Stabes einen Bindfaden, an dem du die gesamte Anordnung aufhängen kannst. Verschiebe die Aufhängung nun so lange nach rechts oder links, bis der Stab waagerecht hängt (▷B2). Stich mit der Nadel in einen der beiden Ballons.
Beschreibe, was passiert, und erkläre das Ergebnis.

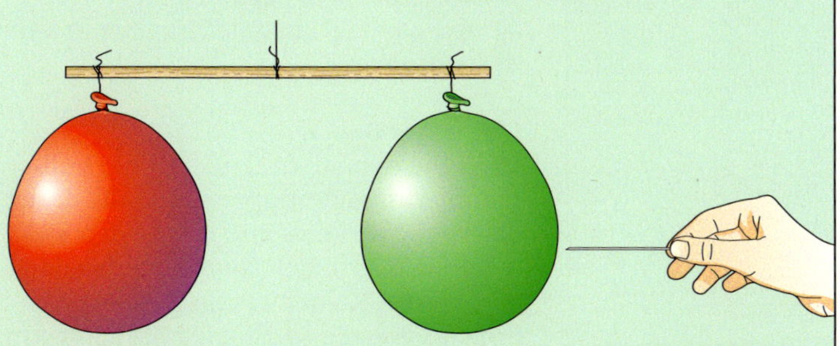

2 Zu Versuch 3

1 Ein Barometer misst den Luftdruck.

2 Beim Aufpumpen erhöht sich der Druck im Reifen.

3 Auch in einem aufgeblasenen Luftballon herrscht erhöhter Druck.

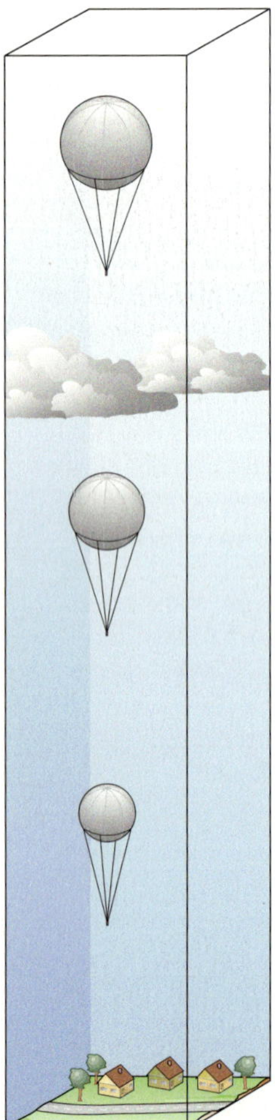

4 Der Luftdruck nimmt mit der Höhe ab.

Was ist Druck?
Die Erde ist von einer Lufthülle, der Atmosphäre, umgeben. Das Gewicht dieser Lufthülle erzeugt den Luftdruck.
Einen Druck erzeugst du auch selbst, wenn du beispielsweise Luft in einen Fahrradreifen pumpst (▷ B 2) oder einen Luftballon aufbläst (▷ B 3).
Was aber versteht man eigentlich unter Druck und wie genau kommt er zustande?

Ein Versuch zeigt dir, wie sich Druck auswirkt. Dazu gibt man einen aufgeblasenen Luftballon in ein mit Wasser gefülltes Gefäß. In die Öffnung des Gefäßes steckt man einen passenden Kolbenprober. Presst man nun den Kolben nach unten, kann man beobachten, dass der Ballon in der Flüssigkeit kleiner wird (▷ B 5). Dabei wird der Luftballon gleichmäßig von allen Seiten zusammengepresst und nicht etwa nur von oben verformt.

Indem man eine Flüssigkeit zusammenpresst, erzeugt man Druck in ihr. In gleicher Weise wird auch in Gasen durch das Zusammenpressen ein Druck erzeugt.

Druck bezeichnet den Zustand eines Gases, das zusammengepresst wird. Der Druck wirkt an allen Stellen innerhalb des Gases gleichmäßig in alle Richtungen.

Luft unter Druck
Versuche einmal, die Luft in einer Luftpumpe zusammenzupressen. Halte dazu das Ventil vorne zu und drücke den Kolben in den Zylinder. Du wirst feststellen, dass du den Kolben bis zur Mitte des Zylinders bewegen kannst. Du hast also den Raum, den die Luft einnimmt, um etwa die Hälfte verringert. Das Gas wird nun auf einen kleineren Raum zusammengedrängt. Dabei nimmt gleichzeitig der Druck zu.

Wenn man ein Gas zusammenpresst, verkleinert man sein Volumen und erhöht den Druck.

Die Lufthülle der Erde
Was du bisher über Gase gelernt hast, kannst du auch auf die Lufthülle unserer Erde anwenden. Die Lufthülle ist ein gasförmiger Körper unter Druck.
Diesen Druck erzeugt die Luft durch ihr Gewicht selbst: Die außen liegenden Schichten pressen die innen liegenden Schichten zusammen – und zwar umso stärker, je näher sie dem Erdboden sind.

Aus diesem Grund wird der Luftdruck immer größer, je näher man dem Erdboden kommt (▷ B 4). Umgekehrt nimmt der Luftdruck mit zunehmender Höhe ab.
Das Gerät, mit dem der Luftdruck gemessen wird, ist das Barometer (▷ B 1).

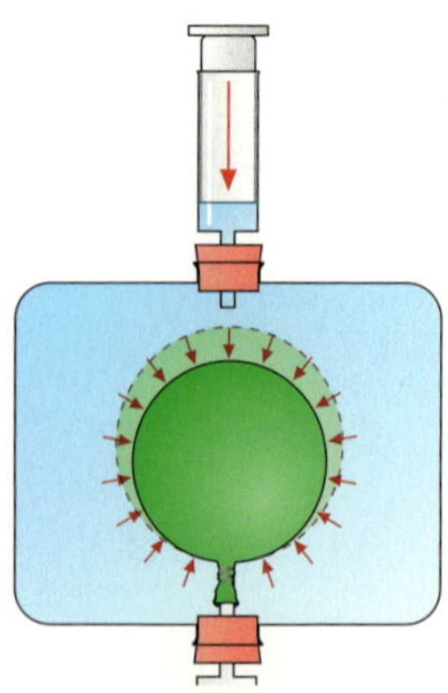

5 Ein Luftballon unter Druck

Otto von Guericke

1 Selbst acht Pferde konnten die Magdeburger Halbkugeln nicht trennen.

Vor mehr als 350 Jahren lebte in Magdeburg der Ratsherr und Physiker Otto von Guericke (1602–1686) (▷ B 3). Er ließ die Bevölkerung an seinen naturwissenschaftlichen Untersuchungen teilhaben und führte in der Öffentlichkeit zum Teil spektakuläre Versuche vor.

Die Magdeburger Halbkugeln

Um die Wirkung des Luftdrucks zu demonstrieren, ließ von Guericke zwei große Halbkugeln aus Kupfer anfertigen. Sie wurden zusammengesetzt und durch einen Lederring abgedichtet. Anschließend wurde die Luft aus der Hohlkugel herausgepumpt.

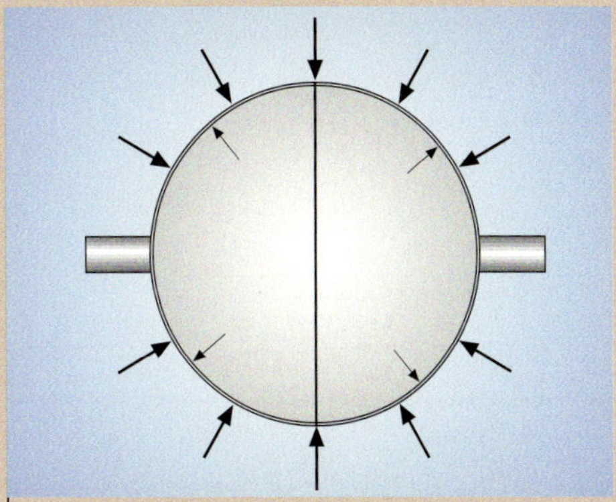

2 Der äußere Luftdruck hält die Hälften zusammen.

Nun ließ von Guericke an den beiden Halbkugeln Zugseile anbringen, an die jeweils vier Pferde angespannt wurden. Die Pferde zogen in entgegengesetzen Richtungen an den Halbkugeln (▷ B 1). Es gelang ihnen aber nicht, die Hälften zu trennen. Erst als der Absperrhahn geöffnet wurde und Luft in die Hohlkugel strömte, fielen die beiden Hälften auseinander.
Diese Vorführung verblüffte die Menschen, sie glaubten an Zauberei.

Die Ursache des Effekts

Tatsächlich ist aber der Luftdruck die Ursache für diesen Effekt: Wenn man die beiden Halbkugeln zusammensetzt, wird in ihrem Inneren Luft eingeschlossen. Der Luftdruck innerhalb der Kugel ist zunächst genauso groß wie der Luftdruck, der außerhalb herrscht.
Durch das Abpumpen der Luft sinkt der Druck in der Kugel ab. Dort herrscht Unterdruck. Aufgrund des Druckunterschieds zwischen dem Inneren und dem Äußeren der Kugel (▷ B 2) werden die Kugelhälften so stark zusammengepresst, dass selbst acht Pferde sie nicht trennen können. Sobald Luft einströmen kann, gleicht sich der Druck in der Kugel dem äußeren Luftdruck wieder an und die Kugelhälften fallen auseinander.

3 Otto von Guericke

Luftkissenfahrzeuge

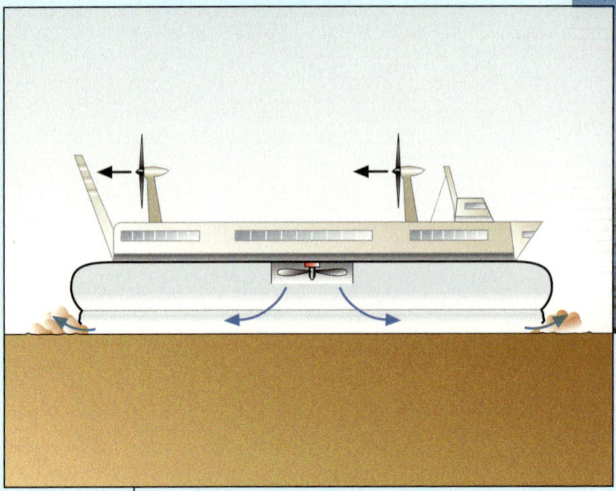

1 Die Erzeugung eines Luftkissens

2 Luftkissenfahrzeuge können sich auf jedem ebenen Untergrund fortbewegen.

Auf dem Wasser und an Land
Das Luftkissenfahrzeug ist ein ungewöhnliches Fahrzeug. Es hat keine Räder wie ein Auto oder Kufen wie ein Schlitten und es schwimmt auch nicht im Wasser. Das Fahrzeug schwebt – etwa zwanzig Zentimeter über dem Boden – auf einem Luftkissen. So kann es sich überall dort fortbewegen, wo der Untergrund relativ eben ist, also z. B. auf Wasserflächen (▷ B 2), Straßen, Wiesen und Mooren.

Du kannst dir sicher denken, welche Vorteile das hat. Ein Luftkissenfahrzeug kann dort eingesetzt werden, wo andere Fahrzeuge Probleme haben, z. B. in sumpfigem oder schwer zugänglichem Gelände oder auf vereistem Boden.

Luft hebt das Fahrzeug hoch
Die Konstruktion dieses Fahrzeugs soll am Beispiel des Luftkissenbootes erklärt werden: Stelle dir vor, du kippst ein riesiges Schlauchboot um. Darauf baust du eine große Fahrgastzelle, in der die Passagiere Platz finden. Auf dem Dach bringst noch große Propeller an (▷ B 1).
Auf dem „umgekippten Schlauchboot" ist ein großes Gebläse angebracht, das durch einen Schlitz im Boden Luft unter das Fahrzeug bläst. Dadurch hebt das Luftkissenboot vom Boden ab. Die Propeller sorgen dafür, dass es sich vorwärts bewegt. Luftkissenboote können in einer Stunde bis zu 100 Kilometer zurücklegen, mehrere hundert Passagiere befördern und auch andere Fahrzeuge transportieren.

Versuch

1 Nimm einen Plastikbecher (z. B. einen Jogurtbecher) und bohre mit einem Nagel oder mit einer Schere ein Loch in den Boden. Das Loch sollte etwa so groß sein wie der Durchmesser des Trinkhalms.
Stecke den Trinkhalm durch das Loch und klebe ihn von innen und außen am Boden fest. Dichte die Öffnung gut mit Knetmasse ab.
Stelle den Becher auf den Tisch und puste von oben Luft hinein (▷ B 3).
Erkläre deine Beobachtung.

3 Der schwebende Becher

Aufgabe

1 Erkläre die Funktionsweise von Luftkissenfahrzeugen. Welche Vorteile haben sie?

Zeitpunkt

Gerettet in einer Luftblase

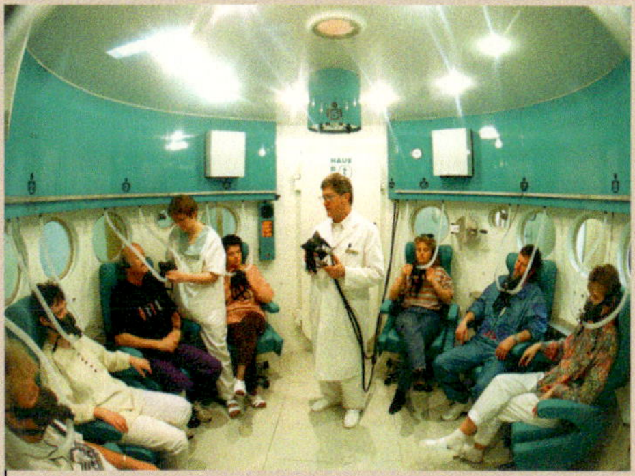

1 Moderne Druckkammer

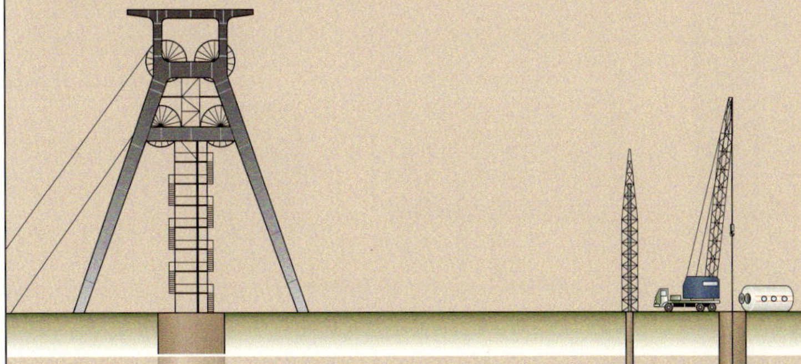

Wassereinbruch in der Erzgrube

Am 24. Oktober 1963 ereignete sich in Lengede, einem kleinen Ort in der Nähe von Braunschweig, ein schweres Unglück in der Erzgrube. Aus einem großen Klärteich floss Wasser in einen 60 Meter tiefen Bergwerksstollen.
In den nächsten 24 Stunden konnten 86 Bergleute gerettet werden. Aber 11 wurden noch vermisst. Zu ihnen konnten die Rettungsmannschaften nicht vordringen, weil das Wasser ihnen den Weg versperrte. Man vermutete die Bergleute in einem ansteigenden Stollen, in dem sich nach den Berechnungen der Ingenieure eine große Luftblase gebildet haben musste.
Die Rettungskräfte vermaßen das Gelände. An der Stelle, an der man die Bergleute vermutete, begann man mit der Bohrung. Dabei gingen die Rettungskräfte sehr vorsichtig vor, denn das Bohrloch musste sofort nach dem Durchbruch in den Stollen oben verschlossen werden. Da die Luft im Stollen durch das Wasser sehr stark zusammengepresst wurde, herrschte dort ein hoher Luftdruck. An der Erdoberfläche war der Luftdruck dagegen viel kleiner.
Hätte man das Loch nicht sofort abgedichtet, wäre die Luft aus dem Stollen entwichen. Dadurch wäre das Wasser angestiegen und die Bergleute wären ertrunken.
Aber – welch eine Erleichterung – die Aktion gelang, die Überlebenden in der Luftblase schlugen gegen den Bohrer.

Durch das schmale Bohrloch konnten die Bergleute nun mit Nahrung und Medikamenten versorgt werden.

Druckkammer über dem Bohrloch

Unter großen Schwierigkeiten wurde nun ein weiteres Loch mit größerem Durchmesser gebohrt. Durch dieses zweite Loch sollten die Bergleute nach oben geholt werden.
Zuvor wurde über dem Bohrloch eine große Druckkammer errichtet. Sie sollte zum einen verhindern, dass die Luft aus dem Stollen entweicht und das Wasser ansteigt. Zum anderen musste man die Bergleute erst wieder langsam an den geringeren Luftdruck an der Erdoberfläche gewöhnen, sie hätten sonst gesundheitlichen Schaden genommen.
Sieben Tage dauerte es noch, bis die Bergleute nach oben geholt werden konnten. In der Druckkammer wurde ein Druck aufgebaut, der genau so groß war wie in der Luftblase im Stollen. Nachdem man die Bergleute mit Rettungsgeräten nach oben geholt hatte, verbrachten sie noch einige Zeit in der Druckkammer. Dort wurde der Luftdruck langsam verringert, bis er genau so groß war wie außerhalb.
Auf diese Weise gelang es schließlich, die 11 Bergleute zu retten.

Die Luft ändert ihr Volumen

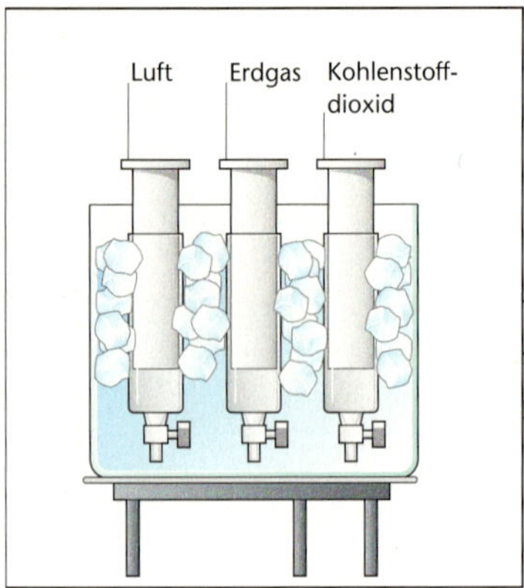

1 Gase ziehen sich beim Abkühlen zusammen.

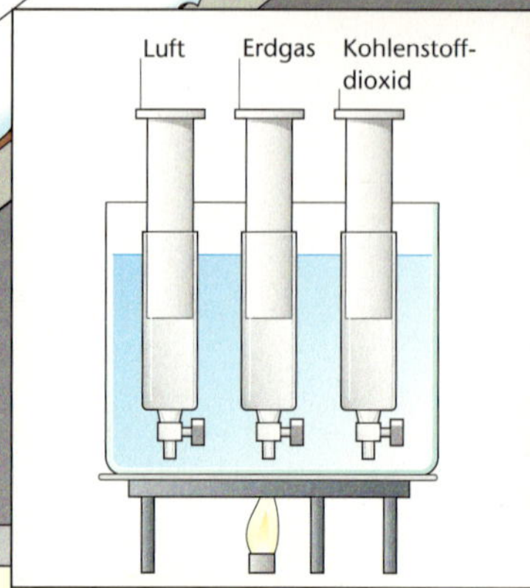

2 Beim Erwärmen dehnen sich Gase aus.

Eine Geburtstagsüberraschung
Nina hat im Januar Geburtstag. Damit alle, die zu ihrer Geburtstagsfeier kommen, das Haus leichter finden, hat sie in der warmen Wohnung bunte Luftballons aufgeblasen und sie dann draußen in der kalten Luft an der Haustüre befestigt. Als die ersten Gäste eintreffen, wundert sich Nina über die Größe ihrer Luftballons: Sie sind alle kleiner als zuvor.
Gase verändern ihr Volumen, wenn man sie erwärmt oder abkühlt. Beim Erwärmen dehnen sie sich aus und beim Abkühlen ziehen sie sich zusammen (▷ B 1; B 2). Dies gilt für alle Gase in gleicher Weise: Sind Ausgangsvolumen und Temperaturänderung gleich, dann ändert sich das Volumen aller Gase gleich stark.

Luft dehnt sich beim Erwärmen aus und zieht sich beim Abkühlen zusammen.

Aufgaben

1 Beschreibe, wie das Gasthermometer funktioniert (▷ B 3).

2 Was passiert, wenn ein erwärmter Glaskolben in Eiswasser eingetaucht wird (▷ B 4)?

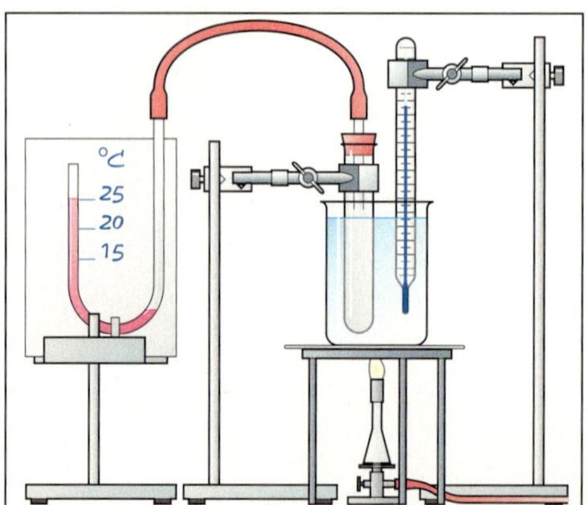

3 Gasthermometer

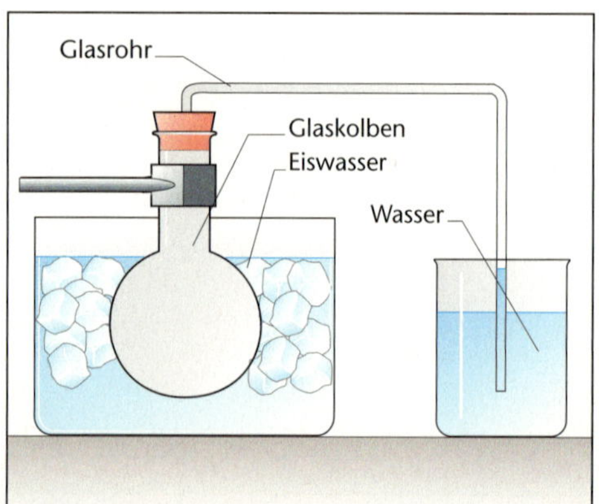

4 Zu Aufgabe 2

Werkstatt

Die Ausdehnung von Luft

1 Zu Versuch 1

1 Ein Luftballon füllt sich selbst

Material
1 Luftballon, 1 gekühlte Glasflasche, Becken mit heißem Wasser

Versuchsanleitung
Spanne den Luftballon über die kalte Glasflasche. Erwärme die Flasche, indem du sie in das heiße Wasserbad stellst (▷ B 1).
Was kannst du beobachten?

2 Die springende Münze

Material
1 gekühlte Glasflasche, 1 Münze

Versuchsanleitung
Befeuchte die Öffnung der gekühlten Flasche mit Wasser und lege das Geldstück darauf. Erwärme die Flasche mit deinen Händen.
Was passiert mit dem Geldstück?

3 Die steigende Wassersäule

Material
1 gekühlter Glaskolben, 1 durchbohrter Stopfen, 1 Glasrohr, Haartrockner

Versuchsanleitung
Fülle den gekühlten Glaskolben bis zur Hälfte mit Wasser. Verschließe ihn mit dem durchbohrten Stopfen. Stecke ein Glasrohr so durch den Stopfen, dass es bis ins Wasser reicht (▷ B 2). Erwärme nun den oberen Teil des Kolbens mit einem Haartrockner.
Beobachte den Flüssigkeitsstand im Glasrohr. Erkläre deine Beobachtung.

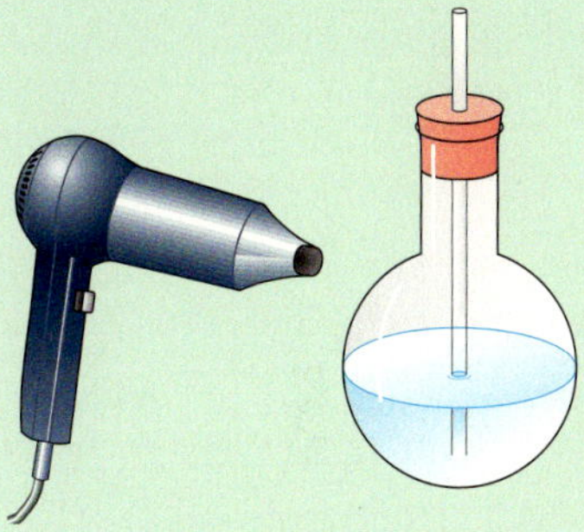

2 Anordnung zu Versuch 3

Zeitpunkt

Ein geheimnisvoller Altar

In der Antike wurden den Göttern Opfer dargebracht, um sie gnädig zu stimmen. Die Menschen hofften, dass ihr Opfer angenommen würde und warteten nach der Gabe auf ein Zeichen der Götter.
Eine Legende erzählt von einem besonderen Altar, bei dem ein solches deutliches Zeichen immer folgte.

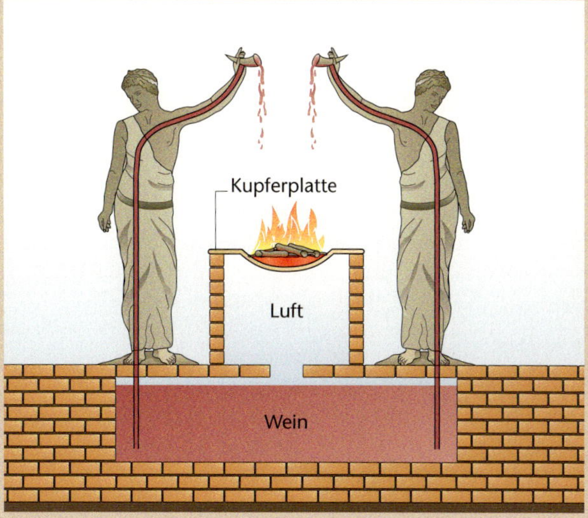

Neben dem Altar waren zwei Figuren aufgestellt, die in ihren erhobenen Händen jeweils ein mit Wein gefülltes Gefäß hielten. Wurde auf dem Altar eine Opfergabe verbrannt, floss der Wein nach einiger Zeit wie von Wunderhand aus den Gefäßen und löschte die Flammen auf dem Altar. Die Menschen betrachteten das als ein gutes Zeichen: Die Götter hatten das Opfer angenommen.
Sieh dir den Altar einmal genauer an. Die Flammen wurden nicht durch den Willen der Götter gelöscht. Vielmehr kannte der Baumeister dieses Altars bereits viele Naturgesetze und wusste sie anzuwenden.
Du findest bestimmt selbst heraus, weshalb der Wein aus den Bechern zu fließen begann.

1 Segelflieger

2 Vorbereitung einer Ballonfahrt

3 Weihnachtspyramide

Warme und kalte Luft
Sicherlich hast du schon einmal beobachtet, dass sich eine Weihnachtspyramide dreht, wenn die Kerzen darunter angezündet werden (▷B 3). Auch die Gardinen bewegen sich über einer warmen Heizung im Winter.
Die Ursache für die Bewegung ist die Erwärmung der Luft. Luft dehnt sich, wie andere Gase auch, bei Erwärmung aus. In einer kühleren Umgebung steigt die warme Luft auf. Dabei versetzt sie die Pyramide in Drehung oder bewegt die Gardine.

4 Warmes Wasser steigt auf

Versuch 1b demonstriert dir dies auf anschauliche Weise. Da sich warme und kalte Luft in mancher Hinsicht ähnlich wie warmes und kaltes Wasser verhalten, wird dieser Versuch mit Wasser durchgeführt.
Eine mit heißem, gefärbtem Wasser gefüllte Flasche wird vorsichtig in ein Becherglas mit kaltem Wasser getaucht. Man kann nun beobachten, wie das gefärbte Wasser nach oben aufsteigt (▷B 4).

Wie alle Gase dehnt sich Luft beim Erwärmen aus und steigt in einer kühleren Umgebung nach oben.

Ballonfahrer, Segelflieger und Vögel
Auch Ballonfahrer nutzen die leichtere warme Luft, um vom Boden abzuheben. Unterhalb der Ballonhülle wird ein Brenner angebracht, der die Luft in der Hülle erwärmt (▷B 2).
Segelflieger suchen Gebiete mit aufsteigender Luft, um sich in weiten Bögen immer höher in die Luft schrauben zu können (▷B 1). Das kannst du an Sommertagen auch bei manchen Vögeln beobachten, die mit weit ausgebreiteten Flügeln durch die Luft gleiten.

Aufgaben

1 Erkläre, warum ein Heißluftballon vom Boden abheben kann.

2 Über Heizkörpern sind Zimmerdecken oft schmutziger als anderswo. Begründe.

Versuch

1 Warme und kalte Luft verhalten sich ähnlich wie warmes und kaltes Wasser. Deshalb werden die folgenden Versuche mit Wasser durchgeführt.

a) Fülle einen Luftballon mit sehr warmem Wasser und einen zweiten mit Eiswasser (Wasser, das mit Eiswürfeln abgekühlt wurde). Achte darauf, dass sich in den Ballons keine Luftblasen befinden. Lege beide Ballons in ein Gefäß mit lauwarmem Wasser. Beobachte und erkläre.

b) Fülle ein großes Gefäß zu drei Vierteln mit kaltem Wasser. Befestige am Hals einer kleinen Flasche eine Schnur, sodass ein Henkel entsteht. Befülle die Flasche bis zum Rand mit heißem, gefärbtem Wasser. Tauche nun die Flasche in das kalte Wasserbad ein. Beschreibe deine Beobachtung und erkläre sie (▷B 4).

Baue einen Heißluftballon

1 Material

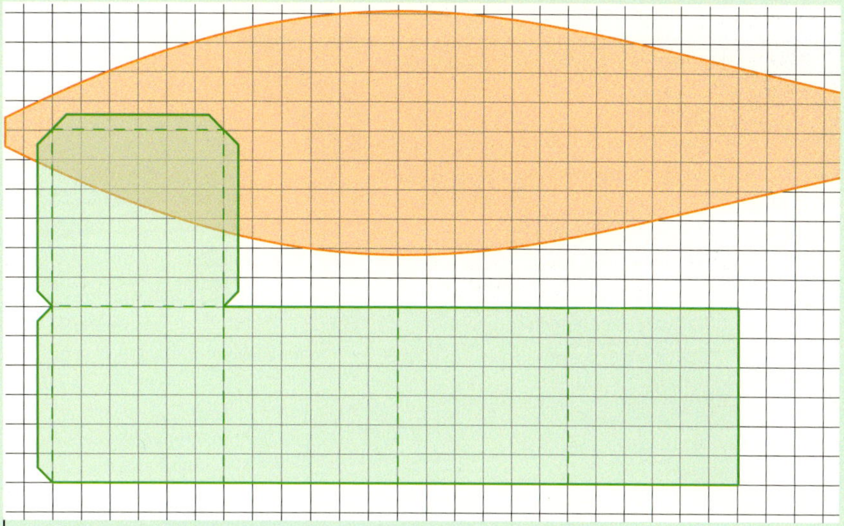

3 Vorlagen für die Bahnen der Ballonhaut (orange) und den Korb (grün)

Material
Farbiges Seidenpapier (ca. 25 Bogen), Tonpapier, Draht, Nadel, Lineal, Stift, Klebstoff, Schere, Packpapier, Faden

Hinweis: Die Grafiken zeigen den Bau eines verkleinerten Ballonmodells, damit du weißt, wie du Schritt für Schritt vorgehen musst.

Versuchsanleitung
Übertrage eine 16fach vergrößerte Kopie der orangefarbenen Form (▷ B 1) auf Packpapier und schneide sie aus.

Klebe je drei Blatt Seidenpapier an den schmalen Seiten zusammen. Lege die Schablone auf das Seidenpapier und zeichne ihre Umrisse

2 Zusammenkleben der Bahnen

nach. Für die Ballonhaut benötigst du insgesamt acht solcher Bahnen. Schneide alle Bahnen aus dem Seidenpapier aus und klebe sie an den Rändern zusammen. Forme aus Draht einen Ring. Achte darauf, dass der Durchmesser des Rings so groß ist wie der Durchmesser der Ballonöffnung (▷ B 4).

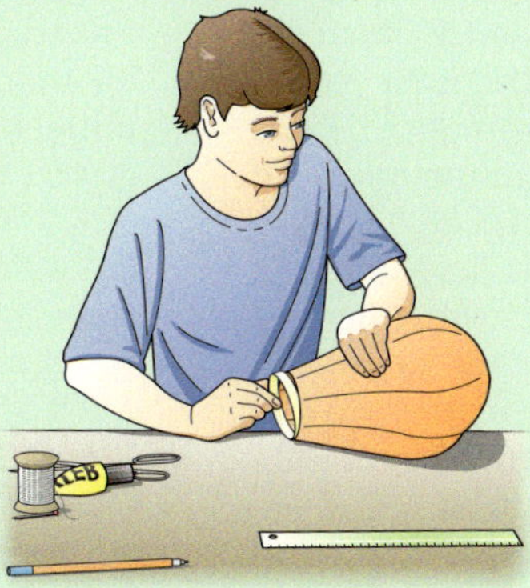

4 Einkleben des Drahtrings

Klebe den Drahtring in die Öffnung des Ballons.

5 Anfertigung des Ballonkorbes

Übertrage eine 10fach vergrößerte Form des Korbes mithilfe der Schablone auf einen Bogen Tonpapier. Schneide die Form entlang der äußeren Kontur aus. Knicke das Papier an den gestrichelten Linien. Bestreiche die Klebeflächen mit Klebstoff und falte das Papier zu einem offenen Würfel (▷ B 5).

Stich oben in die Kanten des Würfels Löcher. Stich außerdem oberhalb des Drahtrings an der Ballonöffnung in gleichen Abständen vier Löcher in die Ballonhaut. Befestige den „Korb" des Ballons mithilfe von Nähgarn an der Hülle.

Dein Ballon ist jetzt fertig. Damit er aufsteigt musst du nur noch mit einem Haartrockner warme Luft in die Ballonöffnung blasen.

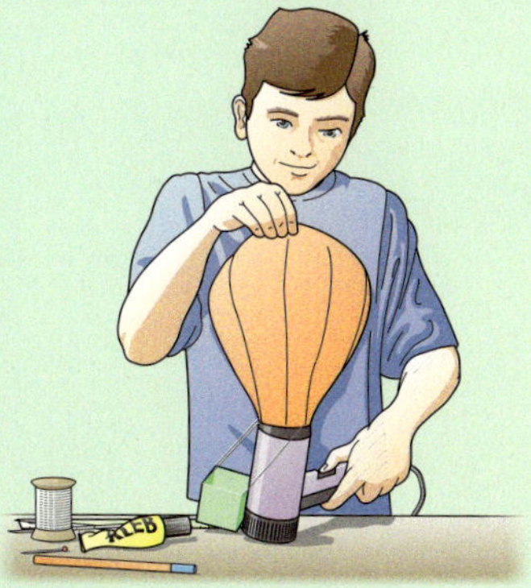

6 Warme Luft lässt den Ballon steigen.

1 Die Erde mit ihrer Lufthülle

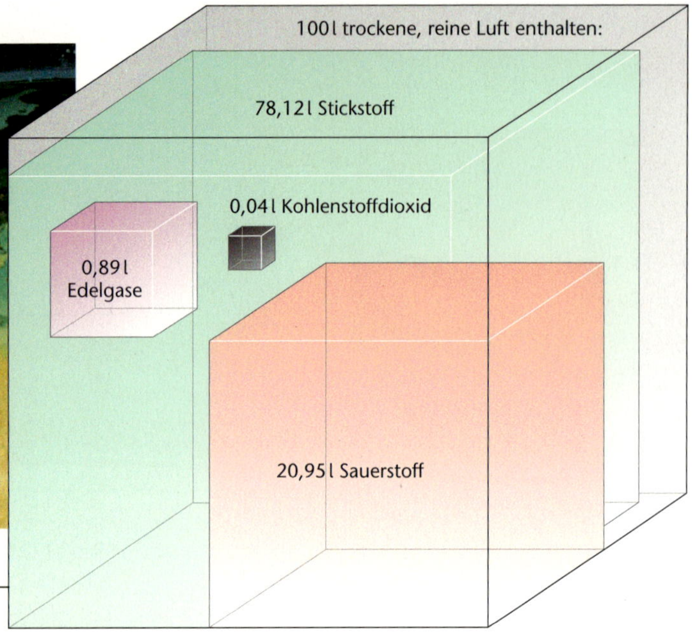

2 Die wichtigsten Bestandteile der Luft

Die Bestandteile der Luft

Stellst du eine brennende Kerze unter einen luftgefüllten Zylinder, wird die Flamme kleiner. Schließlich geht sie ganz aus (▷ B 3). Wiederholst du den Versuch mit dem selben Zylinder, erlischt die Flamme bereits an der Kolbenöffnung.

Für die Verbrennung wird nur ein Teil der Luft benötigt. Das Gas, das an der Verbrennung beteiligt ist, ist der Sauerstoff. Sauerstoff lässt sich durch einen speziellen Versuch nachweisen, die so genannte **Glimmspanprobe**: Hält man einen glimmenden Holzspan in reinen Sauerstoff, flammt der Span sofort auf (▷ B 4).

Das Restgas, das sich nach dem Erlöschen der Kerze noch im Zylinder befindet, fördert die Verbrennung nicht. Es besteht zum größten Teil aus Stickstoff. Die Eigenschaft, dass es Flammen erstickt, gab diesem Gas seinen Namen.

Der Stickstoff ist ein wichtiger Rohstoff für die Industrie. Sie stellt daraus z. B. Düngemittel her, die in der Landwirtschaft eingesetzt werden.

Ein weiterer, aber geringer Teil der Luft besteht aus Kohlenstoffdioxid. Es bildet sich, wenn man Holz, Kohle oder Öl verbrennt. Auch Menschen und Tiere erzeugen beim Atmen Kohlenstoffdioxid.

Dieses Gas lässt sich mithilfe von Kalkwasser nachweisen. Leitet man Kohlenstoffdioxid in Kalkwasser ein, wird die Flüssigkeit trüb.

3 Ein Teelicht erlischt unter einem Becherglas

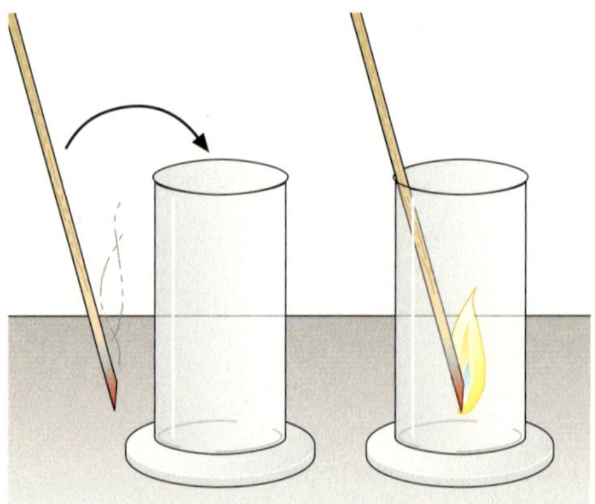

4 In Sauerstoff entflammt ein glimmender Span.

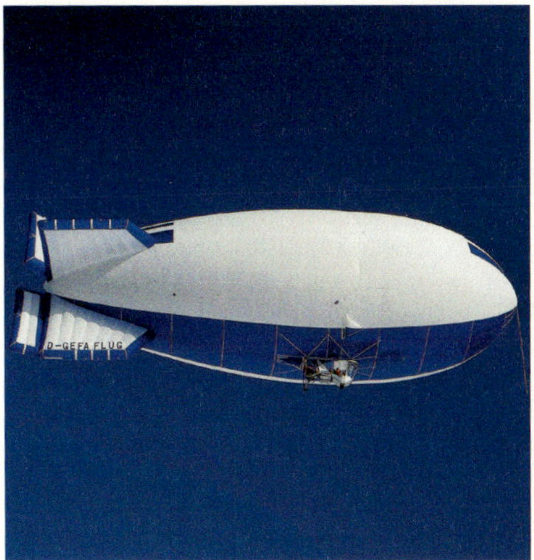

5 Das Luftschiff ist mit Helium gefüllt.

Kaum mehr als 150 Jahre ist es her, dass Wissenschaftler in der Luft weitere Stoffe entdeckten. Es handelt sich um die Edelgase, die nur in sehr geringen Mengen vorhanden sind.
Zu den Edelgasen gehört das Helium. Dieses leichte Gas wird z. B. als Füllgas für Zeppeline verwendet. In Leuchtstoffröhren leuchten die Edelgase Neon und Argon.

Welchen Anteil die verschiedenen Gase an der Luft jeweils haben, zeigt dir Bild 2 nochmals anschaulich.

Luft setzt sich aus den Gasen Stickstoff, Sauerstoff, Kohlenstoffdioxid sowie den Edelgasen zusammen.

6 Edelgase erzeugen unter Einwirkung von elektrischem Strom farbiges Licht.

Werkstatt

Nachweis der Luftbestandteile

1 Sauerstoffnachweis

Material

Schutzbrille, Reagenzglas, Holzspan, Streichhölzer

Versuchsanleitung

Lasse dir von deiner Lehrerin oder deinem Lehrer ein Reagenzglas mit Sauerstoff befüllen.
Entzünde einen Holzspan an einer Streichholzflamme und lasse ihn richtig brennen. Blase die Flamme aus und tauche den glimmenden Span in das Reagenzglas (▷ B 1). Blase den entflammten Span außerhalb des Reagenzglases wieder aus. Wiederhole den Versuch mehrmals.

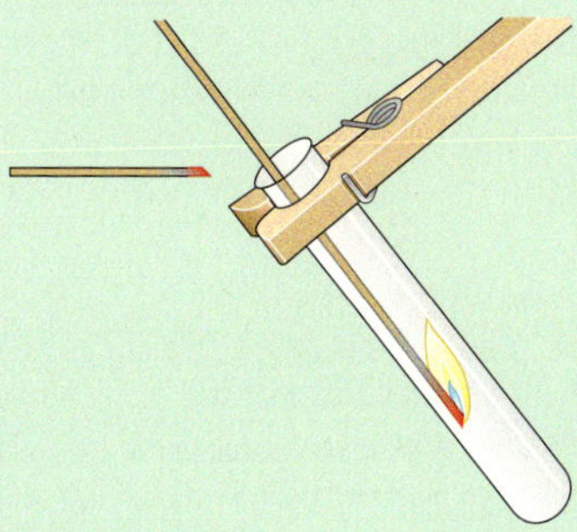

1 Die Glimmspanprobe – der Nachweis für Sauerstoff

2 Eine Münze trockenlegen

Material

1 flacher Teller, 1 Münze, 1 Kerze, Streichhölzer, Trinkglas, Wasser

2 Zu Versuch 2

Versuchsanleitung

Stelle eine brennende Kerze auf einen flachen Teller. Gieße etwas Wasser auf den Teller. Lege eine Münze auf den Rand des Tellers ins Wasser. Stülpe ein Trinkglas über die brennende Kerze. Der Rand des Trinkglases muss im Wasser sein (▷ B 2).

Aufgabe

Beobachte und beschreibe, was geschieht. Überlege, wodurch die Münze trockengelegt wird.

3 Kohlenstoffdioxidnachweis

Material

Schutzbrille, Kalkwasser, Standzylinder, Becherglas, Schlauchstück, Trinkhalm

Versuchsanleitung

a) Fülle den Standzylinder zu einem Drittel mit Kalkwasser. Deine Lehrerin oder dein Lehrer soll nun Kohlenstoffdioxid in das Kalkwasser einleiten.
b) Fülle das Becherglas zur Hälfte mit Kalkwasser. Atme tief ein und halte die Luft einen Moment lang an. Blase die Atemluft langsam und gleichmäßig durch den Trinkhalm in das Kalkwasser (▷ B 3). Vorsicht, du darfst die Flüssigkeit nicht ansaugen!

3 Kalkwasser dient zum Nachweis von Kohlenstoffdioxid.

Aufgabe

Beobachte das Kalkwasser und beschreibe die Veränderung.

Die Bedeutung der Wälder

Ein großer, mächtiger Baum wie in Bild 1 gezeigt ist schön anzusehen. Er ist ein Blickfang in der Landschaft. An einem heißen Tag kann man sich in seinem Schatten ausruhen.

Bäume und Wälder haben aber noch andere wichtige Funktionen. Sie speichern und filtern z. B. das Wasser im Boden und reinigen die Luft von Staub und Schadstoffen.

Eine weitere Funktion der Wälder besteht darin, den für Menschen und Tiere lebenswichtigen **Sauerstoff** zu erzeugen. Dazu brauchen die Bäume **Kohlenstoffdioxid**. Dieses Gas ist in geringen Mengen in der Luft enthalten.

Kohlenstoffdioxid wird z. B. von Menschen und Tieren gebildet und beim Ausatmen an die Luft abgegeben. So entsteht ein Kreislauf, in dem Menschen und Tiere eine ebenso wichtige Rolle spielen wie die Pflanzen. Bild 2 zeigt, wie er funktioniert.

Kohlenstoffdioxid entsteht allerdings auch bei der Verbrennung von z. B. Kohle und Benzin. Ein zu hoher Anteil dieses Gases in der Luft kann dazu führen, dass die Temperatur in der Atmosphäre zunimmt und sich dadurch das Klima auf der Erde verändert. Umgekehrt ist ein gewisser Anteil an Kohlenstoffdioxid in der Luft erforderlich: Würde man seinen Anteil verringern, könnte die Temperatur der Atmosphäre absinken.

Es ist daher sehr wichtig, die Zusammensetzung der Luft im Gleichgewicht zu halten. Die Pflanzen leisten dazu ebenso einen Beitrag wie Menschen und Tiere.

Aufgaben

1 Welche Bedeutung haben die Wälder für uns Menschen?

2 Beschreibe den in Bild 2 dargestellten Kreislauf der Luft mit eigenen Worten.

3 Der Anteil von Kohlenstoffdioxid in der Luft ist sehr gering. In 1000 Litern Luft sind nur 4 Liter Kohlenstoffdioxid enthalten.
Schlage in einem Lexikon nach, warum Kohlenstoffdioxid wichtig ist, aber auch „gefährlich" werden kann. Erstelle einen Steckbrief des Gases.

1 Bäume übernehmen wichtige Funktionen.

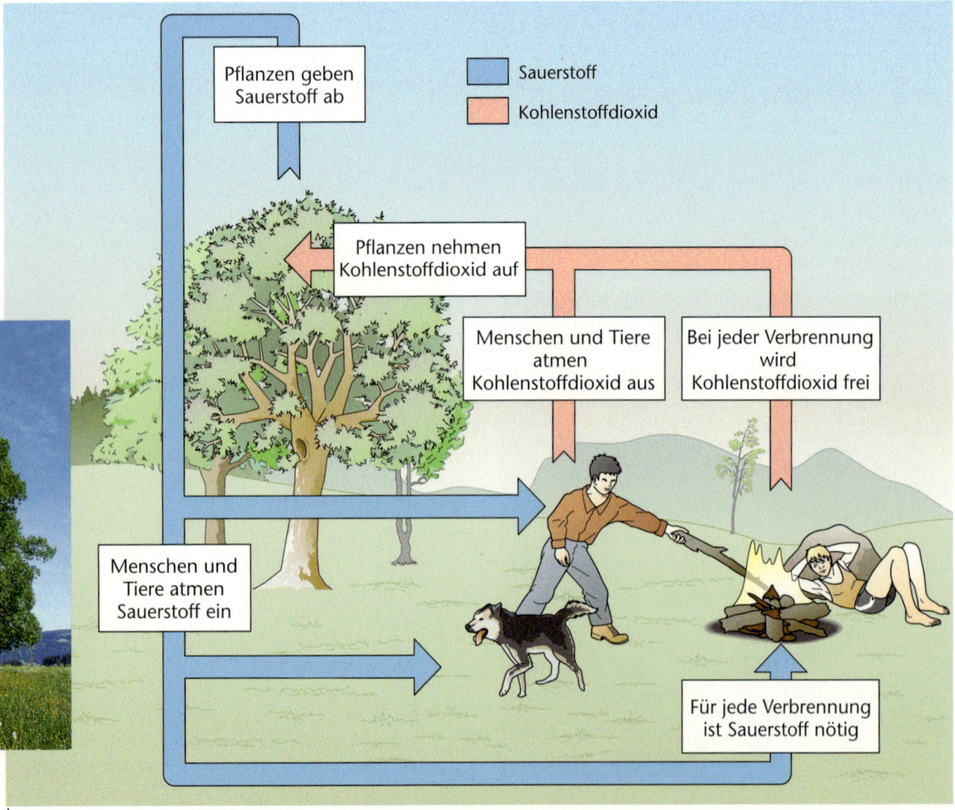

2 Einige Bestandteile der Luft werden ständig verbraucht und wieder neu erzeugt – ein Kreislauf entsteht.

Werkstatt

Stoffproduktion sichtbar gemacht

1 Material zum Versuch

Material

4 Standzylinder, 4 Glaswannen, Wasserpestpflanze, Leitungswasser, kohlenstoffdioxidreiches Mineralwasser, 1 kleine runde Glasscheibe, 1 dunkles Tuch

Versuchsanleitung

Fülle etwa einen halben Liter Leitungswasser in ein Becherglas. Erhitze das Wasser bis es siedet. Schalte die Flamme nach etwa zwei Minuten ab und lasse das Wasser abkühlen. Das abgekochte Leitungswasser ist jetzt nahezu frei von Kohlenstoffdioxid.
Klebe auf jeden Standzylinder ein Etikett und nummeriere die Zylinder von 1 bis 4.

2 Befüllen der Standzylinder

Befülle nun die vier Standzylinder bis zum Rand mit folgenden Flüssigkeiten (▷ B 2):

Standzylinder 1: Leitungswasser
Standzylinder 2: abgekochtes Leitungswasser
Standzylinder 3 und 4: Leitungswasser und Mineralwasser (je zur Hälfte)
Fülle anschließend die Glaswannen 1 bis 4 etwa 5 cm hoch mit den entsprechenden Flüssigkeiten.

Gib in jeden Standzylinder zwei bis drei etwa gleich große Sprosse der Wasserpest. Der abgeschnittene Spross sollte jeweils nach unten zeigen.
Decke Standzylinder 1 mit der Glasscheibe ab. Achte darauf, dass die Öffnung dicht verschlossen ist (▷ B 3).

3 Abdecken der gefüllten Zylinder

Drehe den Standzylinder um und tauche ihn mit der Öffnung nach unten in die gefüllte Glaswanne

Sobald die Öffnung des Standzylinders ganz ins Wasser eintaucht, kannst du die Glasscheibe wegnehmen.

4 Eintauchen des Zylinders

Verfahre in gleicher Weise mit den Standzylindern 2, 3 und 4.

Stelle die vier Versuchsanordnungen an einem sonnigen Platz auf, z. B. an einem Fenster.
Dunkele die Versuchsanordnung 4 ab, indem du sie mit einem dichten schwarzen Tuch abdeckst oder einen Pappzylinder darüber stülpst (▷ B 5).

Aufgabe

Beobachte die Versuchsanordnung einige Tage lang und erstelle ein Protokoll zum Versuch.

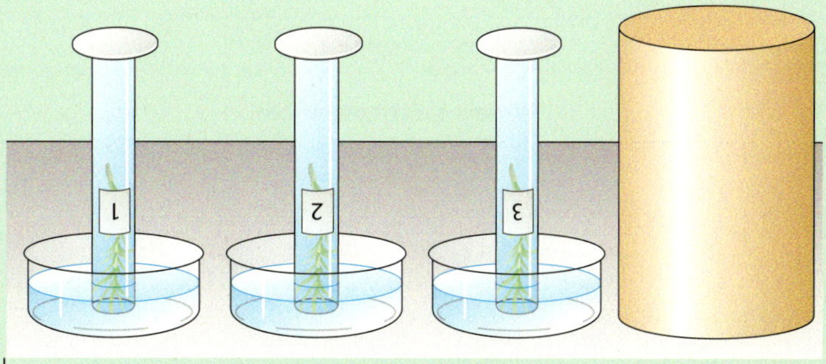

5 Die Versuchsanordnung wird über einen längeren Zeitraum beobachtet.

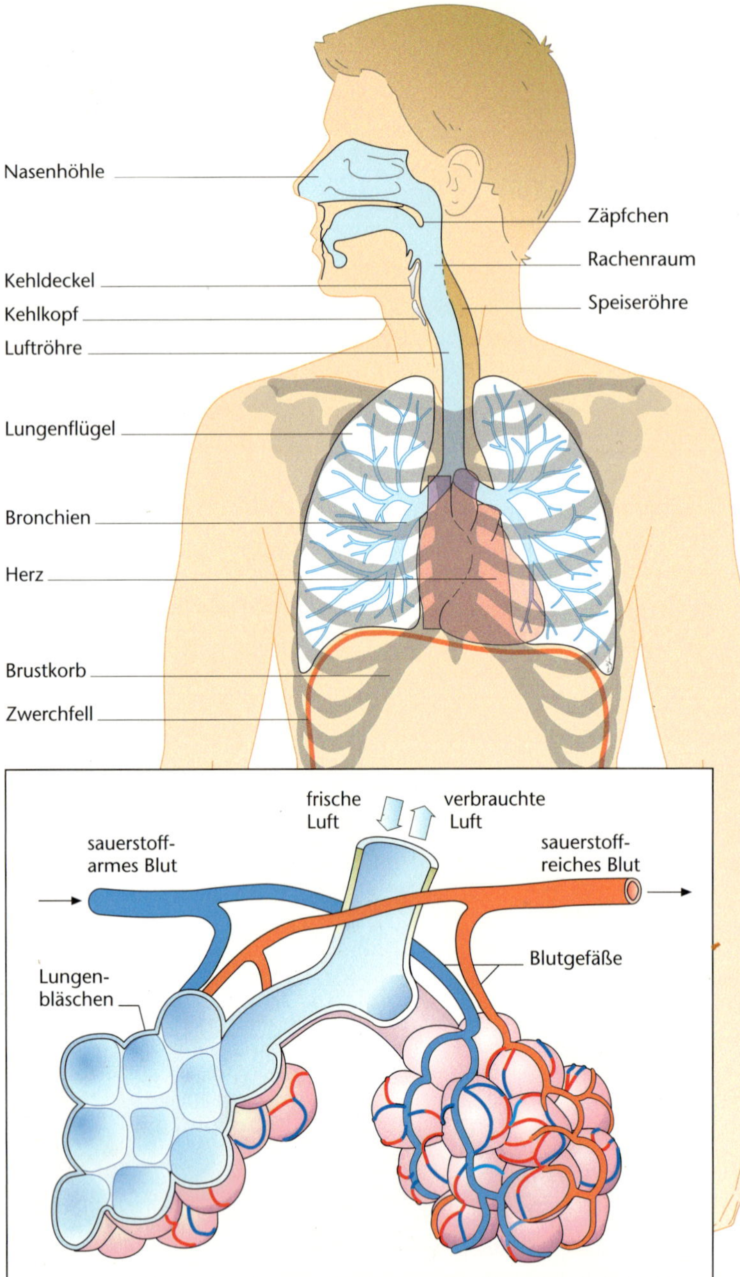

1 Atmungsorgane

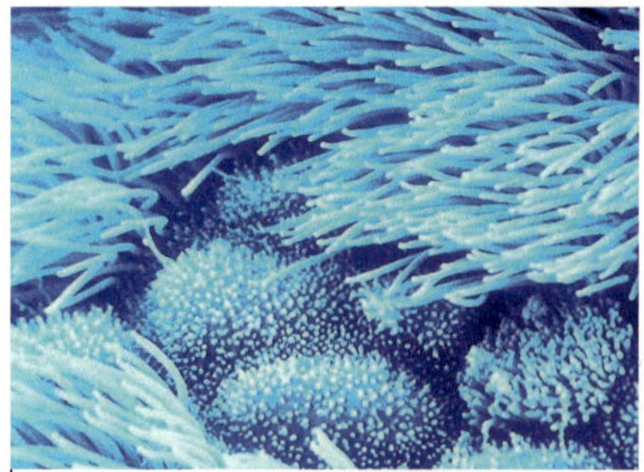

2 Flimmerhärchen

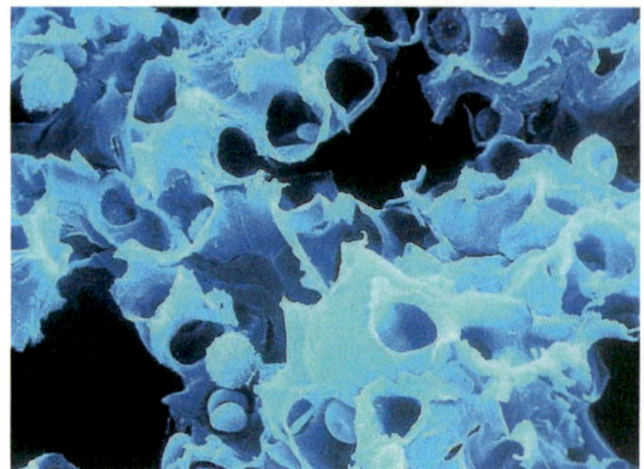

3 Lungenbläschen

Atmen geht von allein

Der Mensch atmet ständig ein und aus, am Tag und in der Nacht, ob er sitzt, läuft oder schläft. Das Atmen geht von allein, ohne dass du daran denken musst. Den Atem kannst du sehen als Hauch in der kalten Winterluft und auf einer Glasscheibe oder auch als Luftblasen, wenn du unter Wasser ausatmest. Den Atem kannst du hören als ruhiges Schnaufen oder als Keuchen, wenn du schnell gerannt bist. Den Atem kannst du spüren, wenn du durch Mund oder Nase auf deine Hand atmest.

Wohin geht dein Atem?

Alle Muskeln und Organe brauchen **Sauerstoff** zum Arbeiten. Der Sauerstoff ist in der Luft enthalten, die wir einatmen. Beim Einatmen strömt Luft durch die Nasenhöhle über den Rachen in die **Luftröhre**. Die Luftröhre gabelt sich an ihrem unteren Ende in zwei Äste, die **Bronchien**, die zu den beiden **Lungenflügeln** führen (▷B 1). Die Schleimhaut in der Nasenhöhle erwärmt und befeuchtet die Luft. Außerdem reinigt sie die Atemluft, indem kleine Staubteilchen an ihr haften bleiben.
Auch die Luftröhre und die Bronchien sind von einer Schleimhaut ausgekleidet. Auf dieser sitzen viele kleine **Flimmerhärchen** (▷B 2), die durch ihre Bewegung Staubteilchen und Krankheitserreger mit dem Schleim nach oben in den Rachen abtransportieren.
Die Bronchien verzweigen sich wie die Äste eines Baumes in immer kleinere Zweige. Die feinsten dieser Verästelungen enden in den **Lungenbläschen** (▷B 1, B 3), von denen sich etwa 500 Millionen in der Lunge befinden. Die Wände der Lungenbläschen sind von feinen Blutgefäßen umgeben.

Der Sauerstoff aus der Luft dringt durch die hauchdünnen Wände der Lungenbläschen in diese Blutgefäße ein. Über das Blut wird der Sauerstoff dann zu allen Muskeln und Organen transportiert.

Die Atemluft wird auf dem Weg zur Lunge erwärmt, befeuchtet und gereinigt. In der Lunge gelangt der Sauerstoff aus der Luft ins Blut.

Außer Atem

Wenn du schnell gelaufen bist, ändert sich deine Atmung. Dein Atem geht schneller, du atmest also häufiger ein und aus, und du atmest tiefer, was du am Heben und Senken des Brustkorbs beobachten kannst.

Bei Anstrengung atmen wir schneller

Beim Laufen brauchen deine Beinmuskeln mehr Sauerstoff als in Ruhe, weil sie dann mehr arbeiten müssen. Damit das Blut mehr Sauerstoff zu den Muskeln transportieren kann, muss es in der Lunge auch mehr davon aufnehmen. Durch die stärkere Atmung wird der Sauerstoff schneller nachgeliefert.
Bei der Arbeit der Muskeln und Organe wird nicht nur Sauerstoff verbraucht, sondern es entsteht auch **Kohlenstoffdioxid**. Dieses wird vom Blut zu den Lungen transportiert und gelangt über die Lungenbläschen in die Atemluft. Beim Ausatmen verlässt es dann den Körper. Es geht also genau den umgekehrten Weg wie der Sauerstoff. Je mehr die Muskeln arbeiten, desto mehr Kohlenstoffdioxid produzieren sie. Auch deshalb musst du beim Sport mehr atmen als in Ruhe.

Tief Luft holen

Bei körperlicher Anstrengung kannst du spüren, wie sich dein Brustkorb hebt und senkt. Dabei heben Zwischenrippenmuskeln den Brustkorb an und dehnen ihn aus. Dadurch strömt Luft in die Lungen. Beim Ausatmen senkt sich der Brustkorb, die Lunge verkleinert sich wieder und die Luft strömt aus ihr heraus. Diese Atmung nennt man **Brustatmung** (▷ B 4).

Ruhig durchatmen

In Ruhe bewegt sich der Brustkorb kaum beim Atmen. Nur der Bauch hebt und senkt sich. Das liegt an der Bewegung des **Zwerchfells** (▷ B 5), einer Muskelschicht, die Brust- und Bauchraum trennt. Bei dieser **Bauchatmung** zieht sich das Zwerchfell nach unten, wodurch sich der Bauch nach vorne wölbt. Außerdem wird dadurch auch die Lunge gedehnt, sodass Luft in sie hineinströmt. Zum Ausatmen hebt sich das Zwerchfell wieder und die Luft wird aus den Lungen herausgedrückt.

Die Atmung dient der Aufnahme von Sauerstoff und der Abgabe von Kohlenstoffdioxid. Man unterscheidet die Brustatmung und die Bauchatmung.

Versuche

1 Das Modell (▷ B 6) veranschaulicht wie die Bauchatmung funktioniert. Die Glasglocke stellt den Brustkorb dar, die Luftballons die Lungenflügel und die Gummihaut das Zwerchfell. Was passiert mit den Luftballons, wenn du das Modellzwerchfell nach unten ziehst? Vergleiche deine Beobachtung mit dem Text zur Bauchatmung.

2 Zähle, wie oft du in einer Minute ein- und ausatmest, wenn du ruhig sitzt. Notiere die Zahl deiner Atemzüge pro Minute. Laufe dann mindestens eine Minute lang. Zähle danach erneut deine Atemzüge pro Minute und notiere diese Zahl. Vergleiche die beiden Werte miteinander. Erkläre den Unterschied.

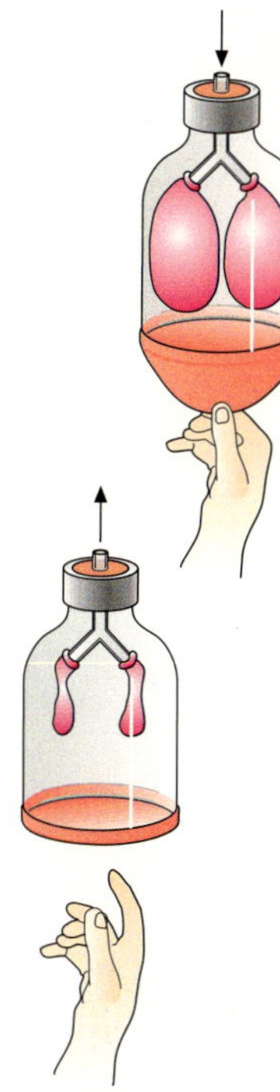

6 Glasglockenexperiment

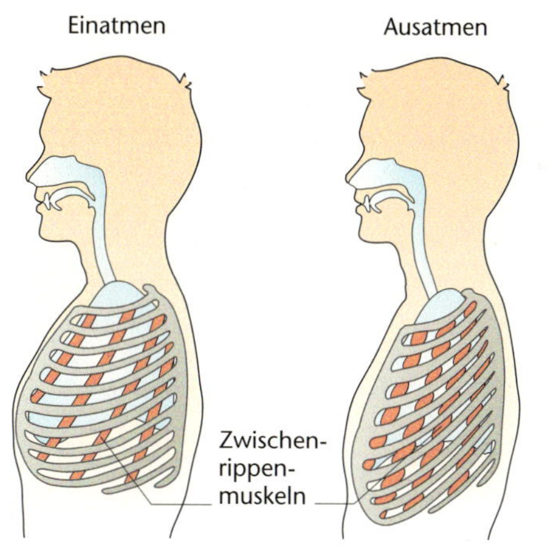

4 Brustatmung

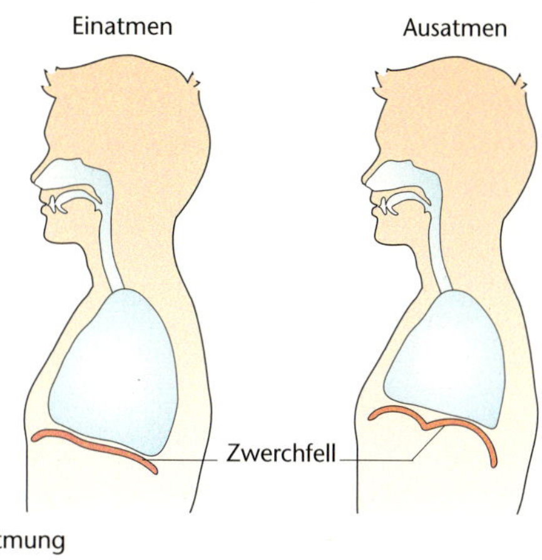

5 Bauchatmung

Die Belastung der Luft

Unsere Atmosphäre besteht nicht aus „reiner“ Luft. Sie enthält z. B. auch große Mengen an Staub- und Rußteilchen sowie Blütenpollen, die durch den Wind verbreitet werden.
Ein Teil dieser Stoffe gelangt durch natürliche Vorgänge wie Vulkanausbrüche oder Staubstürme in die Luft.
Aber auch der Mensch trägt zur Erhöhung der Luftfracht bei: Autos, Industrieanlagen, Kraftwerke und Haushalte erzeugen eine Vielzahl fester und gasförmiger Stoffe, die die Luft belasten (▷ B 2).
Diese Belastung bringt viele Probleme mit sich: Immer mehr Menschen leiden unter einer Reizung oder Erkrankung der Atemwege, das Pflanzenwachstum wird beeinträchtigt und aggressive Stoffe können sogar die Substanz von Gebäuden angreifen (▷ B 1).

1 Verschmutzte Luft kann aggressiv wirken

2 Industrieabgase verunreinigen die Luft.

Smog

Eine Folge der zunehmenden Luftverschmutzung ist die Bildung von Smog. Das Wort Smog setzt sich aus den beiden englischen Wörtern **Sm**oke (= Rauch) und **fog** (= Nebel) zusammen.
Von Smog spricht man, wenn sich am Boden eine große Menge an Abgasen und Schadstoffen ansammelt. Für Menschen mit Herzbeschwerden oder einer Atemwegserkrankung und für Kleinkinder kann diese Form der Luftverschmutzung lebensbedrohend werden. Wie kommt es zur Bildung von Smog?

Wintersmog

In der Regel ist die Luft am Erdboden wärmer als in der Höhe (▷ B 4). Und weil warme Luft in kühlerer Umgebung aufsteigt, transportiert sie die Schadstoffe vom Boden mit in die Höhe.

3 Smog schadet Menschen und Pflanzen.

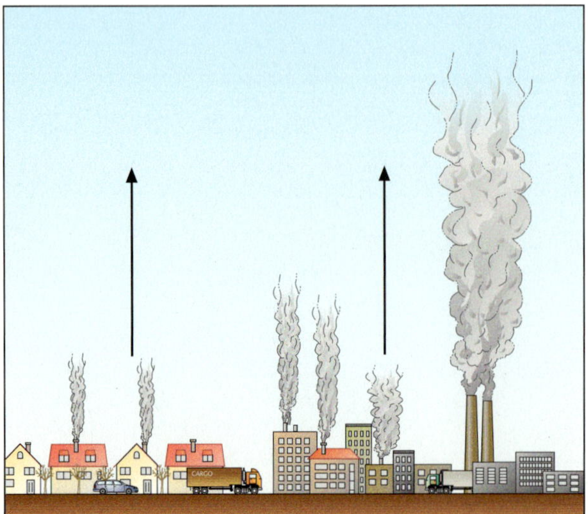

4 Bei normaler Wetterlage werden die Schadstoffe abtransportiert.

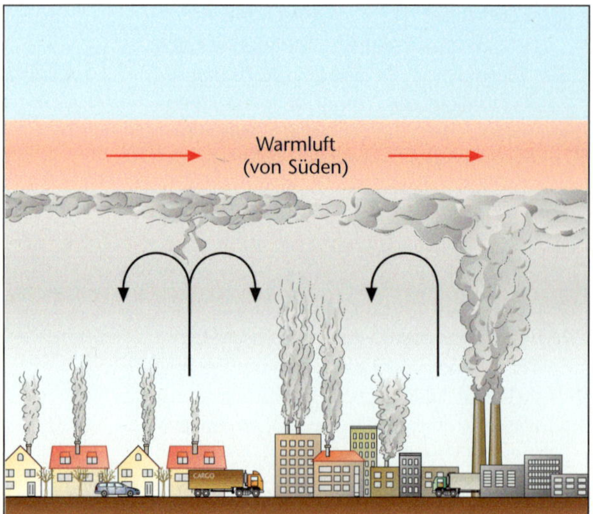

5 Bei „Smog-Wetterlage“ sammeln sich die Schadstoffe am Boden.

6 Dunstglocke über einer Großstadt

Während der kalten Jahreszeit kann es aber vorkommen, dass sich über die kalte Luft am Boden eine wärmere Luftschicht schiebt (▷ B 5). Diese warme Luftschicht wirkt wie ein Deckel. Sie verhindert das Aufsteigen der unteren Luftschicht und hält damit auch die Schadstoffe am Boden zurück – sie können nicht abziehen. Wenn diese besondere Wetterlage mehrere Tage anhält, dann kann die Schadstoffkonzentration gefährlich hohe Werte erreichen. Man spricht dann vom **Wintersmog**.
Im Dezember 1952 war die Smogbelastung in London verheerend groß. Innerhalb von 14 Tagen starben mehr als 4000 Menschen an den Folgen der Luftverschmutzung. Auch bei uns ist Wintersmog schon aufgetreten, allerdings in deutlich geringerer Stärke.

Smogalarm
Um die Menschen zu schützen, wird beim Überschreiten festgelegter Grenzwerte Smogalarm ausgelöst. Je nachdem, wie hoch der Gehalt an Schadstoffen ist, gelten verschiedene Alarmstufen. Damit der Schadstoffgehalt nicht weiter zunimmt, werden z. B. Fahrverbote für Fahrzeuge ausgesprochen und bestimmte Industrieanlagen stillgelegt. Ändert sich dann die Wetterlage, werden die Schadstoffe wieder abtransportiert und die Luft wird besser.

Sommersmog
In Großstädten wie Los Angeles, Mexiko-Stadt, Sao Paulo oder Athen werden die Menschen durch eine andere Form des Smogs belastet. Der starke Verkehr auf den Straßen und das heiße, sonnige Wetter führen zur Entstehung von Sommersmog. Dabei bilden sich unter dem Einfluss der Sonnenstrahlung aus den Autoabgasen giftige Stoffe wie z. B. Ozon.

Sommersmog tritt inzwischen immer häufiger auch in Deutschland auf. Du hast vielleicht auch schon einmal mitbekommen, dass über das Radio oder das Fernsehen eine Ozonwarnung ausgesprochen wurde.
Das Ozon reizt die Atemwege. Die damit verbundenen Beschwerden hängen aber nicht nur vom Ozongehalt, sondern auch von der eingeatmeten Luftmenge ab. Daher sollte man bei einer Ozonwarnung keinen Sport im Freien treiben.

Aufgaben

1 Erkläre die Bedeutung des Begriffs „Smog".

2 Unter welchen Voraussetzungen entsteht Smog?

3 Welche Gefahren für Mensch und Umwelt sind mit dem Smog verbunden?

4 Suche im Internet nach dem Begriff „Smogverordnung". Stelle in einem Referat zusammen, was darin geregelt ist.

Werkstatt

Smog im Glas

Material
2 große Bechergläser, 2 Standzylinder, 2 Räucherkegel, Thermometer, Kochsalz, Eis, Wasser, Streichhölzer

Versuchsanleitung
Fülle die beiden Bechergläser je zur Hälfte, das eine mit heißem Wasser, das andere mit einer Kältemischung aus Kochsalz und Eis. Stelle in jedes Becherglas einen Standzylinder.

Miss nach einigen Minuten die Temperatur der Luft im unteren Bereich des Standzylinders und die Temperatur im oberen Bereich. Notiere die Messwerte. Gib anschließend in beide Standzylinder einen glimmenden Räucherkegel.

Aufgabe
Beobachte, wie sich der Rauch in den beiden Zylindern ausbreitet. Kannst du Unterschiede erkennen? Erkläre deine Beobachtung.

Schlusspunkt

Alles nur Luft

1 Sauerstoffnachweis

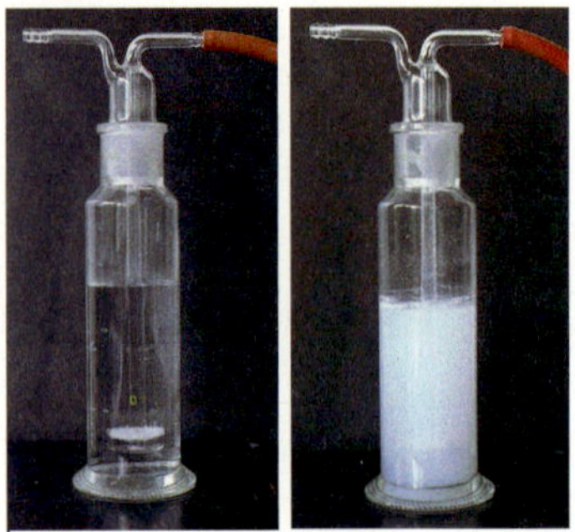

2 Kohlenstoffdioxidnachweis

3 Lampe mit Edelgasfüllung

Luft – ein unsichtbares Stoffgemisch

Luft ist ein Gemisch aus verschiedenen Gasen. Sie enthält Sauerstoff, Stickstoff, Kohlenstoffdioxid und Edelgase. Wie andere Stoffe hat auch die Luft ein Gewicht und nimmt einen Raum ein. Die Erde ist von einer Hülle aus Luft – der Atmosphäre – umgeben.

Der Luftdruck

In einem Gas, das zusammengepresst wird, herrscht ein Druck. Der Luftdruck auf der Erde wird durch das Gewicht der Lufthülle verursacht: Die innen liegenden Schichten der Lufthülle werden von den außen liegenden Schichten zusammengepresst. Aus diesem Grund nimmt der Luftdruck zu, je weiter man sich dem Erdboden nähert.

Verhalten bei Erwärmung und Abkühlung

Wie andere Gase auch verändert Luft ihr Volumen, wenn man sie erwärmt oder abkühlt. Beim Erwärmen dehnt sie sich aus, beim Abkühlen zieht sie sich zusammen.

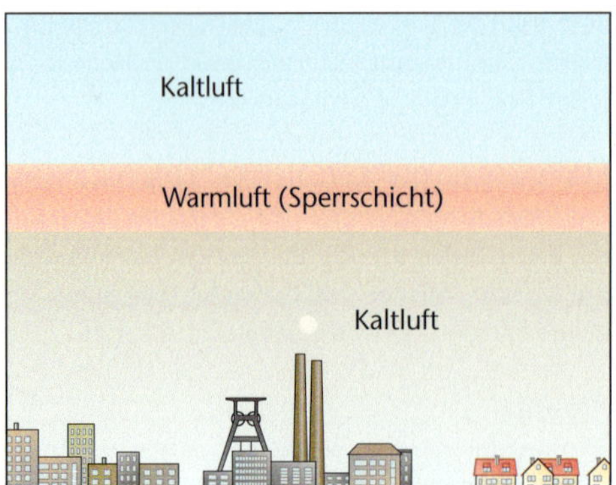

4 Smog belastet die Umwelt und die Gesundheit.

Bewegung durch warme Luft

Warme Luft ist leichter als kalte Luft und steigt auf. Kalte Luft ist schwerer und sinkt zu Boden. Ballons, die mit warmer Luft gefüllt werden, steigen auf. Auch Segelflieger und Vögel nutzen für ihren Flug die aufsteigende warme Luft (▷ B 5).

Der „Kreislauf" der Luft

Menschen und Tiere nehmen beim Einatmen Sauerstoff auf und geben beim Ausatmen Kohlenstoffdioxid ab. Pflanzen benötigen Kohlenstoffdioxid für das Wachstum. Sie wandeln das Kohlenstoffdioxid aus der Luft um und produzieren dabei Sauerstoff.

5 Segelflieger

Atmen heißt leben

Die Atmung dient dazu, den Körper mit lebensnotwendigem Sauerstoff zu versorgen und Kohlenstoffdioxid abzugeben. Der Austausch von Sauerstoff und Kohlenstoffdioxid findet in der Lunge durch die dünnen Wände der Lungenbläschen statt.

Smog – belastete Luft

Die Luft wird durch Schadstoffe, Staub- und Rußteilchen belastet. Industrie, Verkehr und Haushalte gehören zu den Verursachern der Luftverschmutzung. Bei immer mehr Menschen führt dies zu gesundheitlichen Problemen.

6 Tier und Pflanze: wichtig für den Kreislauf der Luft

Aufgaben

1 Unter welcher Bedingung lässt sich eine Flasche unter einem fließenden Wasserstrahl am einfachsten füllen?

2 Wenn du einen Trichter betrachtest (▷ B 1), stellst du fest, dass er an seiner Unterseite drei kleine „Verstrebungen" hat. Aus welchem Grund sind sie angebracht?

1 Zu Aufgabe 2

3 Luft ist ein Gasgemisch. Aus welchen Gasen setzt sie sich zusammen?

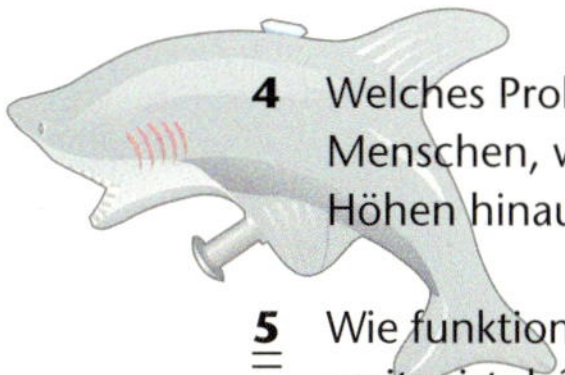

4 Welches Problem haben wir Menschen, wenn wir in große Höhen hinaufsteigen?

5 Wie funktioniert eine Wasserspritzpistole?

6 Wie groß ist der Anteil des für Menschen und Tiere lebensnotwendigen Sauerstoffs in der Luft?

7 Mit welchem Versuch lässt sich Sauerstoff nachweisen?

8 Betrachte die Versuchsanordnung in Bild 3. Welche Kerzen gehen schnell aus, welche brennen weiter?
Begründe deine Antwort.

9 Wenn du sauren Sprudel mit Kalkwasser mischst, trübt sich das Kalkwasser. Was kannst du aus dieser Beobachtung schließen?

10 Beschreibe den Weg der Atemluft, wenn du durch den Mund atmest.

11 Warum wölbt sich bei der Bauchatmung der Bauch vor? Und warum fällt dir das Einatmen schwer, wenn du sehr viel gegessen hast?

12 Nenne einige Beispiele für die Verwendung von Edelgasen.

13 Warum kann man das Kohlenstoffdioxid als einen nützlichen Bestandteil der Luft bezeichnen? Wieso kann man es auch als Schadstoff ansehen?

14 Wie hieß der Ratsherr und Physiker aus Magdeburg, der seine Mitmenschen mit interessanten Experimenten verblüffte?

2 Zu Aufgabe 15

15 Beschreibe, wie sich ein Luftkissenfahrzeug fortbewegt.

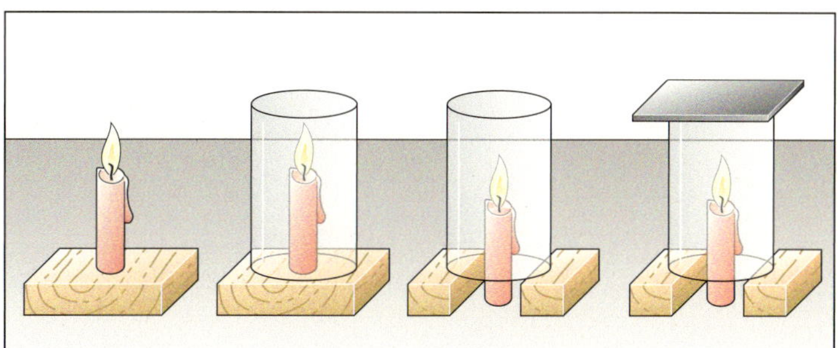

3 Zu Aufgabe 8

4 Zu Aufgabe 18

16 Neben dem Luftkissenboot gibt es weitere Fahrzeuge und Geräte, die auf einem Luftkissen schweben. Informiere dich im Internet, wo diese Technik noch eingesetzt wird.

17 Im Jahr 1963 ereignete sich in Lengede ein schweres Unglück. In eine Erzgrube drang Wasser ein, 97 Bergleute gerieten in Lebensgefahr. Es gelang den Helfern, die Bergleute zu retten. Wodurch haben die Bergleute überlebt?

18 Betrachte das Bild 4. Überlege, wie man das hartgekochte Ei in die Flasche bekommt, ohne es mit der Hand durch die Öffnung zu pressen.

19 Warum kann ein Heißluftballon aufsteigen?

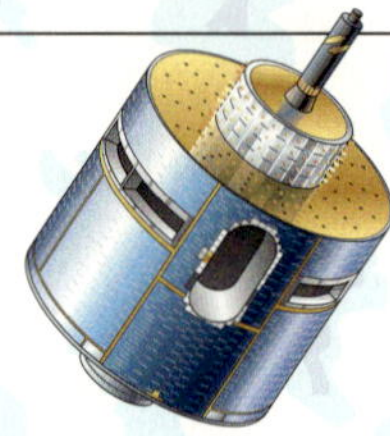

Wetter und Klima

An manchen Tagen ist es warm, an anderen kalt. Mal ist es bewölkt, mal wolkenlos, mal ist es trocken und mal regnet es.

Das Wetter ist unser ständiger Begleiter. Es beeinflusst uns in starkem Maße. Das beginnt schon am Morgen beim Anziehen, es hat Einfluss auf unser Freizeitverhalten.

Was gehört eigentlich zum Wetter? Warum bilden sich Wolken? Warum fallen aus einigen Wolken Niederschläge, aus anderen wieder nicht? Wie wird der Wetterbericht gemacht? Auf diese und andere Fragen wirst du in diesem Kapitel Antworten erhalten.

Und dann gibt es neben dem Wetter noch das Klima. Du hast bestimmt schon gehört, dass von möglichen Klimaveränderungen die Rede ist. Aber was haben wir Menschen damit zu tun und welche Folgen könnte das für uns haben? All das sind spannende und für uns wichtige Fragen.

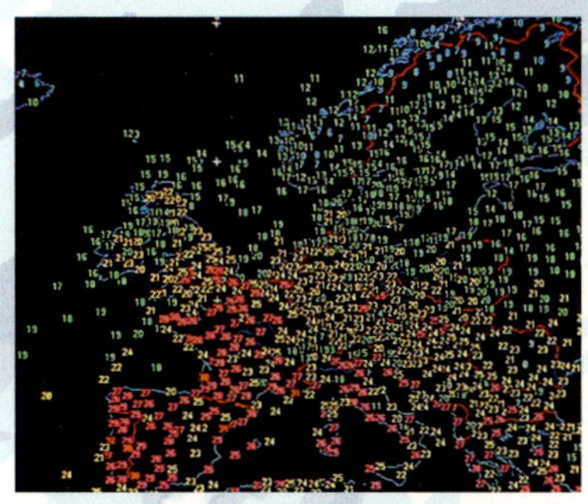

1 So ein Wetter!

Das Wetter – tägliches Gesprächsthema
„Ist das heute ein Wetter!" „Mir geht das Wetter auf die Nerven!" – Bemerkungen wie diese kennst du bestimmt.
Das Wetter hat großen Einfluss auf unser Leben. Wir richten uns danach mit unserer Kleidung, mit dem, was wir in unserer Freizeit unternehmen und wo wir Urlaub machen. Menschen, die im Freien arbeiten, sind besonders vom Wetter abhängig. Landwirte müssen sich z. B. bei der Bestellung der Felder und bei der Ernte sehr stark nach der Wetterlage richten.
Auch unser Wohlbefinden hängt vom Wetter ab. Wenn es im Sommer lange Zeit regnet und kühl ist, sind wir gereizt und schlecht gelaunt. Aber auch große Hitze kann uns zu schaffen machen.

Die Elemente des Wetters
Am Wetter interessiert uns hauptsächlich die Temperatur und ob es regnet. Wenn du dir aber einen Wetterbericht im Fernsehen ansiehst, dann bekommst du Informationen über weitere Bestandteile des Wetters: Da ist vom Wind und von der Bewölkung die Rede, manchmal auch vom Luftdruck und der Luftfeuchtigkeit.
Das Wetter setzt sich wie ein Puzzle aus all diesen Teilen zusammen, die auch als **Wetterelemente** bezeichnet werden (▷ B 2).

Die „Wetterschicht" der Atmosphäre
Die Lufthülle der Erde bezeichnet man als Atmosphäre. Ähnlich wie ein Haus ist auch die Atmosphäre in Stockwerke eingeteilt. Das unterste Stockwerk ist die **Troposphäre**. Sie reicht bis in eine Höhe von etwa zehn Kilometern. In ihr findet das Wettergeschehen statt (▷ B 4). Passagierflugzeuge fliegen in einer Höhe, die am oberen Rand der Wetterschicht liegt. Dort gibt es keine Niederschläge

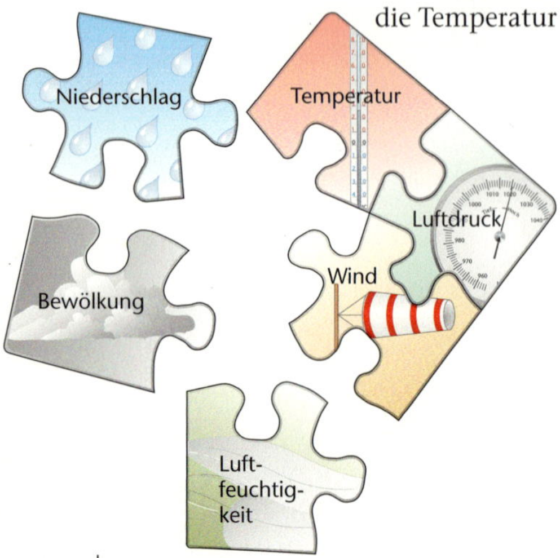

2 Die Elemente des Wetters

3 Das Wetter kann sich an einem Ort innerhalb von einer Stunde ändern.

mehr und die Luft ist klar. Auch Winde erreichen diese Höhen meist nicht, sodass die Flugzeuge dort ruhig in der Luft liegen. Erst bei der Landung kann es „turbulent" werden.

Wetter und Klima
Über das Wetter wurde schon immer gesprochen. Das Klima dagegen ist lange unbeachtet geblieben. Es ist uns erst in den letzten Jahrzehnten ins Bewusstsein gerückt, seit durch den Einfluss der Menschen eine Klimaveränderung droht.

Was ist Wetter?
Unter Wetter versteht man den augenblicklichen Zustand der Troposphäre (▷B 4). Wie ist die Temperatur, regnet oder schneit es? Welcher Luftdruck herrscht, wie hoch ist die Luftfeuchtigkeit? Wie stark weht der Wind, ist der Himmel bewölkt oder klar?
Das Wetter ergibt sich aus dem Zusammenwirken verschiedener Wetterelemente zu einem bestimmten Zeitpunkt an einem bestimmten Ort. Dabei kann es selbst innerhalb einer Stadt in einem Gebiet regnen, während in einem anderen Stadtteil bei wolkenlosem Himmel die Sonne scheint. Das Wetter kann sich sehr schnell ändern (▷B 3).

Wetter ist das momentane Zusammenwirken der Wetterelemente an einem bestimmten Ort.

Was ist Klima?
Auch das Klima wird von den Wetterelementen bestimmt. Allerdings betrachtet man hier die Entwicklung von Temperatur, Niederschlägen usw. über sehr lange Zeiträume in einem großen Gebiet (z. B. Mitteleuropa). Aus den Messwerten berechnen die Meteorologen Durchschnittswerte für die Wetterelemente.

Großräumige Gebiete der Erde, in denen diese Mittelwerte ähnlich sind, bilden eine **Klimazone**. Die verschiedenen Klimazonen ziehen sich wie „Bänder" um die Erde. Deutschland liegt z. B. in der gemäßigten Zone. Und obwohl in Hamburg und München dasselbe Klima herrscht, kann das Wetter in den beiden Städten zur gleichen Zeit vollkommen unterschiedlich sein.

Das Klima ergibt sich aus den langjährigen Durchschnittswerten aller Wetterelemente eines großen Gebietes.

4 Die Wetterschicht der Atmosphäre

Ganz anders als bei uns ist z. B. das Klima im Mittelmeerraum, an den Polen oder am Äquator. Diese Gebiete liegen in anderen Klimazonen. Welche Klimazonen es auf der Nordhalbkugel gibt und über welche Gebiete der Erde sie sich erstrecken, zeigt Bild 5.

Aufgaben

1 Erkläre mit eigenen Worten, was man unter Wetter und was man unter Klima versteht.

2 In welche Klimazonen ist die Erde eingeteilt? In welcher Zone leben wir (▷B 5)?

3 Sieh dir einen Wetterbericht im Fernsehen an. Welche Wetterelemente werden dort angesprochen?

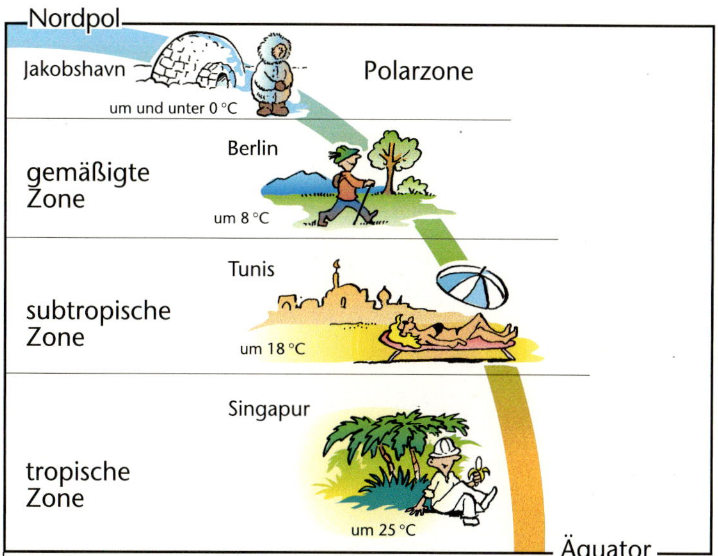

5 Klimazonen auf der Nordhalbkugel

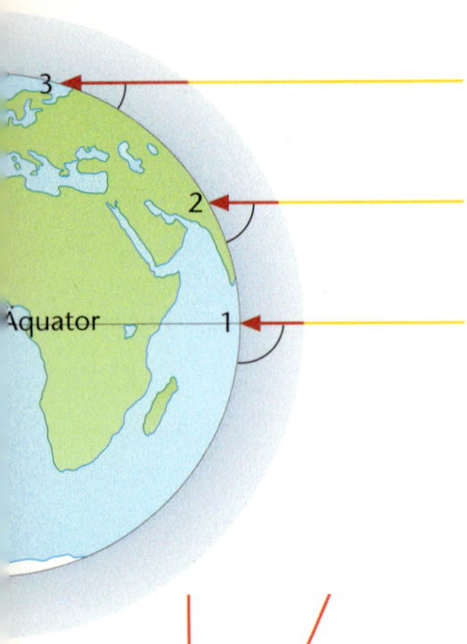

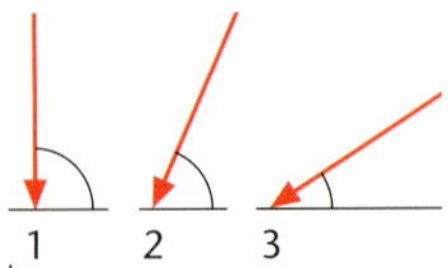

1 Unterschiedliche Weglängen und Einfallswinkel

Die Erde – ein beheizter Lebensraum

Die Sonne ist „Lampe" und „Heizstrahler" für unsere Erde. Sie spendet uns Licht und Wärme. An den Polen und am Äquator sind die Temperaturen zur selben Zeit aber ganz unterschiedlich. Grund dafür ist die Kugelform der Erde: Die Strahlung der Sonne fällt unter verschiedenen Winkeln auf die Erdoberfläche (▷ B 1).
Den Zusammenhang zwischen Einfallswinkel und Erwärmung der bestrahlten Fläche zeigt dir Versuch 1. Je nachdem wie du die Lampe ausrichtest, wird die Pappe mehr oder weniger stark erwärmt (▷ B 3).

Gleiches gilt für die Erdoberfläche: Nahe des Äquators trifft die Sonnenstrahlung steil auf. Dort erwärmt sich die Erdoberfläche stärker als im Bereich der Pole. Das liegt zum einen daran, dass die Sonnenstrahlung durch den steilen Einfall auf eine besonders kleine Fläche konzentriert ist. Zum anderen legt sie hier den kürzesten Weg durch die Atmosphäre zurück (▷ B 1). Je kürzer dieser Weg ist, desto mehr Strahlung erreicht den Erdboden.

Temperaturen im Verlauf eines Jahres

Die Temperaturen sind nicht nur zwischen den Polen und dem Äquator unterschiedlich. Sie ändern sich über das Jahr auch an einem festen Ort. Das liegt daran, dass die Sonne in den verschiedenen Jahreszeiten zur Mittagszeit unterschiedlich hoch am Himmel steht. Damit verändert sich wiederum der Winkel, unter dem die Sonnenstrahlung auf die Erde fällt.
Bild 2 zeigt dir, warum das so ist: Die Erdachse steht schräg und ist deshalb beim Umlauf um die Sonne einmal zur Sonne hin geneigt, einmal weist sie von ihr weg.

Temperaturen im Verlauf eines Tages

Im Lauf von 24 Stunden wechseln sich Tag und Nacht ab. Nur eine Seite der Erde – die „Tagseite" – wird von der Sonne beleuchtet. Die „Nachtseite" liegt im Schatten. Daraus ergeben sich die Temperaturunterschiede zwischen Tag und Nacht.
Auch während des Tages verändern sich die Temperaturen an einem Ort, denn die Sonne steigt erst immer höher und sinkt dann wieder.
Auch Dunst, Nebel oder Wolken verändern die Sonneneinstrahlung. Das merkst du an einem warmen Sommertag, wenn sich eine Wolke vor die Sonne schiebt.

3 Je nach Einfallswinkel werden unterschiedlich große Flächen bestrahlt.

▶ Je mehr Sonnenstrahlung ein Gebiet der Erde erreicht, desto stärker wird dieses Gebiet erwärmt. Entscheidend sind dabei der Einfallswinkel der Strahlung und die Länge ihres Wegs durch die Atmosphäre.

Versuch

1 ▶ Beleuchte schwarze Pappe senkrecht von oben mit einer Lampe. Wiederhole den Versuch mit schräg gerichteter Lampe (▷ B 3). Prüfe mit der Hand, in welchem Fall die Pappe wärmer wird. Kannst du mithilfe deiner Beobachtung die Temperaturunterschiede auf der Erde erklären?

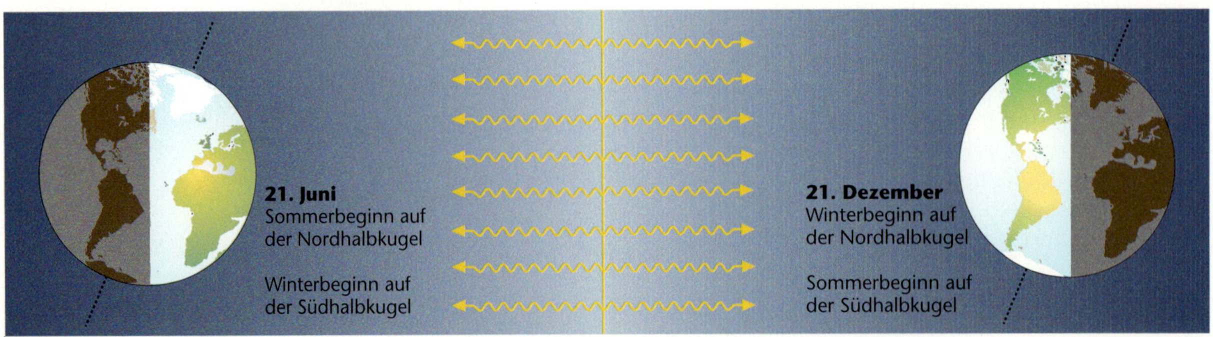

2 Die Erdachse steht schräg.

Werkstatt

Temperaturen messen und berechnen

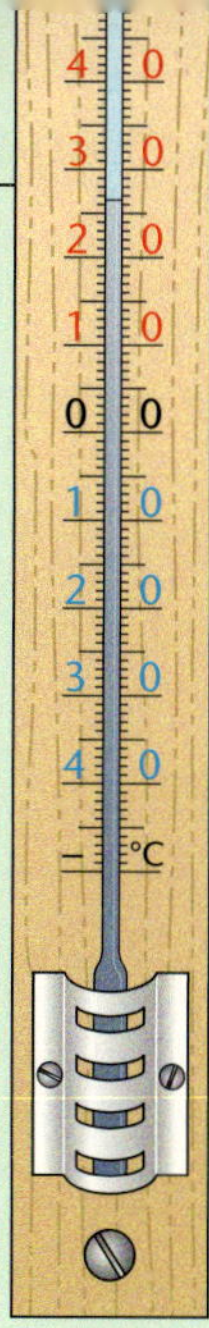

Die Temperatur ist nur eines von mehreren Wetterelementen – allerdings ein sehr wichtiges. Aus dem Verlauf der Temperatur während eines Monats oder Jahres kannst du z. B. ablesen, welche Monate günstig für das Pflanzenwachstum sind. Wie du Temperaturen misst und daraus Monats- und Jahresmittelwerte berechnest, lernst du auf dieser Seite.

Material

Thermometer, Heft, Lineal, Stift

Durchführung

Zeichne in dein Heft eine Tabelle wie in Bild 1 gezeigt. Hänge das Thermometer im Freien an einem schattigen Platz auf. Lies die Temperatur jeden Tag drei Mal ab. Achte darauf, dass du die Temperatur immer zu den gleichen Zeiten misst (z. B. um 7 Uhr, um 14 Uhr und um 21 Uhr). Trage die Messwerte in die Tabelle ein.

Datum	**7 Uhr**	**14 Uhr**	**21 Uhr**	**Tagesmitteltemperatur**
14. Juli	18 °C	24 °C	19 °C	20 °C

1 Gemessene Temperaturwerte

Wie hoch ist die Tagestemperatur am 14. Juli?

Gegeben: $T_1 = 18\,°C$ $T_2 = 24\,°C$ $T_3 = 19\,°C$

Gesucht: T_{mittel}

Lösung: $T_{mittel} = \frac{(T_1 + T_2 + T_3 + T_3)}{4}$

$T_{mittel} = \frac{(18\,°C + 24\,°C + 19\,°C + 19\,°C)}{4}$

$T_{mittel} = 20\,°C$

Die Tagesmitteltemperatur vom 14. Juli beträgt 20 °C.

2 Berechnung der Tagesmitteltemperatur

a) Tagesmitteltemperatur
Um die Temperaturen verschiedener Tage vergleichen zu können, musst du die Tagesmitteltemperatur berechnen. Addiere dazu die Temperaturwerte, die du um 7 Uhr, um 14 Uhr und 21 Uhr gemessen hast. Den Messwert von 21 Uhr musst du doppelt zählen, der zweite Wert dient als Nachttemperaturwert.
Diese Summe durch 4 dividiert ergibt die Tagesmitteltemperatur (▷ B 2). Notiere die Werte in einer Tabelle wie in Bild 3.

Erstelle aus den berechneten Werten ein Diagramm (▷ B 4).

Datum	1.4.	2.4.	3.4.	…
Tagesmitteltemp. in °C	12	14	17	…

3 Tagesmitteltemperaturen

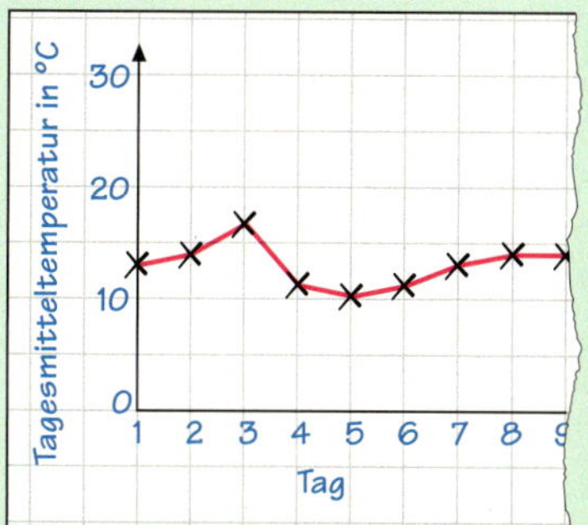

4 Temperaturverlauf eines Monats

b) Monatsmitteltemperatur
Um die Monatsmitteltemperatur zu berechnen, bildest du von allen Tagesmitteltemperaturen eines Monats die Summe. Dividiere diese Summe anschließend durch die Anzahl der Tage.

Wenn du am Ende jeden Monats die berechnete Monatsmitteltemperatur (▷ B 5) deines Wohnorts in ein Temperaturdiagramm einträgst, kannst du erkennen, wie sich die Temperatur im Laufe des Jahres verändert hat (▷ B 6).

Monat	Mai	Juni	Juli	…
Monatsmitteltemp. in °C	14	18	18	…

5 Monatsmitteltemperaturen

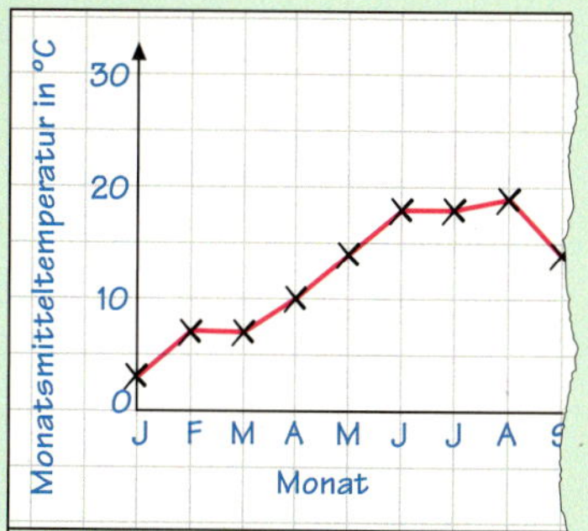

6 Temperaturverlauf eines Jahres

Aufgaben

1. Die Jahresmitteltemperatur berechnet sich ähnlich wie die Monatsmitteltemperatur:
Zähle die durchschnittlichen Temperaturen aller Monate zusammen und teile die Summe durch 12.
Berechne auf diese Weise aus den Werten in Bild 7 die Jahresmitteltemperatur von Rom.

2. Erstelle aus den in Bild 7 angegebenen Werten die Temperaturkurven eines Jahres für Oslo, Rom und Frankfurt/M.
Zeichne das Diagramm wie in Bild 6 vorgegeben.

Monat	J	F	M	A	M	J	J	A	S	O	N	D
Oslo	−5	−4	0	5	11	15	17	16	11	6	1	−2
Frankfurt/M.	0	1	5	9	14	17	19	18	15	9	5	1
Rom	7	8	11	14	18	22	25	24	21	16	12	9

7 Monatsmitteltemperaturen (in °C) verschiedener Städte

1 Die möglichen Folgen starken Regens

Die Luftfeuchtigkeit

An kalten Tagen beschlagen Fensterscheiben manchmal von innen und nach dem Duschen kannst du dich im Badezimmerspiegel meist nicht mehr erkennen.

In der Luft ist Wasser enthalten. Du kannst es in der Regel nicht sehen, weil es gasförmig ist. Das Wasser gelangt z. B. durch die Verdunstung über Seen und Flüssen, aber auch über Wiesen und Feldern in die Luft.

Luft kann Wasser aufnehmen – und zwar umso mehr, je wärmer sie ist. Die Menge an Wasser in der Luft bezeichnet man als Luftfeuchtigkeit. Welche Wassermenge ein Würfel Luft mit einer Kantenlänge von 1 Meter – das sind $1 m^3$ oder 1000 l – bei

Lufttemperatur in °C	Wassermenge in g/m^3
+40	51
+30	30
+20	17
+10	9
0	5
–10	2
–20	1

2 Maximale Wasserdampfmenge in $1 m^3$ Luft

einer bestimmten Temperatur höchstens aufnehmen kann, erfährst du aus der Tabelle in Bild 2. Wenn dieser Wert erreicht ist, dann ist die Luft „gesättigt“.

Wolkenbildung und Niederschläge

Warme Luft kühlt sich beim Aufsteigen ab. Kalte Luft kann aber nicht so viel Wasser speichern wie warme Luft (▷ B 2). Das überschüssige Wasser sammelt sich zunächst in winzigen, schwebenden Tröpfchen. Diese Tröpfchen bilden die Wolken.

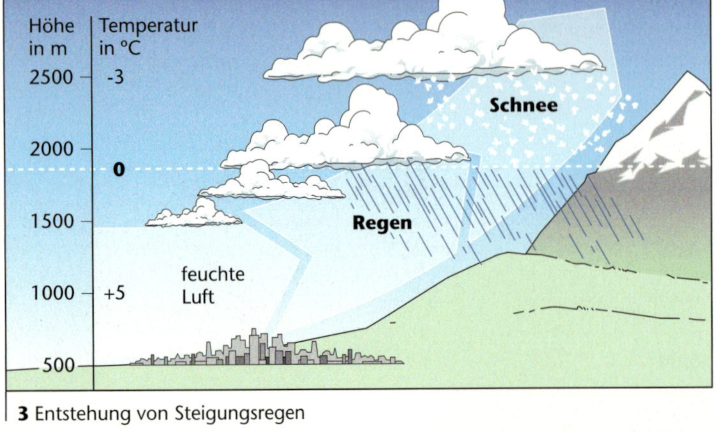

3 Entstehung von Steigungsregen

4 Ein Modell für die Entstehung von Niederschlägen

Das ist ein Vorgang ähnlich dem Beschlagen des kalten Badezimmerspiegels. Die Tröpfchen innerhalb der Wolken können zu größeren Tropfen „zusammenfließen“. Wenn sie zu groß werden, dann können die Tropfen nicht mehr schweben. Sie fallen zur Erde.

Niederschlagsarten

In unseren Breiten ist der Regen die häufigste Niederschlagsart (▷ B 1). Beträgt die Lufttemperatur zwischen Wolken und Erdboden durchgehend weniger als 0 °C, erreichen die Niederschläge die Erdoberfläche in Form von Eiskristallen oder Schnee. Hagelkörner entstehen vor allem in Gewitterwolken. Dort können die Eiskristalle sehr groß werden. Wenn Regentropfen erst in Bodennähe gefrieren, spricht man von Graupelschauer.

Niederschlagsmessung

Wie die Temperatur sind auch die Niederschläge ein wichtiges Wetterelement. Gemessen werden sie mit einem Messzylinder, in dem sich das Wasser sammelt.

Versuche

1 Fülle ein Glas zur Hälfte mit warmem Wasser und ein anderes zur Hälfte mit Eiswürfeln und Wasser. Lasse die Gläser eine halbe Stunde stehen. Beschreibe und erkläre deine Beobachtung.

2 Fülle einen Topf zu einem Drittel mit Wasser. Lege den Deckel auf den Topf und erhitze das Wasser bis es siedet. Hebe den Deckel schräg an (sei vorsichtig und verwende einen Topflappen). Fange das heruntertropfende Wasser in einem Glas auf (▷ B 4). Erkläre den Zusammenhang zwischen dem Versuch und der Verdunstung, der Wolkenbildung und dem Niederschlag auf der Erde.

Am Ende des Tages liest der Meteorologe die Höhe der Wassersäule in Millimetern ab. Um die Niederschlagsmenge eines Monats zu bestimmen, zählt er die Messwerte der einzelnen Tage zusammen. Zeichnerisch werden die Niederschlagswerte in Säulendiagrammen dargestellt (▷B 5).

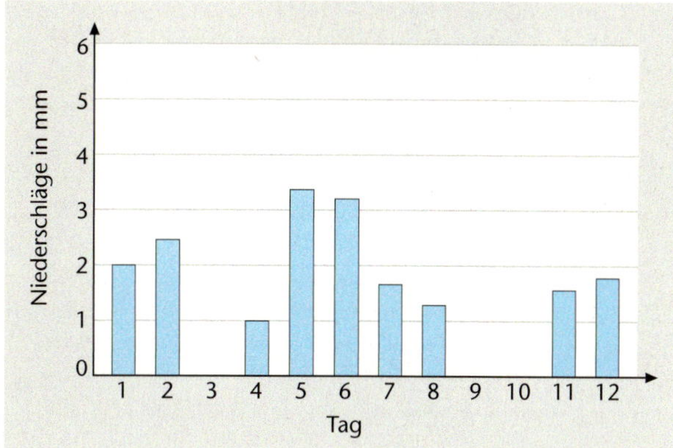

5 Niederschlagsdiagramm von Stuttgart (Tagesniederschläge)

Aufgaben

1 In 1000 Litern Luft (20 °C) sind 10 g Wasser enthalten. Die Luft kühlt sich auf 10 °C ab (▷B 2). Was passiert?

2 Wie entsteht Steigungsregen (▷B 3)?

3 a) Berechne die Jahresniederschläge für die in der Tabelle (▷B 6) angegebenen Stationen. Schlage im Atlas nach, in welcher Klimazone Bilma liegt.
b) Zeichne mithilfe der Tabelle die Niederschlagsdiagramme für beide Städte.

Station	J	F	M	A	M	J	J	A	S	O	N	D
Stuttgart	46	39	38	49	73	92	80	75	64	47	46	38
Bilma (Niger)	1	0	0	0	1	1	3	10	5	2	1	0

6 Monatsniederschläge (in mm) von Stuttgart und Bilma

Werkstatt

Geräte für die Wetterbeobachtung

1 Bau eines Luftfeuchtigkeitsmessers

Material

1 großes Stück Pappe, 1 großer Kiefernzapfen, 1 Trinkhalm, Knetmasse, Stift

Versuchsanleitung

Knicke die Pappe so, dass eine Hälfte als Boden, die andere als Rückwand dient. Stecke den Trinkhalm auf einen der Schuppen des Kiefernzapfens; er dient als Zeiger. Befestige den Zapfen mit Knetmasse auf der Pappe (▷B 1). Zeichne auf der Rückwand eine Skala auf.

Steigt die Luftfeuchtigkeit, schließen sich die Schuppen, nimmt die Luftfeuchtigkeit ab, öffnen sie sich. Mithilfe deines Messgeräts kannst du schon kleine Unterschiede erkennen.

1 Ein Gerät zur Messung der Luftfeuchtigkeit

2 Bau eines Niederschlagsmessers

Material

1 Trinkglas, Millimeterpapier, Klebstoff, Schere

Versuchsanleitung

Voraussetzung für eine genaue Messung ist, dass das Trinkglas eine gerade Wand und einen ebenen Boden besitzt.

Schneide einen etwa 1 cm breiten Streifen aus dem Millimeterpapier und ziehe alle 5 Millimeter einen Strich; damit erleichterst du dir später das Ablesen der Werte.
Klebe den Streifen so auf das Glas, dass sich der Nullpunkt der Skala am Boden des Glases befindet.

Stelle deinen Niederschlagsmesser im Freien auf und lies jeden Tag die Niederschlagsmenge ab. Halte dazu das Glas auf Augenhöhe.
Trage die Messwerte in eine Tabelle ein und erstelle ein Säulendiagramm aus den Werten.

2 Ein Niederschlagsmesser – einfach selbst gebaut

Ein Diagramm erstellen und deuten

Diagramme
Diagramme sind ein wichtiges Hilfsmittel um Daten, wie z. B. Messwerte, in eine übersichtliche Form zu bringen.
Durch die grafische Darstellung werden viele Zusammenhänge deutlich, die beim Betrachten der reinen Zahlenwerte nur schwer zu erkennen wären. Am Beispiel des Klimadiagramms wirst du erfahren, wie ein Diagramm erstellt wird und wie man Informationen daraus abliest.

Das Klimadiagramm
Klimadiagramme enthalten Informationen über die Temperaturen und die Niederschläge an einem Ort. Aus diesen beiden Wetterelementen lassen sich z. B. Rückschlüsse auf die Wachstumsbedingungen für Pflanzen ziehen.

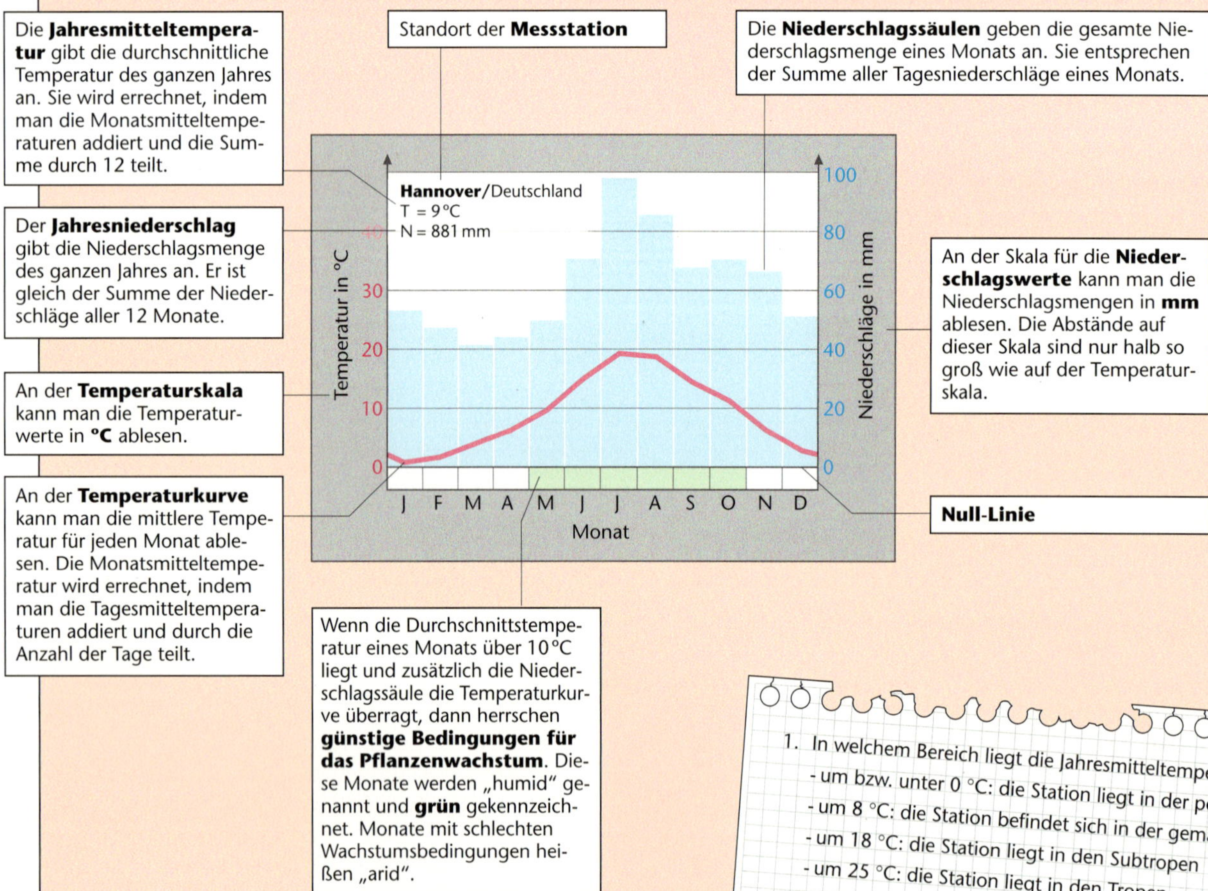

Das Klimadiagramm richtig lesen und deuten
Ein Klimadiagramm kann dir viele Informationen liefern. Die Fragen und Hinweise in Bild 1 helfen dir, Klimadiagramme auszuwerten.

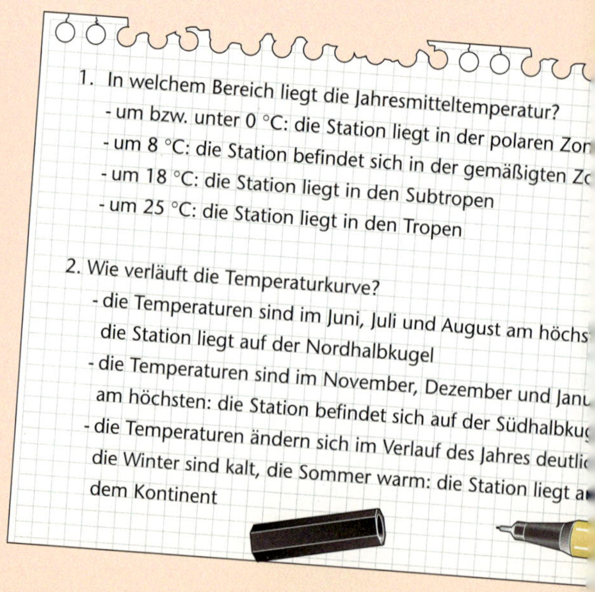

1 Informationen zur Deutung eines Klimadiagramms

Klimadiagramme zeichnen

Wenn du ein Klimadiagramm zeichnen willst, dann gehe in den folgenden Schritten vor.
Tipp: Verwende ein kariertes Blatt oder Millimeterpapier. (Die Angaben im Beispiel beziehen sich auf die Werte der Tabelle in Bild 2.)

Monat	J	F	M	A	M	J	J	A	S	O	N	D
Monatsmitteltemperatur in °C	2	3	6	9	14	16	18	18	14	10	6	4
Niederschlag in mm	43	52	46	44	76	84	83	64	47	41	72	107

2 Klimawerte von Stuttgart

A. Festlegen des Rahmens

Die Breite des Diagramms ist durch die 12 Monate des Jahres vorgegeben (▷ B 3). Wenn du für jeden Monat ein Kästchen vorsiehst, dann wird das Diagramm 12 cm breit.

Die Temperaturskala an der linken Seite richtet sich nach der höchsten und der tiefsten Temperatur des Jahres. In unserem Beispiel reicht sie von +2 °C bis +18 °C. Nach oben und unten solltest du immer etwas Platz lassen.

Die Niederschlagsskala auf der rechten Seite richtet sich nach dem größten Niederschlagswert. In unserem Beispiel beträgt er 84 mm. Auch hier sollte nach oben hin etwas Platz bleiben.

Die Linie, die einen Niederschlag von 0 mm anzeigt, liegt auf der Höhe der Temperatur 0 °C. Wichtig ist, dass du die Abstände auf der Niederschlagsskala nur halb so groß wie auf der Temperaturskala wählst. Auf der Höhe von 10 °C liegt also der Niederschlagswert 20 mm, auf der Höhe von 30 °C der Wert 60 mm. Nur wenn du diese Einteilung wählst, kannst du das Diagramm später auch richtig auswerten. Damit die Skala bei großen Niederschlagswerten nicht zu hoch wird, verkürzt man sie. Oberhalb einer Niederschlagsmenge von 100 mm ist die Skala nicht mehr in 20-mm-, sondern in 100-mm-Schritte eingeteilt.

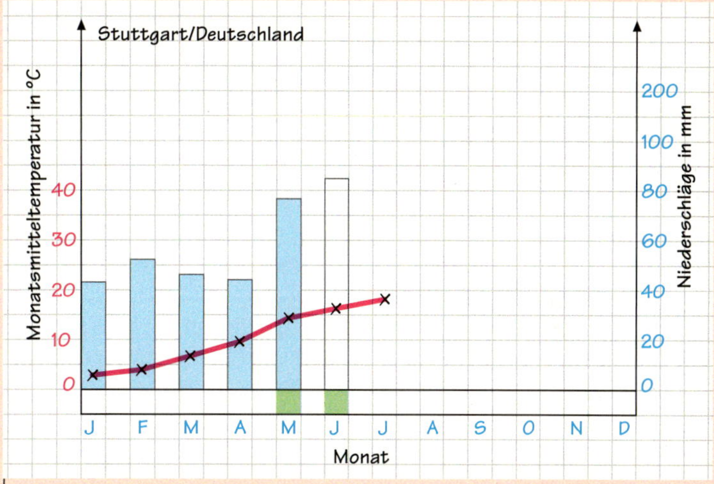

3 Ein Klimadiagramm entsteht.

B. Temperaturkurve zeichnen

Trage den Temperaturwert für einen Monat in das Diagramm ein, indem du auf der Höhe des entsprechenden Wertes auf der Temperaturskala ein Kreuz einzeichnest (▷ B 3). Verbinde die Kreuze für die verschiedenen Monate anschließend durch eine rote Linie.

C. Niederschlagssäulen zeichnen

Den Niederschlagswert eines Monats markierst du durch einen kleinen Strich auf der Höhe des Wertes auf der Niederschlagsskala. Zeichne nun eine schmale Säule von der Null-Linie bis zu diesem Strich und male sie blau aus.

D. Bestimmung der humiden Monate

In den Monaten, in denen die Durchschnittstemperatur über 10 °C liegt und die Niederschlagssäule die Temperaturkurve überragt, herrschen gute Bedingungen für das Pflanzenwachstum. Diese Monate werden durch ein grünes „Kästchen" gekennzeichnet. Man bezeichnet sie als humide Monate (▷ B 3).

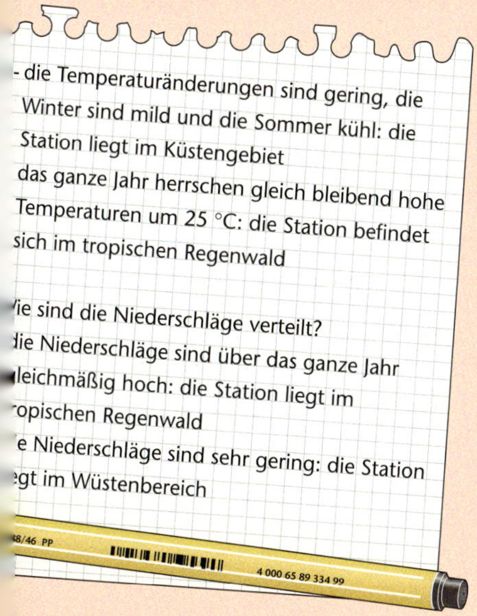

1 Der Luftdruck sinkt mit steigender Höhe.

2 Das Gewicht von einem Liter Luft entspricht dem eines 1,3-Gramm-Wägestücks.

Luft – ein unsichtbarer Stoff

Die Erde ist von einer Lufthülle umgeben, der Atmosphäre. Sie reicht bis in eine Höhe von 400 Kilometern.
Luft selbst können wir nicht sehen. Aber wir können die Auswirkungen von Luftbewegungen sehen: Ein schwacher Luftzug wirbelt Blätter umher, stürmische Luftbewegungen können Bäume entwurzeln oder Dächer abdecken.

Luft hat ein Gewicht

Jeder Körper auf der Erde hat ein Gewicht. Das gilt auch für Luft. Mithilfe einer Balkenwaage lässt sich zeigen, dass 1 Liter Luft 1,3 g wiegt.

Aufgrund des Gewichts der Luft werden die tiefer liegenden Luftschichten der Atmosphäre von den höher liegenden zusammengepresst. Dadurch entsteht der Luftdruck. Es wird auch verständlich, warum der Luftdruck kleiner wird, wenn man z. B. auf einen Berg steigt. Die Luftschicht, die den Druck erzeugt, wird mit zunehmender Höhe immer schmäler (▷ B 3).

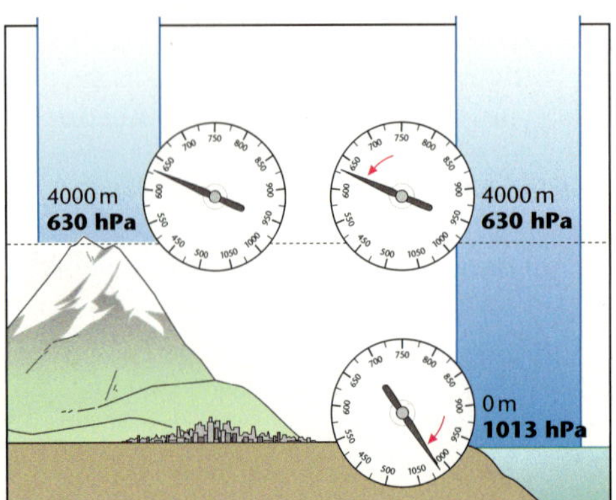

3 Unterschiedlich hohe Luftsäulen – unterschiedlich großer Luftdruck

In etwa 6000 Metern Höhe ist der Luftdruck nur noch halb so groß wie über dem Meeresspiegel.

Luftdruckmessung

Gemessen wird der Luftdruck mit dem Barometer. Die heute gebräuchlichste Form ist das Dosenbarometer (▷ B 4). Gemessen wird der Luftdruck in Pascal (Pa), oft auch in Bar (bar): 1 bar = 100 000 Pascal.

Der mittlere Luftdruck über dem Meeresspiegel ist festgelegt auf 1013 hPa (1 hPa = 100 Pa; h steht für hekto, griech.: 100). Er wird auch als Normaldruck bezeichnet.

Das Gewicht der Luft ist die Ursache für den Luftdruck. Die Einheit des Luftdrucks ist das Pascal (Pa). Mit zunehmender Höhe nimmt der Luftdruck ab.

4 Das Barometer

Ein gewaltiger Druck

Kannst du dir vorstellen, wie groß ein Druck von 1013 hPa ist? Ein Beispiel soll dir helfen.

Betrachte eine Fläche von 1 Meter Länge und 1 Meter Breite. Stapele darauf in Gedanken etwa 100 000 Tafeln Schokolade, die jeweils 100 g wiegen.
Dieser gewaltige Schokoladenberg erzeugt an der Fläche einen Druck, der genau so groß ist wie der Luftdruck, der auf uns wirkt (▷ B 1). Wir Menschen spüren diesen Druck aber nicht, da wir ständig mit ihm leben.

Luftdruck – messen und erfahren

Die folgende Anleitung zeigt dir, wie du dir ein einfaches Barometer selbst baust. Mit diesem Messgerät kannst du Veränderungen des Luftdrucks feststellen.

1 Ein selbst gebautes Barometer

Material

1 Flasche mit großer Öffnung (z. B. eine Saftflasche), 1 Luftballon, Schere und Lineal, 1 Trinkhalm, Tonpapier, Gummiband, Klebstoff

Bauanleitung

Schneide den Hals des Luftballons (▷ B 1) ab. Spanne den Ballon straff über die Öffnung der Flasche und befestige ihn mithilfe des Gummibands. Achte darauf, dass die Öffnung der Flasche luftdicht verschlossen ist (▷ B 2).

Klebe den Trinkhalm auf die Mitte der gespannten Ballonfläche (▷ B 3). Klebe eine Rückwand aus Tonpapier an die Flasche und zeichne eine Skala ein.

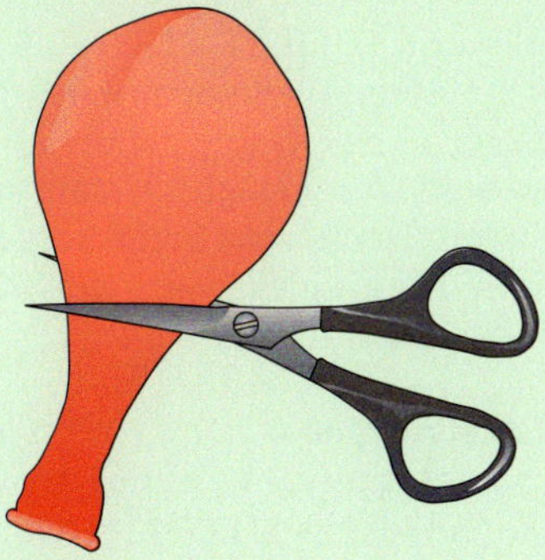

1 Zuschneiden des Luftballons

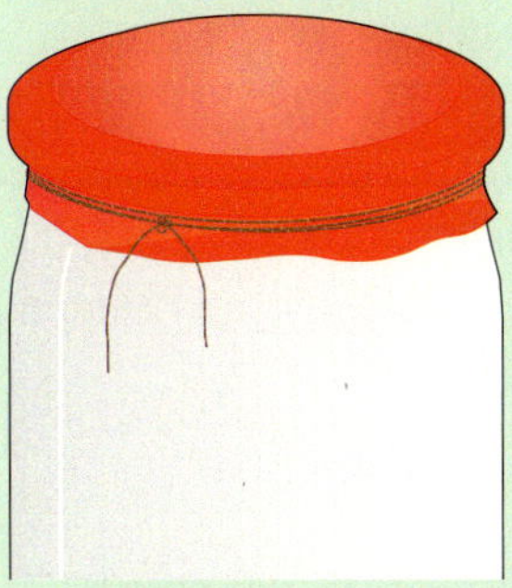

2 Der Luftballon wird über die Öffnung der Flasche gespannt

3 Das Barometer im Einsatz

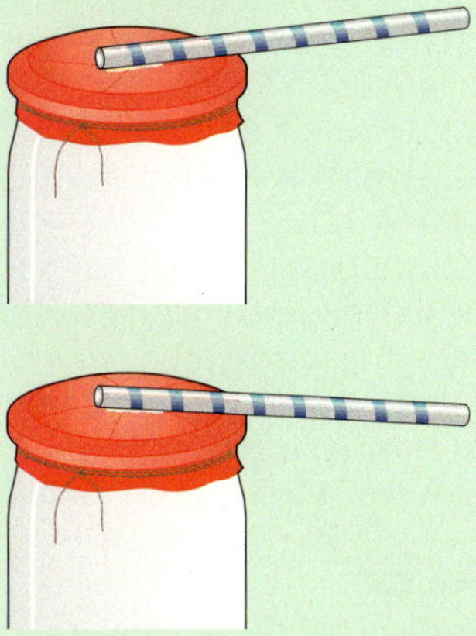

4 Zeigerausschlag bei hohem (oben) und niedrigem Luftdruck (unten)

Stelle dein Barometer an einem schattigen Platz auf, es sollte nicht in der Sonne oder in der Nähe der Heizung stehen.
Beobachte die Veränderung des Luftdrucks mit deinem Barometer über einen längeren Zeitraum. Überlege dir, wie dein Barometer funktioniert.

2 Luft oder Wasser – wer gewinnt?

Material

1 Trinkglas, Wasser, 1 Blatt Papier

Tipp: Führe den Versuch im Freien oder über einer Badewanne durch.

Versuchsanleitung

Fülle ein Trinkglas randvoll mit Wasser. Decke es mit einem glatten Blatt Papier ab, das etwas größer ist als die Öffnung des Glases. Achte darauf, dass du keine Luftblase einschließt.

Halte das Papier mit einer Hand fest. Drehe das Glas langsam um, sodass die Öffnung nach unten zeigt. Nimm jetzt vorsichtig die Hand unter dem Papier weg (▷ B 5). Beschreibe, was passiert und erkläre das Ergebnis.

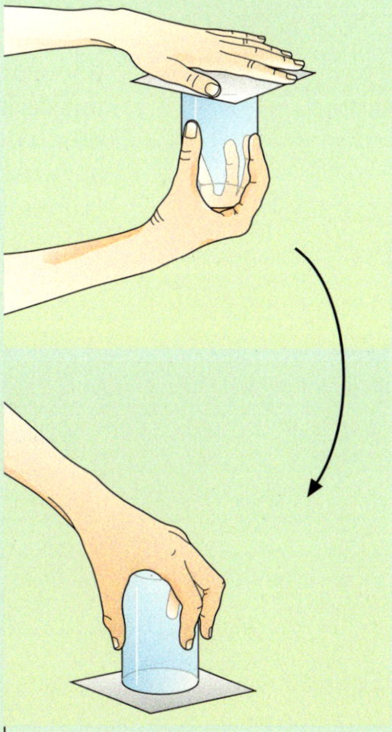

5 Zu Versuch 2

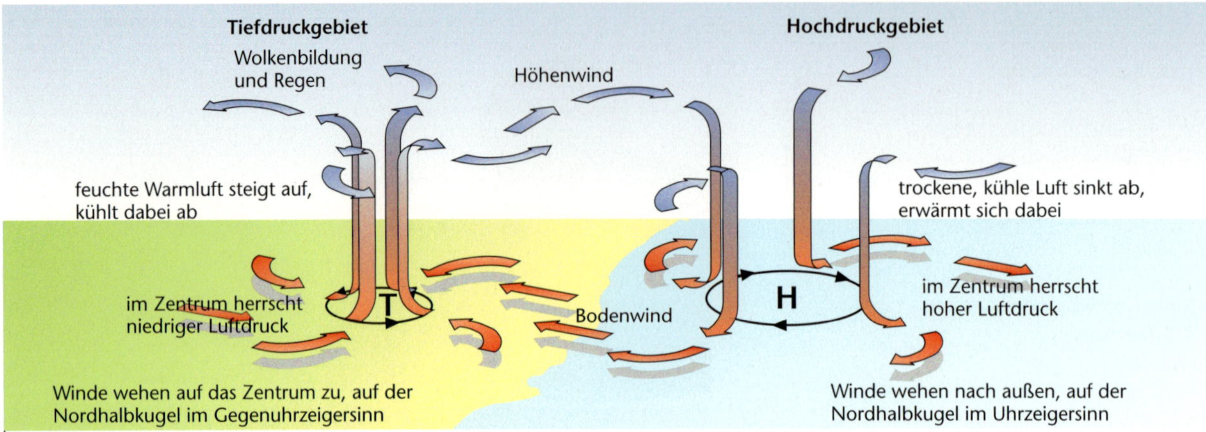

1 Die Entstehung von Wind

Wie entsteht Wind?

Du verbringst einen heißen Sommertag am Strand. Der Sand und das Wasser werden gleichermaßen von der Sonne beschienen. Wenn du barfuß durch den Sand läufst, verbrennst du dir fast die Fußsohlen. Das Wasser aber ist kühl. Der Sand hat sich also stärker erwärmt als das Wasser. Wegen der stärkeren Erwärmung des Sands erwärmt sich auch die Luft darüber stärker als über dem Wasser. Und das ist eine Ursache für Wind.
Die warme Luft steigt auf (▷ B 1). Am Boden verringert sich dadurch der Luftdruck. Die Druckunterschiede zwischen der kühlen Luft über dem Wasser und der warmen Luft über dem Sand werden durch eine Luftströmung – den Wind – ausgeglichen.

Vom Hoch zum Tief

Was am Beispiel der Sandküste beschrieben wurde, passiert auch großräumig auf der gesamten Erde. Winde entstehen durch die unterschiedliche Erwärmung verschiedener Gebiete der Erde. In Gebieten, in denen warme Luft vom Boden aufsteigt, nimmt der Luftdruck am Boden ab. Dort herrscht Tiefdruck. Wo kalte Luft absinkt, sind die Verhältnisse umgekehrt. Am Boden entsteht ein Hochdruckgebiet. Zwischen einem Hoch und einem Tief findet ein Druckausgleich statt. Dabei strömt Luft vom Hochdruckgebiet (H) zum Tiefdruckgebiet (T). Dies bezeichnen wir als Wind (▷ B 1).
Aufgrund der Erddrehung bewegt sich die Luft aber nicht direkt vom Hoch zum Tief. Sie strömt auf der Nordhalbkugel im Uhrzeigersinn aus dem Hoch heraus und gegen den Uhrzeigersinn ins Tief hinein. Auf der Südhalbkugel ist es gerade umgekehrt.

▶ Hoch- und Tiefdruckgebiete entstehen durch unterschiedliche Erwärmung verschiedener Gebiete auf der Erde. Es findet ein Druckausgleich statt, indem Luft vom Hoch- zum Tiefdruckgebiet strömt. Diese Luftbewegung wird als Wind bezeichnet.

Die Westwindzone

Wir leben in einer Zone, in der der Wind fast während des ganzen Jahres aus westlicher Richtung weht. Diese Zone wird daher Westwindzone genannt.
Dort, wo der Wind besonders stark ist, können Bäume in eine Richtung gekrümmt sein. Der ständig aus Westen wehende Wind hat sie so „verformt" (▷ B 3).

2 Sturm

3 Vom Westwind verformte Bäume

Aufgaben

1 Erkläre, wie Hoch- und Tiefdruckgebiete entstehen.

2 Was ist Wind?

3 Wie bewegt sich Luft vom Hoch zum Tief?

Was die Luft bewegt

Du weißt jetzt, wodurch Luftströmungen verursacht werden. Mit folgenden Versuchen kannst du die Voraussetzungen für die Entstehung von Wind überprüfen und leichte Luftbewegungen nachweisen.

1 Erwärmung von Wasser und Sand

Material

2 Schälchen, Sand, Wasser, 1 Küchenwaage, Thermometer, Löffel, Herdplatte oder Heizung

Versuchsanleitung

Fülle in ein Schälchen 200 g Wasser, in das andere 200 g Sand. Die Anfangstemperaturen von Sand und Wasser müssen gleich sein. Erwärme das Wasser und den Sand gleichzeitig. Stelle dazu beide Schälchen für etwa 10 Minuten auf eine warme Herdplatte oder etwa eine halbe Stunde auf die warme Heizung (▷ B 1).

Durchmische den Sand nach Ablauf der Zeit gründlich mit einem Löffel. Rühre auch das Wasser kurz um. Miss die Temperaturen von Wasser und Sand. Übertrage die Tabelle (▷ B 2) in dein Heft und trage die Werte ein. Miss nach einer halben Stunde erneut die Temperaturen von Sand und Wasser. Stelle deine Ergebnisse in einen Zusammenhang mit der Entstehung von Wind.

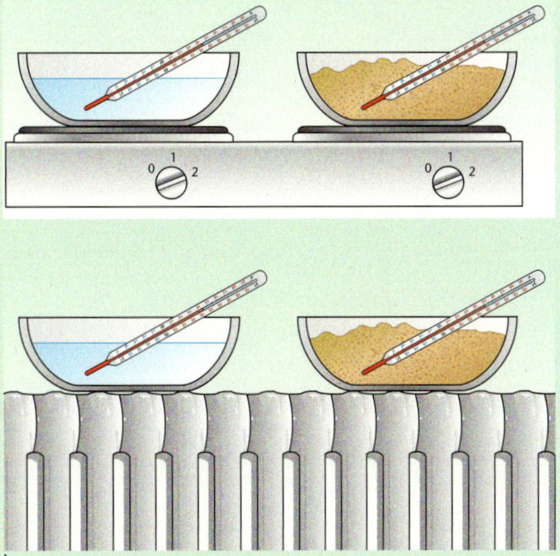

1 Zu Versuch 1

	Wasser	Sand
Anfangstemperatur		
nach 30 min		
nach ...		

2 Tabelle zu Versuch 1

2 Bauanleitung für eine Flügelscheibe

Material

1 Blatt Papier, Zirkel, Schere, Lineal, 1 Stecknadel, 1 Stabmagnet, Kerze

Versuchsanleitung

Zeichne mit dem Zirkel zwei ineinander liegende Kreise (Radien 1 cm und 5 cm) auf das Papier. Teile die Kreise mit Lineal und Stift in 8 gleiche Teile (die Linien müssen durch das Einstichsloch des Zirkels gehen).

Schneide nun den äußeren Kreis aus. Schneide anschließend entlang der Linien bis zum inneren Kreis. Knicke alle „Flügelteile" in die gleiche Richtung etwas nach oben. Stecke die Stecknadel durch das Einstichsloch des Zirkels.

3 Zu Versuch 1

Hänge die Stecknadel an den Magneten und halte die Flügelscheibe im Abstand von ca. 15 cm über eine Kerzenflamme. Beschreibe und erkläre deine Beobachtung.

3 Luftbewegung zwischen zwei Räumen

Material

Streichhölzer, Kerze

Versuchsanleitung

Diesen Versuch kannst du in einem Türrahmen zwischen einem warmen und einem kalten Raum durchführen. Im Winter kannst du ihn auch an einem geöffneten Fenster machen. Achte darauf, dass kein Durchzug entsteht.

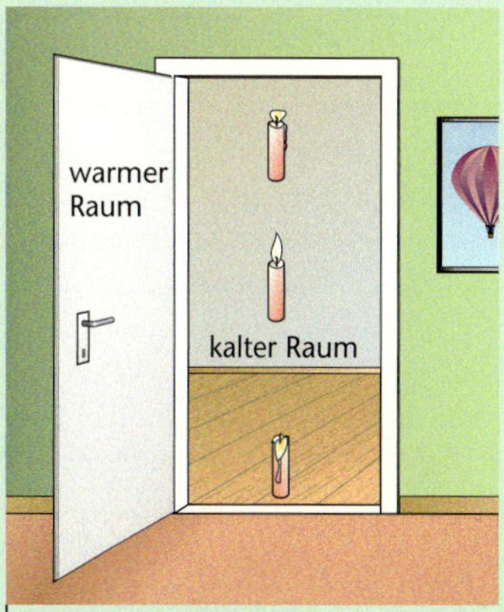

4 Zu Versuch 3

Halte eine brennende Kerze oben, in der Mitte und unten in den Türrahmen der geöffneten Tür (▷ B 4).

Aufgabe

Beobachte und erkläre das Verhalten der Kerzenflamme.

Die Messgeräte der Wetterstation

Barograph
Der Barograph ist ein Gerät, das den Luftdruck aufzeichnet. Auf einer sich drehenden Walze, auf der auch die Zeit mit angegeben wird, zeichnet ein Schreiber die gemessenen Luftdruckwerte in Form einer Kurve auf.

Barometer
Das Barometer misst den Luftdruck in Hektopascal (hPa). In Wetterstationen werden Quecksilberbarometer verwendet, in Haushalten meist Dosenbarometer.

Bodenmessfeld
Im Bodenmessfeld werden mit Thermometern die Temperaturen wenige Zentimeter über dem Boden sowie im Boden in unterschiedlicher Tiefe gemessen.

Hygrometer
Ein Hygrometer ist ein Messgerät zur Bestimmung der Luftfeuchtigkeit. Dabei macht man sich zunutze, dass sich Haare abhängig von der Feuchtigkeit unterschiedlich stark dehnen lassen.
Das Gerät, das die Feuchtigkeitswerte aufzeichnet, heißt Hygrograph.

Minimum-Maximum-Thermometer
Auf diesem Thermometer kann man die tiefsten und die höchsten Temperaturwerte seit der letzten Messung ablesen.

Niederschlagsmesser
Zur Messung der Niederschlagswerte dient der Niederschlagsmesser. Er befindet sich etwa einen Meter über dem Boden an einer windgeschützten Stelle. Die Niederschläge fallen in ein geeichtes trichterförmiges Auffanggefäß.

Thermometer
Mit den Thermometern werden die Temperaturen der Luft in zwei Metern Höhe, unmittelbar über dem Erdboden und die Temperatur des Bodens gemessen.

Wetterhütte
Die Wetterhütte ist ein „Kasten", der sich in etwa zwei Metern Höhe befindet. Die Wetterhütte hat keine geschlossenen Wände, sondern Lamellenwände, die eine gute Belüftung zulassen. In der Wetterhütte befinden sich die Messgeräte für Temperatur, Luftdruck und Luftfeuchtigkeit.

Windfahne und Windmesser
Diese beiden Messgeräte findet man häufig kombiniert.

Der Windmesser – auch Anemometer genannnt – ist in etwa 10 Metern Höhe im freien Gelände an einem Mast angebracht. Mit diesem Gerät wird die Windgeschwindigkeit gemessen.
Die Windfahne zeigt die Windrichtung an.

Wetterbeobachtung und -aufzeichnung

Material
Heft, Stifte, Lineal, Thermometer, Barometer, Niederschlagsmesser, Kompass, Wollfaden

Mit diesem Versuch kannst du dich selbst als Meteorologe versuchen. Miss dazu über einen längeren Zeitraum (zum Beispiel über 4 Wochen) die Werte verschiedener Wetterelemente und zeichne die Daten auf.
Wichtig ist, dass du die Messwerte jeden Tag zur gleichen Uhrzeit abliest.

Versuchsanleitung
Übertrage den Wetterbeobachtungsbogen (▷ B 1) in dein Heft.

a) Temperaturmessung
Hänge das Thermometer draußen an einem schattigen Platz auf. Achte darauf, dass du das Thermometer beim Ablesen der Messwerte immer auf Augenhöhe hältst (▷ B 4).
Lies die Temperatur zu drei verschiedenen Tageszeiten ab (zum Beispiel um 7 Uhr, um 14 Uhr und um 21 Uhr). Trage die Messwerte in die Tabelle ein. Am Ende des Tages kannst du die Tagesmitteltemperatur berechnen.

b) Messung des Luftdrucks
Das Barometer solltest du an einem Platz aufhängen, der vor Sonne und Regen geschützt ist. Lies die Anzeigewerte des Messgeräts einmal täglich ab und trage sie in die Tabelle in deinem Heft ein.

c) Niederschlagsmessung
Stelle den Niederschlagsmesser möglichst frei auf, also nicht in der Nähe einer Hauswand oder anderer Gegenstände. Entleere das Messgerät nach dem Ablesen (sofern es geregnet hat).

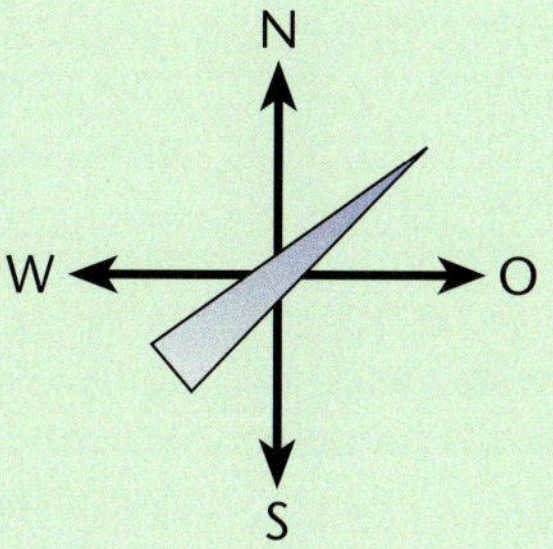

2 Wind aus Südwest

d) Bestimmung der Windrichtung
Bevor du die Windrichtung bestimmen kannst, musst du mit einem Kompass die Himmelsrichtungen zuordnen.

Lasse dann am ausgestreckten Arm einen leichten Wollfaden herunterhängen. Er zeigt an, aus welcher Richtung der Wind weht (▷ B 5). Bestimme die Windrichtung zweimal täglich, einmal am Vormittag und einmal am Nachmittag.

Zeichne in das zugehörige Kästchen einen Pfeil ein, der die Windrichtung angibt.

3 Bewölkung

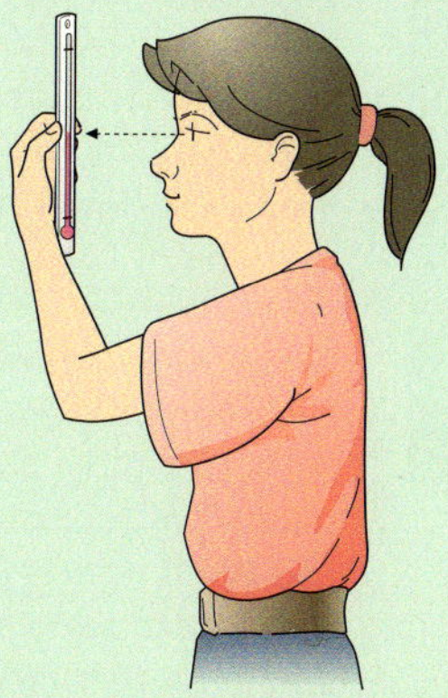

4 Richtiges Ablesen der Temperatur

5 Bestimmung der Windrichtung

e) Aufzeichnung der Bewölkung
Die Bewölkung wird je nach Stärke durch einen teilweise bis vollständig ausgemalten Kreis (▷ B 3) dargestellt. Bestimme den Grad der Bewölkung ebenfalls am Vor- und Nachmittag.

Aufgabe
Vergleiche nach Abschluss deiner Wetterbeobachtung deine Ergebnisse mit denen deiner Mitschüler. Stimmen eure Werte überein?
Wenn nicht, welche Ursachen könnte das haben?

Tag	**Temperatur (in °C)**				**Niederschlag**	**Luftdruck**	**Windrichtung**		**Bewölkung**	
	7.00	**14.00**	**21.00**	**Tagesmittel-temperatur**	**(in mm)**	**(in hPa)**	**vor-mittags**	**nach-mittags**	**vor-mittags**	**nach-mittags**

1 In den Wetterbeobachtungsbogen werden die Messwerte eingetragen.

1 Wetterballon

2 Wettermessboje

Wetterdaten werden gesammelt

Bevor eine Wettervorhersage gemacht werden kann, muss eine Wetterbeobachtung durchgeführt werden. Dazu sammelt man die Wetterdaten innerhalb eines größeren Gebietes.

Ganz Deutschland ist von einem dichten Netz von Wetterstationen überzogen. Außerdem gibt es über das Land verteilt zahlreiche Wetterämter.
Die Wetterämter sammeln die Messdaten aller Wetterstationen in ihrer Region. Diese Daten werden dann an das Zentralamt des Deutschen Wetterdienstes nach Offenbach übermittelt und dort weiterverarbeitet.

Zusätzlich liefern Wettersatelliten, Wetterballons (▷B 1) und Messbojen (▷B 2) im Meer Wetterdaten.

Austausch von Wetterdaten

Zu den Wetterdaten gehören Angaben über Lufttemperatur, Luftdruck, Luftfeuchtigkeit, Bewölkung, Windrichtung und Windstärke. Diese Daten werden zwischen verschiedenen Wetterämtern ausgetauscht.

Der Austausch von Informationen erfolgt weit über die Landesgrenzen hinaus, denn auch die Wetterdaten angrenzender Staaten sind wichtig für die Erstellung von Wetterkarte und Wettervorhersage.

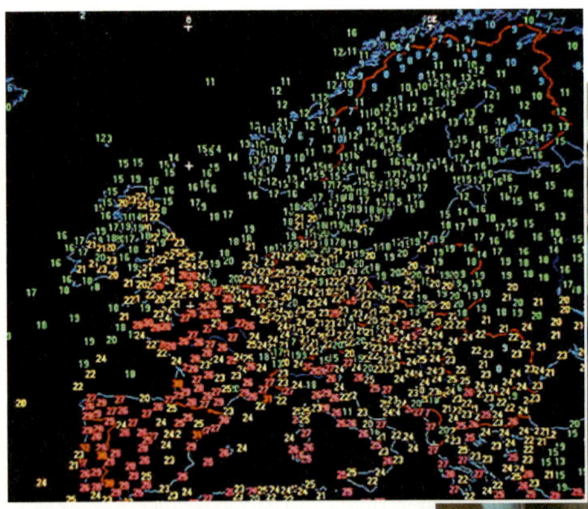

3 Hier wird das Wetter „gemacht".

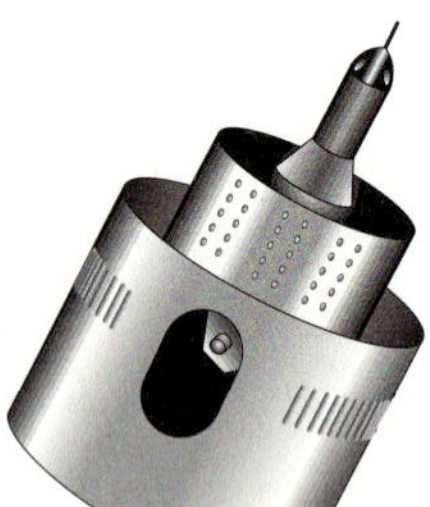

Aufgaben

1 a) Wie werden Wetterdaten gesammelt und gespeichert?
b) Nicht nur die Wetterstationen am Boden liefern Daten zu den Wetterelementen. Welche weiteren Informationsquellen kennst du?
c) Was muss getan werden, bevor der Wetterbericht erstellt wird?

2 Sammle aus unterschiedlichen Zeitungen Wetterberichte.
a) Über welche Wetterelemente werden Aussagen gemacht?
b) Stimmen die Aussagen überein?

3 Vergleiche an mehreren aufeinander folgenden Tagen die Wettervorhersage mit dem tatsächlichen Wettergeschehen. Kannst du Unterschiede feststellen?

4 Die Bilder 4 und 5 zeigen die gleiche Wettersituation, einmal auf einer amtlichen Wetterkarte und einmal als Satellitenaufnahme. Vergleiche die beiden Darstellungen und beantworte folgende Fragen: Wie ist zum angegebenen Zeitpunkt das Wetter in Berlin, München, Oslo, Madrid und London? Mache Aussagen über Luftdruck, Niederschlag, Bewölkung, Windrichtung und Windstärke.

5 a) Versuche anhand von Bild 4 vorherzusagen, wie sich das Wetter in den nächsten Tagen in München entwickeln wird.
b) Welcher Luftdruck herrscht in London und Madrid? „Verfolge" die schwarzen Linien, die Orte gleichen Luftdrucks miteinander verbinden. Diese Linien heißen Isobaren (Zonen gleichen Drucks).

Wetterkarte und Wettervorhersage
Alle drei Stunden erstellt ein Computerprogramm aus den gespeicherten Wetterdaten eine Wetterkarte (▷B 4). Sie beschreibt die momentane Wettersituation in einem bestimmten Raum.
Wenn der Meteorologe nun mehrere zeitlich aufeinander folgende Wetterkarten vergleicht, dann kann er aus den Veränderungen des Wetters eine Wettervorhersage treffen.

Genauigkeit der Vorhersage
Das Wetter wird von vielen Faktoren beeinflusst. Daher ist es schwierig, eine genaue Vorhersage zu machen.
Man unterscheidet zwischen kurzfristigen Wettervorhersagen (die für 24 Stunden gültig sind), mittelfristigen (für 3 bis 10 Tage gültigen) und langfristigen Wettervorhersagen (gültig für mehr als 10 Tage).

Dabei wird die Genauigkeit der Vorhersage immer geringer, je länger der Zeitraum ist, für den die Vorhersage gelten soll. Kurzfristige Vorhersagen sind in etwa neun von zehn Fällen richtig. Bei Vorhersagen über Zeiträume von mehr als drei Tagen sinkt die Genauigkeit: Nur noch in der Hälfte aller Fälle entwickelt sich das Wetter so, wie es die Vorhersage beschrieben hat.

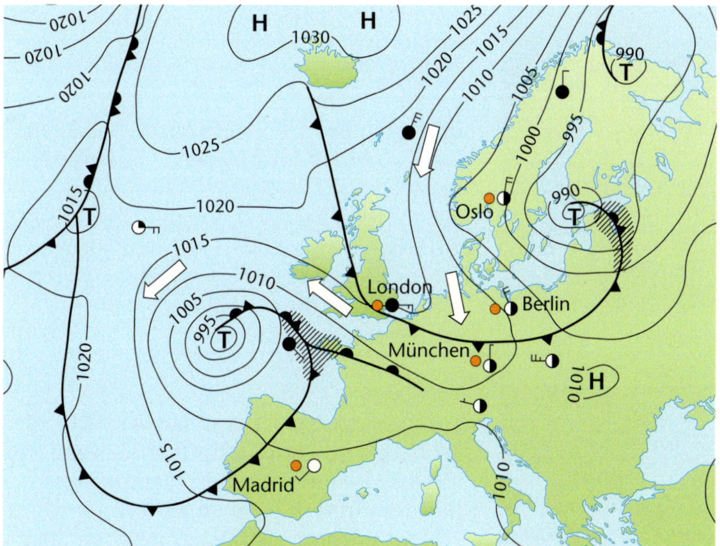

4 Wetterkarte vom 27.08.2003, 12 Uhr

5 Satellitenaufnahme vom 27.08.2003, 12 Uhr

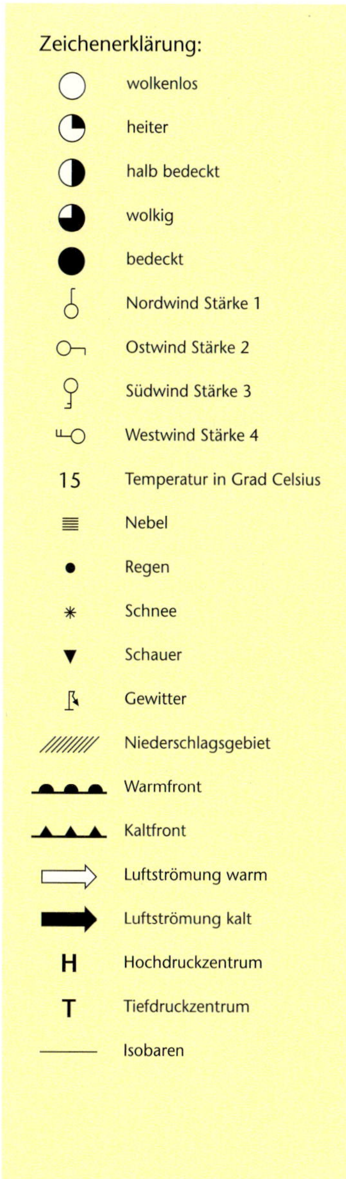

1 Hochwasser an der Elbe

2 Vom Hochwasser zerstörte Häuser

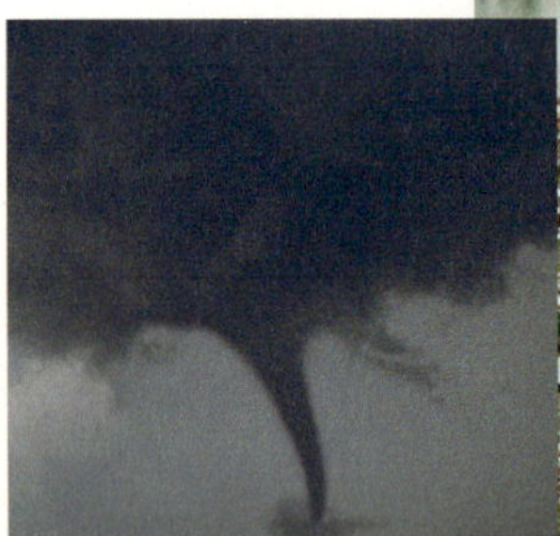

3 Der Rüssel eines Tornados

4 Tornados hinterlassen eine Spur der Zerstörung.

Überschwemmungen im Sommer

Beim Thema Überschwemmungen denken wir zunächst nicht an Deutschland, sondern an weit entfernte Gebiete in Südostasien. Dort stehen im Sommer riesige Gebiete nach sintflutartigen Regenfällen oft meterhoch unter Wasser.
Der Sommer 2002 brachte auch Deutschland eine Überschwemmungskatastrophe. Eine Zeitung meldete: „Zehntausende fliehen vor der Flut“. Was war geschehen?

Im Süden und Südosten Deutschlands sowie in den angrenzenden Ländern regnete es im August 2002 so lange und heftig, dass Elbe, Donau und deren Nebenflüsse das Wasser nicht mehr aufnehmen konnten. Weite Gebiete rechts und links der Flüsse wurden überschwemmt (▷B 1). Dämme brachen, durch manche Orte flossen Wasserströme, Menschen mussten vor den Fluten in Sicherheit gebracht werden. Die Schäden an Gebäuden und Verkehrswegen waren gewaltig (▷B 2).

Winterstürme

Alljährlich im Spätherbst und im Winter gibt es bei uns heftige Stürme, die Windgeschwindigkeiten von bis zu 200 Kilometern pro Stunde erreichen.
Anfang des Jahres 1990 verwüsteten die Orkane „Daria“, „Vivian“ und „Wiebke“ Gebiete in Deutschland und England. Die Gesamtschäden in Mitteleuropa betrugen 10 Milliarden Euro.

Im Dezember 1999 verursachten die Orkane „Lothar“ und „Martin“ gewaltige Schäden, 140 Menschen kamen ums Leben. In Frankreich entstanden die größten Sturmschäden seit Jahrhunderten. Folge dieser heftigen Orkane waren Sturmfluten, die die Küsten zu überschwemmen drohten.

Tornados

Tornados sind extrem starke Wirbelwinde. Sie haben im Durchschnitt eine Breite von nur 100 Metern. Die Geschwindigkeiten in ihrem Innern können aber Werte bis zu 700 Kilometer pro Stunde erreichen.

Die schnell drehenden Wirbelwinde, die sich wie ein Rüssel von einer Gewitterwolke hinunter zum Boden ziehen, hinterlassen die sprichwörtliche „Schneise der Zerstörung“ (▷B 3, B 4). Mit einer Geschwindigkeit von 100 Kilometern pro Stunde bewegen sie sich über das Land und reißen dabei wie ein gigantischer Staubsauger alles in die Luft.

Einem Tornado geht aber schon nach wenigen Kilometern die Puste aus. Er verschwindet so schnell wie er gekommen ist. Tornados entstehen am häufigsten im Mittleren Westen der USA. In der Zeit von April bis Mai ziehen Jahr für Jahr über 800 Wirbelstürme über diesen Landstreifen.

Aufgabe

1 Sieh in einem Lexikon oder im Internet nach, wie ein Tornado entsteht.

Hurrikans und Taifune
Hurrikans sind Wirbelstürme mit einem Durchmesser von mehreren hundert Kilometern, die in den Tropen vorkommen. Sie entstehen hauptsächlich im südlichen Teil des Karibischen Meeres.

Eine andere Bezeichnung tragen die Wirbelstürme, die in äquatornahen Zonen des Indischen und Pazifischen Ozeans entstehen. Sie werden Taifune genannt.
Typisch für Hurrikans und Taifune ist die kreisrunde Wolkenwand, die ein windstilles Zentrum umgibt – das „Auge" des Orkans (▷B 5).

Wenn sie über die warmen Ozeane ziehen, nehmen die Wirbelstürme große Wassermengen auf. Aufgrund des starken Luftdruckunterschieds zwischen dem Zentrum und dem äußeren Bereich erreichen die Windgeschwindigkeiten innerhalb des Wirbels Werte von 200 bis 400 Kilometern pro Stunde. In Verbindung mit den bis zu 20 Meter hohen Wellen, die sie erzeugen, verursachen diese Wirbelstürme verheerende Schäden.

Bei einer Warnung vor diesen „Naturereignissen" verbarrikadieren die Menschen ihre Häuser und ziehen sich selbst weit ins schützende Hinterland zurück.

Monsun
Der Monsun ist ein jahreszeitlich wechselnder Wind, der in Teilen Südostasiens vorkommt. Im Sommer weht er vom Indischen Ozean in Richtung Kontinent, im Winter umgekehrt vom Kontinent in Richtung Ozean.

Der Sommermonsun enthält große Mengen Wasserdampf, die er über dem warmen Indischen Ozean aufgenommen hat. Dieses Wasser regnet über dem Kontinent ab. Für die Bauern in Indien und anderen Teilen Südostasiens sind diese Niederschläge sehr wichtig für die Ernte. Bleibt der Monsun einmal aus, tragen die Felder keine Früchte.

Oft sind die Regenfälle so stark, dass viele Landesteile meterhoch unter Wasser stehen. Es können innerhalb weniger Tage mehr Niederschläge fallen als bei uns während eines ganzen Jahres.

Aufgaben

1 Schlage im Atlas nach, wo Hurrikans und Taifune entstehen.

2 Warum ist der Sommermonsun feucht und der Wintermonsun trocken?

5 Das „Auge" des Orkans

6 Monsunregen

Werkstatt

Der Rüssel des Tornados

Mit diesem Versuch kannst du zwar keinen Tornado erzeugen, aber du kannst dir den „Rüssel" eines Tornados ansehen.
Der Versuch wird mit Wasser durchgeführt, weil es sich oft ähnlich wie Luft verhält und zudem „sichtbar" ist.

Material
2 große Plastikflaschen, Isolierband, angefärbtes Wasser, Schere

Versuchsanleitung
Klebe die beiden Verschlusskappen der Wasserflaschen mit den Oberseiten aneinander, indem du sie mit Isolierband mehrmals fest umwickelst. Bohre mit der Schere in die Mitte der beiden verbundenen Verschlüsse ein Loch (Durchmesser etwa 5 mm).

Fülle eine der Flaschen bis etwa 7 cm unterhalb der Öffnung mit dem angefärbten Wasser. Schraube nun die zusammengeklebten Verschlüsse auf. Schraube die zweite Flasche oben auf.
Drehe die verbundenen Flaschen (die wassergefüllte Flasche befindet sich oben) und führe eine kreisende Bewegung aus, bis auch das Wasser kreist. Halte die Flaschen nun ruhig und beobachte die Bewegung des Wassers.

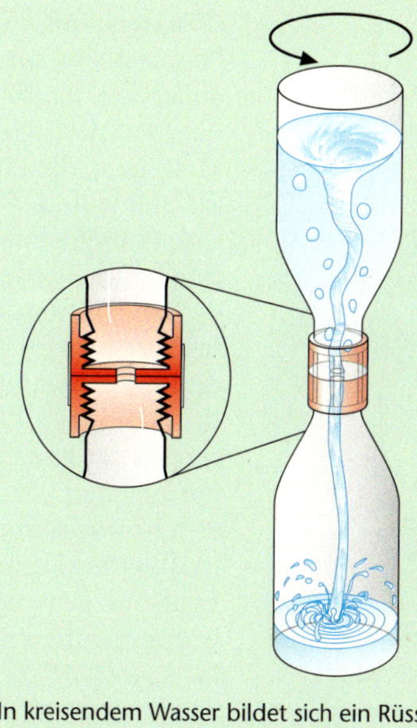

1 In kreisendem Wasser bildet sich ein Rüssel.

1 Inuit

2 Massai

Der Mensch

Das Wetter beeinflusst das Wohlbefinden des Menschen. Das Phänomen der Wetterfühligkeit ist wissenschaftlich belegt. Das Wetter macht zwar nicht krank, aber es kann Beschwerden verstärken.

Auch das Klima hat Einfluss auf den Menschen. Im Laufe von vielen tausend Jahren haben sich die Menschen an die klimatischen Verhältnisse ihres Lebensraums angepasst. Ein Beispiel ist die Hautfarbe: Je nach Stärke der Sonnenstrahlung in den verschiedenen Klimazonen haben Menschen helle oder dunklere Haut (▷B 1, B 2). Der Körperbau ist ein weiteres Beispiel. In kalten Zonen der Erde ist es besser untersetzt zu sein, man verliert dann nicht so viel Wärme.

Pflanzen sind angepasst

Pflanzen sind an die jeweilige Klimazone angepasst. Laub, Nadeln oder z. B. mit einer Wachsschicht überzogene Blätter sind Merkmale, die Pflanzen entwickelt haben, um sich auf die Klimaverhältnisse ihrer Umgebung einzustellen.

In unseren Breiten bestimmt der Wechsel der Jahreszeiten das Pflanzenwachstum. Es beginnt im Frühjahr, wenn es warm wird, und dauert bis in den Herbst an.

Im Tropischen Regenwald nahe des Äquators ist das ganz anders. Dort gibt es keine Jahreszeiten. Das ganze Jahr hindurch ist es sehr warm und feucht, es herrschen ideale Wachstumsbedingungen für die Pflanzen. Die eine Pflanze trägt Früchte, während eine andere blüht.

Man kann Pflanzen gut innerhalb einer Klimazone umsiedeln. Schwieriger ist es, sie in einer anderen Klimazone anzubauen. So wächst z. B. die Kartoffel bei uns ideal, während tropische Früchte hier oft nicht ausreifen.

3 Kakteen – an das trockene Klima angepasst

Tiere im Winter

Tiere kommen auf ganz unterschiedliche Weise durch den Winter. Einige haben ein dickes Winterfell wie z. B. der Fuchs (▷B 4) und sind somit gegen große Kälte geschützt. Sie finden zwar weniger Nahrung, aber die im Körper gespeicherten Reserven des letzten Sommers reichen meist aus, um unbeschadet durch den Winter zu kommen.

Tiere wie das Eichhörnchen ruhen im Winter. Das heißt, sie verbringen die meiste Zeit in einem wärmenden Nest und werden nur gelegentlich aktiv, um versteckte Vorräte zu verzehren.

Igel gehören zu den Tieren, die Winterschlaf halten. Während des Winterschlafs wird die Körpertemperatur stark abgesenkt und das Herz schlägt langsamer. Auf diese Weise kommt der Körper mit den Reserven aus, die er im Sommer angelegt hat.

Ein Teil der Vögel muss im Winter in wärmere Gebiete der Erde „umziehen", um überleben zu können. Diese so genannten Zugvögel ernähren sich von Insekten und anderen Tieren, die sie im Winter bei uns nicht finden. Sie würden verhungern.

▶ Wetter und Klima beeinflussen das Leben, das Wohlbefinden und die Gewohnheiten von Menschen und Tieren. Auch die Pflanzen sind an das Klima angepasst.

4 Ein Jäger im Schnee – der Fuchs

Aufgabe

1 Schlage in einem Lexikon nach, welche Tiere zu den Winterruhern und Winterschläfern zählen und welche Vögel sich im Herbst auf die Reise in den Süden machen.

Brennpunkt

Pflanzenwachstum zwischen Pol und Äquator

Polare Kältewüste
Nur in zwei Sommermonaten übersteigen die Temperaturen die Frostgrenze knapp. Es fällt geringer Niederschlag als Schnee. Pflanzen können hier nicht wachsen.

Tundra
Die Tundra liegt nördlich der Waldgrenze. Die 10-°C-Marke wird höchstens im Juli erreicht. Hier wachsen vor allem Flechten und Moose, selten Sträucher und kleine Bäume.

Taiga – nördlicher Nadelwald
Drei Monate übersteigen die Temperaturen die 10-°C-Marke. Während dieser kurzen Sommerphase fällt mehr Niederschlag. Es können nur Nadelbäume wachsen.

Sommergrüner Laub- und Mischwald
Während sechs Monaten des Jahres liegen die Temperaturen über der 10-°C-Marke. Es fallen genügend Niederschläge. Damit herrschen ideale Wachstumsbedingungen für Gemüse sowie viele Getreidearten und Obstsorten.

Hartlaubgehölze der Winterregengebiete
Hier liegen die Temperaturen ganzjährig über 10 °C. Im Sommer fallen geringe, im Winter stärkere Niederschläge. Pflanzen wie Pinien und Zypressen sind vor Verdunstung durch wachsüberzogene Blätter oder Dornen geschützt.

Wüste
Kaum messbare Niederschläge bei ganzjährig hohen Temperaturen. Pflanzenwachstum ist nur möglich, wo künstlich bewässert wird.

Savannen und Trockenwälder
Im Sommer Niederschläge bis 700 mm pro Monat. Hier wachsen Akazien- und Affenbrotbäume.

Tropischer Regenwald
Die Temperaturen sind ganzjährig gleichmäßig hoch (etwa 25 °C) bei sehr starken Niederschlägen. Die Zahl der verschiedenen Pflanzenarten ist sehr groß.

1 Dromedar

2 Dromedare können auch Pflanzen mit Dornen fressen.

3 Dromedare an einer Wasserstelle

Glühend heiß und eiskalt

Das Leben in der Wüste ist schwierig: Die Tiere müssen mit extremen Lebensbedingungen fertig werden. In manchen Gegenden der Sahara z. B. regnet es mitunter mehrere Jahre gar nicht. Am Tag kann die Temperatur des Wüstensandes bis zu 80 °C erreichen und in der Nacht sinkt die Lufttemperatur nicht selten unter 0 °C.

Alle Tiere, die in der Wüste leben, brauchen Anpassungen, um mit dem extremen Wassermangel und den großen Temperaturunterschieden zurechtzukommen.

Durch die Wüste ohne Wasser

Es ist fast unglaublich, aber ein Dromedar (▷ B 1) kann in der Wüste bis zu zwei Wochen überleben ohne zu trinken. Wir Menschen schaffen das normalerweise nur drei Tage. Wenn das Dromedar zu einer Wasserstelle kommt (▷ B 3), trinkt es in wenigen Minuten bis zu 120 l Wasser. Das entspricht fast der Menge, die in eine Badewanne passt. Das aufgenommene Wasser verteilt sich im gesamten Körper und wird dort gespeichert. Auch der Wiederkäuermagen enthält viel Wasser. Der **Höcker** des Dromedars dient als **Fettreserve** für nahrungsarme Zeiten. Die Körpertemperatur eines Dromedars kann zwischen 34 °C am Morgen und 42 °C während der heißen Zeit des Tages schwanken. Erst wenn die Körpertemperatur so hoch ist, beginnt das Kamel zu schwitzen. Das vermindert den Wasserverlust. Das Tier scheidet sehr wenig Urin aus und spart so ebenfalls Wasser.

Das Nutztier der Wüstenbewohner

Seit wahrscheinlich 4 000 Jahren wird das Dromedar als Nutztier gehalten. Als Lasttier kann es über 200 kg tragen. Zudem liefert es Fleisch und Milch und wird häufig als Reittier eingesetzt.

4 Anpassungen des Dromedars

1 Anpassungen beim Eisbär

Überleben in der Eiswüste

Arktis und Antarktis gehören zu den lebensfeindlichsten Gebieten der Erde. In der Arktis gibt es im Winter Temperaturen unter –40 °C, eiskaltes Wasser, heftige Stürme und ein halbes Jahr Dämmerlicht. Im Sommer steigen die Temperaturen kaum über 0 °C. Hier können nur noch wenige Tiere überleben.

Frostschutz

Das dichte, gelblich weiße Fell des Eisbären ist ein wirksamer Schutz gegen die Kälte. Das Fell lässt die Sonnenstrahlen auf die **schwarze Haut** des Eisbären durch. So kann die Wärme der Sonne besser aufgenommen werden. Die mehrere Zentimeter dicke Fettschicht unter der Haut ist der wirksamste Kälteschutz.

Winzlinge

Zu Beginn des Winters gräbt das trächtige Weibchen eine Schneehöhle und bringt darin im Dezember meistens zwei hilflose, blinde und taube Junge zur Welt. Die Jungen sind nur etwa 25 cm groß und wiegen etwa 500 g. Sie bleiben 1–2 Jahre bei der Mutter und müssen das Überleben in der Eiswüste von ihr lernen.

Der Eisbär – ein großer, unruhiger Jäger

Er ist mit seinen etwa 2,5 m Länge und einem durchschnittlichen Gewicht von 400–500 kg das größte Raubtier der Arktis. Ständig ist der Bär auf Wanderschaft und sucht nach Nahrung. Nur wenn im Winter das Wetter zu schlecht und der Sturm zu stark wird, gräbt er sich eine Schneehöhle, in der er die schlechte Zeit über schläft. Sobald das Wetter aber wieder besser wird, wandert er weiter. Seine bevorzugte Beute sind Robben. Er lauert ihnen meist an ihren Atemlöchern auf (▷ B 3). Im arktischen Sommer, wenn es Beeren und Moos gibt, frisst der große Jäger auch schon einmal pflanzliche Kost.

2 Eisbär in seinem Lebensraum

3 Eisbär bei der Jagd

4 Eisbär mit Jungen

Wetter und Klima

Ein Gebiet mit hohem Luftdruck heißt Hochdruckgebiet (H), eines mit niedrigem Druck Tiefdruckgebiet (T).

Was ist Wetter, was ist Klima?

Wetter ist das augenblickliche Zusammenwirken der Wetterelemente an einem bestimmten Ort. Zu den Wetterelementen gehören Temperatur, Niederschlag, Luftdruck, Wind und Bewölkung.
Das Klima ergibt sich aus langjährigen Beobachtungen der Wetterelemente. Klimadiagramme geben die zeitlich und über einen großen Raum gemittelten Werte dieser Größen an.

Temperaturen auf der Erde

Die Erde wird zwischen den Polen und dem Äquator unterschiedlich stark erwärmt. Aber auch an einem festen Ort haben die Jahreszeiten und die Tageszeiten Einfluss auf die Temperatur: Sie hängt davon ab, ob die Sonnenstrahlung steil oder unter einem flachen Winkel einfällt.

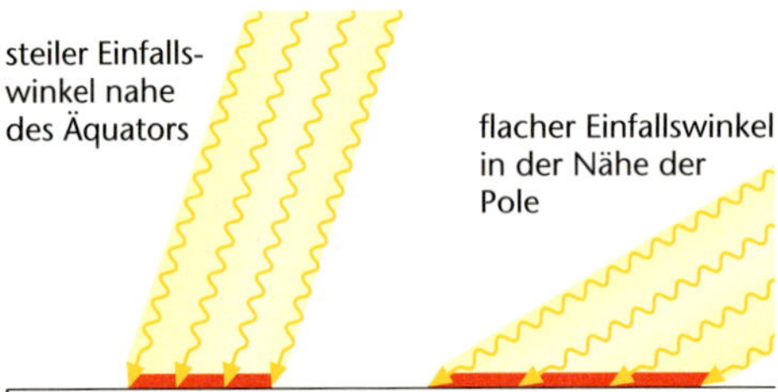

1 Je nach Einfallswinkel werden unterschiedlich große Flächen bestrahlt.

Luftfeuchtigkeit, Wolken und Niederschläge

In der Luft ist Wasserdampf enthalten. Der Gehalt an Wasserdampf in der Luft – die Luftfeuchtigkeit – wird mit dem Hygrometer gemessen.
Wenn feuchte Luft aufsteigt, kommt es in höheren, kälteren Luftschichten zur Bildungen von Wassertröpfchen. Wenn sich die feinen Wassertröpfchen zusammenschließen, bildet sich Niederschlag. Niederschläge treten in Form von Nebel, Regen, Schnee, Hagel oder Graupeln auf.

Der Luftdruck

Die Lufthülle übt aufgrund ihres Gewichts einen Druck aus, den man als Luftdruck bezeichnet. Er wird mit dem Barometer gemessen und in der Einheit Hektopascal (hPa) angegeben. Mit zunehmender Höhe nimmt der Luftdruck ab.

Wind – Luft in Bewegung

Hoch- und Tiefdruckgebiete entstehen durch unterschiedlich starke Erwärmung verschiedener Bereiche der Erdoberfläche.
Zwischen einem Hochdruckgebiet und einem Tiefdruckgebiet findet durch eine Luftströmung ein Druckausgleich statt. Diese Luftströmung wird als Wind bezeichnet.

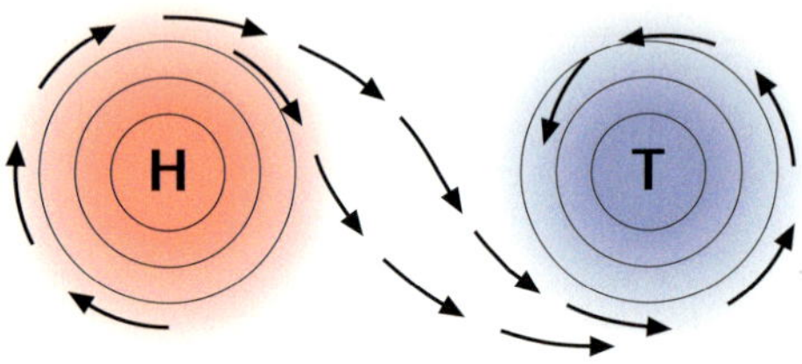

2 Der Wind weht vom Hoch zum Tief

Wetterbericht und Wetterkarte

Um einen Wetterbericht und eine Wetterkarte erstellen zu können, werden Wetterdaten gesammelt und in Computern verarbeitet. Es entstehen die Wetterkarten, die als Grundlage für die Wettervorhersage dienen.
Heute gibt es in weiten Teilen der Erde ein dichtes Netz von Wetterstationen. Auch Satelliten beobachten die Entwicklung des Wetters. Daher sind inzwischen sehr genaue Wettervorhersagen möglich.

Extreme Wettersituationen – bei uns und weltweit

In den letzten Jahren ist zu beobachten, dass das Wetter immer extremer wird. Das zeigt sich z. B. an den Wirbelstürmen, die in den USA und Südostasien toben.
Aber auch bei uns verursachen große Hitze und lang anhaltende Trockenheit während der Sommermonate geringere Ernten. Immer häufiger haben heftige Stürme im Herbst verheerende Folgen.

Einfluss von Wetter und Klima auf Menschen, Tiere und Pflanzen

Wetter und Klima beeinflussen das Wohlbefinden und die Gewohnheiten der Menschen. Ebenso wie die Tiere und die Pflanzen haben sich die Menschen den klimatischen Bedingungen ihres Lebensraums angepasst.

Aufgaben

1 Worauf musst du beim Messen der Lufttemperatur achten, um Messfehler zu vermeiden?

2 Erkläre, wie man die Tages-, Monats- und Jahresmitteltemperaturen berechnet.

3 Wie kommt es zur Bildung von Wolken?

4 Warum fallen aus einigen Wolken Niederschläge, aus anderen aber nicht?

5 Erkläre, was man unter gesättigter Luft versteht.

6 Informiere dich, was man in der Natur unter dem „Kreislauf des Wassers" versteht.

7 Worüber werden im Klimadiagramm Aussagen gemacht?

8 Welche Massestücke haben zusammen das gleiche Gewicht wie 1 Liter Luft?

9 Was versteht man unter dem Luftdruck?

10 In welcher Einheit wird der Luftdruck gemessen?

11 Wie heißt das Gerät zur Messung des Luftdrucks?

12 Welcher Druck wird als Normaldruck bezeichnet?

13 Bei einem Urlaub am Meer stellst du fest, dass der Wind tagsüber meist vom Meer in Richtung Land weht (▷ B 1). Erklӓre diese Beobachtung.

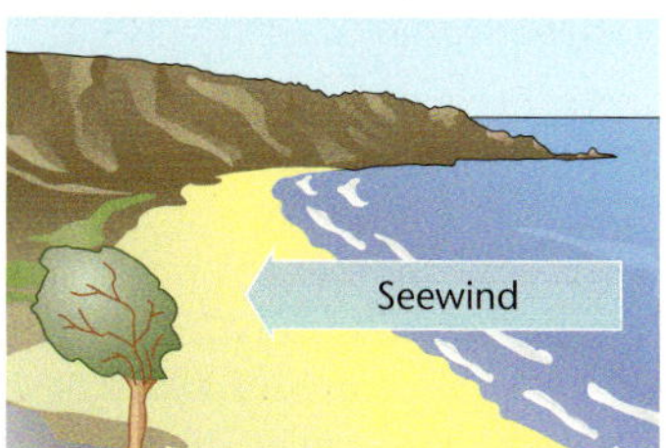

1 Zu Aufgabe 13

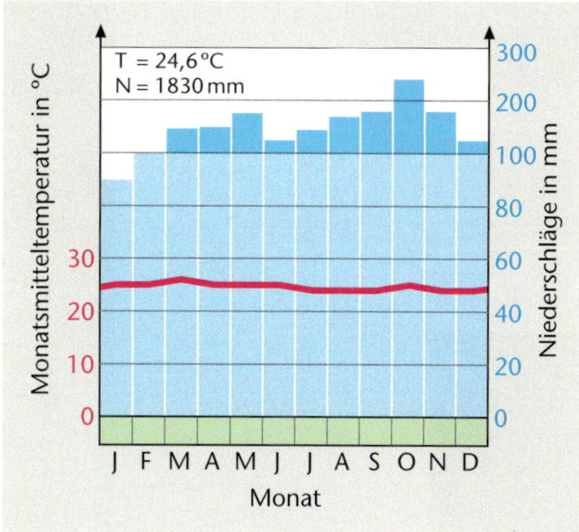

2 Zu Aufgabe 25

14 In welcher Windzone leben wir?

15 Mit dem Hygrometer wird die Luftfeuchtigkeit gemessen. Was macht man sich bei diesem Gerät zunutze?

16 Welche Messgeräte gehören zu einer Wetterstation?

17 Worauf solltest du achten, wenn du Wetterbeobachtungen machst und die Werte in den Wetterbeobachtungsbogen einträgst?

18 Über welchen Zeitraum kann eine zuverlässige Wettervorhersage gemacht werden?

19 Informiere dich in einem Lexikon oder über das Internet, wie ein tropischer Wirbelsturm entsteht.

3 Zu Aufgabe 26

20 Nenne Beispiele, die zeigen, dass Pflanzen an das Klima angepasst sind (▷ B 4).

21 Tiere kommen auf ganz unterschiedliche Weise „durch den Winter". Erkläre die Unterschiede an Beispielen.

22 Erkläre, wie eine Weihnachtspyramide funktioniert.

23 Wie bezeichnet man die Wetterschicht der Atmosphäre?

24 a) Wie nennt man Monate, in denen günstige Bedingungen für Pflanzenwachstum herrschen?
b) Welche Werte müssen die Temperaturen und die Niederschlagsmengen in diesen Monaten mindestens erreichen?

25 Betrachte das Klimadiagramm in Bild 2. Wo liegt die Station, mit der dieses Diagramm aufgenommen wurde?

26 Jedes Frühjahr und jeden Herbst nehmen etwa 20 000 Ringelgänse vorübergehend Quartier auf der Hallig Hooge in der Nordsee. Erkläre das Verhalten der Vögel. Gibt es einen Zusammenhang mit dem Klima in unserem Gebiet?

4 Zu Aufgabe 20

Eine **neue Zeit** beginnt

Hast du nicht auch manchmal den Eindruck, es ist nichts mehr so wie früher? Dein Körper verändert sich, aber auch Gefühle, Einstellungen und Interessen werden andere. Du wirst erwachsen.

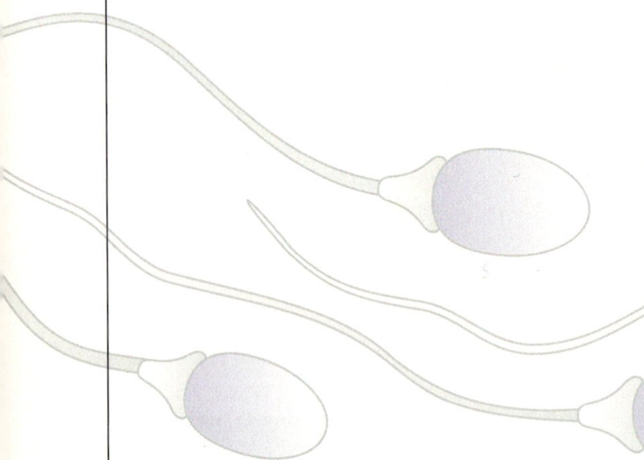

Verflixt, die Badezimmertür ist immer noch abgeschlossen. Mark hämmert mit der Faust dagegen und ruft ärgerlich: „Christina, beeil dich, ich komme sonst zu spät!" Hinter der Tür ertönt nur gereizt: „Ja, ja, ich bin gleich fertig, du nervst!" Der hat ja keine Ahnung, denkt Christina, ich muss doch wenigstens so gut aussehen wie meine Freundinnen. Denen fällt doch immer alles gleich auf.

Mark ist wütend auf seine Zwillingsschwester. Wieso verbringt sie immer so viel Zeit vor dem Spiegel? Das war doch früher nicht so.
Immer öfter streitet Christina sich mit ihren Eltern und auch mit ihm. Ihr Zimmer hat sie auch ganz verändert und er darf nur noch hinein, wenn er angeklopft hat. Mark findet das alles ziemlich albern, aber Schwestern müssen wohl so sein.

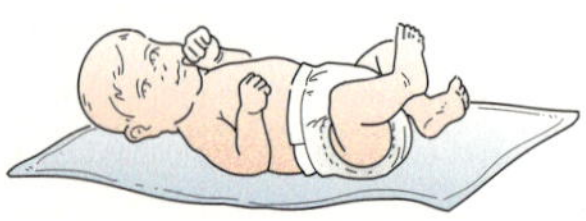

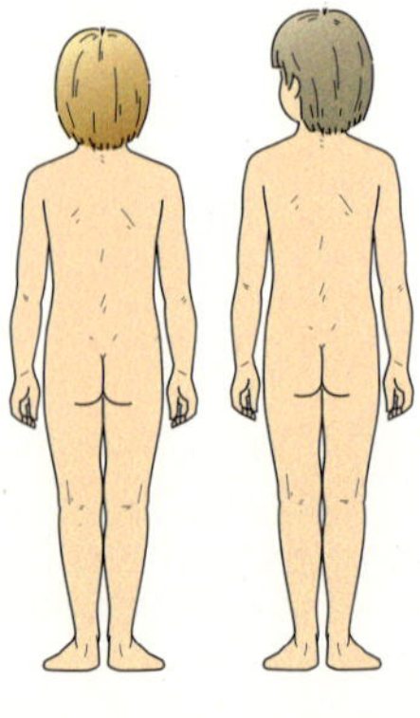

„Mark, wie sieht es denn hier aus und angezogen bist du auch noch nicht", ertönt da die vorwurfsvolle Stimme der Mutter aus seinem Zimmer. „Wie willst du in dem Chaos deine Sachen finden?"

Gut, dass ich gleich hier raus bin, denkt Mark, als Christina endlich aus der Tür kommt. Schnell huscht er ins Bad und schließt die Tür hinter sich.
Draußen hört er noch seine Mutter entsetzt sagen: „Kind, wie siehst du denn aus, so willst du doch wohl nicht in die Schule?“

Mark freut sich auf seine Klassenkameraden, die wenigstens so sind wie er und ihn verstehen.

Erwachsen werden – die Zeit der Pubertät
Du erlebst nun einen neuen Lebensabschnitt, in dem du geschlechtsreif wirst: die Pubertät.
In dieser Zeit entwickelst du dich vom Mädchen zur jungen Frau oder vom Jungen zum jungen Mann.

Die Pubertät dauert einige Jahre und verläuft bei jedem anders. Bei den Mädchen beginnt sie etwa zwischen dem 9. und 14. Lebensjahr, bei den Jungen etwa zwischen dem 11. und 16. Lebensjahr.
Erwachsen werden ist eine schöne, aber manchmal auch schwierige Zeit.

Gute Zeiten – schlechte Zeiten

Christina stürmt wutschnaubend auf ihre Freundinnen zu: „Meine Mutter nervt total! Ich hatte mich so auf den Einkaufsbummel gefreut, aber ich sollte mal wieder das schön finden, was sie ausgesucht hatte. Nie lässt sie mich selber entscheiden, ich bin doch kein Kleinkind mehr. Der ganze Nachmittag war kaputt und gekauft haben wir auch nichts. Das finde ich so gemein. Außerdem hat ihr heute morgen wieder nicht gefallen, wie ich aussehe."

Christinas schlechte Laune ist trotzdem schnell wieder verflogen, denn das Neueste von der heißgeliebten Musikgruppe macht die Runde. Die Mädchen haben noch viel zu reden. Oft geht es um meckernde Erwachsene, von denen sie sich nicht verstanden fühlen, Freundschaften und Cliquen, Mode und Musik.
Voller Freude und Ausgelassenheit kichern sie manchmal drauflos und können nicht mehr aufhören zu lachen. Nur in ihrer Gruppe fühlen sie sich wohl und verstanden. Wem sonst als den besten Freundinnen könnten sie sich anvertrauen?

3 Verliebt

Auch Mark, Christinas Zwillingsbruder, versteht sich mit seinen Freunden meistens sehr gut. Die Jungen haben aber ganz andere Interessen als die Mädchen und bleiben auch unter sich. Bei ihnen geht es hauptsächlich darum, in der Gruppe eine bestimmte Rangfolge festzulegen. Sie denken sich „Mutproben" aus, mit denen sie sich gegenseitig imponieren wollen.
Mark ist als guter Sportler sehr beliebt. Manche seiner Freunde beneiden ihn deswegen. Beim letzten Schwimmwettkampf hat er gesiegt und fühlt sich seitdem besonders gut. Zu Hause und in der Schule zeigt er sich stark und will sich ständig durchsetzen.
Das Verhalten seiner Schwester kann er oft nicht mehr verstehen. Dann verschwindet er in sein Zimmer und setzt sich an den Computer oder hört Musik.

1 Mädchen unter sich

2 Jungen unter sich

4 Typisch Jungen, typisch Mädchen!?

Warum bin ich plötzlich anders?
Früher haben Mark und Christina oft zusammen gespielt. Das hat sich geändert. Beide haben anscheinend keine Gemeinsamkeiten mehr und sind nur noch mit ihren Freunden oder Freundinnen zusammen. Zu Hause gehen sie sich möglichst aus dem Weg.
Die Veränderungen im Körper sind die Ursache für das Anders-Sein der beiden. Jungen und Mädchen entwickeln sich im gleichen Alter verschieden schnell. Deshalb verhalten sie sich auch so unterschiedlich.

Gefühle zeigen – oder nicht?
Angst, Eifersucht, Sehnsucht, Trauer, Glück und Liebe lassen sich nur schwer erklären. Diese Empfindungen sind einfach da, du fühlst sie.
Die angenehmen Gefühle möchtest du festhalten, die negativen bedrücken und verwirren dich schon mal. Lasse sie trotzdem zu und versuche, einem vertrauten Menschen davon zu erzählen. Sprich aus, was dir gefällt oder nicht gefällt und was dir gut tut. Jetzt werden beste Freunde oder Freundinnen vielleicht noch wichtiger, als sie früher schon waren.
Manchmal ist es aber auch richtig, Gefühle für sich alleine zu haben.

Allmählich möchtest du selbstständig sein und deinen eigenen Weg gehen. Eltern und anderen Erwachsenen gegenüber wirst du immer kritischer und sträubst dich gegen alle möglichen Anordnungen und Regeln. Häufig kommt es deswegen zum Streit. Du fühlst dich unverstanden, allein gelassen und unglücklich. Das geliebte Plüschtier spendet dir Trost. In kurzen Zeitabständen erlebst du dich immer anders. Du brauchst also viel Geduld mit dir.

5 Keiner fragt danach, was ich eigentlich will.

Aufgaben

1 a) Schreibe auf, wie sich die Mädchen und die Jungen im Text, auf den Fotos und in den Cartoons verhalten.
b) Versetze dich in die Rolle einer Mutter oder eines Vaters. Spielt Szenen vor, in denen Sohn oder Tochter bestärkt werden sollen, sich nicht unbedingt rollentypisch zu verhalten.

2 Erstellt eine Liste von Streitsituationen mit Erwachsenen, die in der Klasse häufig genannt werden.

3 Fertigt in Jungen- und Mädchengruppen je ein „Mädchen-sind-so-…"- und ein „Jungen-sind-so-…"-Plakat an. Sammelt Aussagen über positive und negative Eigenschaften des jeweils anderen Geschlechts. Was stellt ihr fest?

4 Nenne Gründe, warum du gerne ein Junge oder ein Mädchen bist.

6 Junge in der Küche

7 Mädchen repariert Fahrrad

1 In der Sauna

Dein Körper verändert sich

Bei kleinen Kindern, die du nackt von hinten siehst, kannst du Jungen und Mädchen nicht unterscheiden. Erst von vorne erkennst du sie an den Geschlechtsorganen, die schon von Geburt an vorhanden sind. Diese heißen **primäre Geschlechtsmerkmale**. Äußerlich sichtbar sind bei Jungen das Glied bzw. der Penis und der Hodensack, der die Hoden und Nebenhoden enthält. Die beiden Samenleiter, die Bläschendrüse und die Vorsteherdrüse liegen verborgen im Unterleib.
In der Pubertät entwickeln sich dann weitere Geschlechtsmerkmale, die den erwachsenen Mann vom Jungen unterscheiden. Sie heißen **sekundäre Geschlechtsmerkmale**.

Jungen bemerken den Beginn der Pubertät meistens daran, dass Körperhaare vor allem oberhalb des Gliedes im Schambereich und in den Achselhöhlen wachsen. Später erscheint ein leichter Bartflaum auf der Oberlippe. Bei manchen Jungen wachsen auch Haare auf Armen und Beinen, sowie Brust, Bauch, Po und Rücken.
Am Anfang der Pubertät streckt sich der Körper in die Länge. Die Schultern werden breiter, die Hüften bleiben schmal. Die Muskulatur wird nach und nach überall kräftiger, sodass die ganze Körperform männlicher wird.

Deutlich tritt der Kehlkopf als „Adamsapfel“ hervor und die Stimmbänder werden darin länger. Dadurch „bricht“ schon mal die hohe Kinderstimme in eine tiefere Männerstimme um. Die Stimmbänder sind noch nicht richtig auf die veränderte Länge eingestellt. Das ist der **Stimmbruch**.

Warum verändert sich der Körper mit Beginn der Pubertät? Der Körper bildet in Drüsen Botenstoffe oder **Hormone**, die auf die verschiedenen Organe einwirken. Auch die Hoden bilden Geschlechtshormone.
Es ist völlig normal, dass diese Veränderungen nicht bei allen Jungen zum gleichen Zeitpunkt beginnen und enden.
Außerdem ist es normal, dass die Pubertät bei Jungen später beginnt als bei Mädchen.

Botenstoffe oder Hormone bewirken die Ausbildung der sekundären Geschlechtsmerkmale:
- die typisch männliche Körperform,
- die Körperbehaarung,
- der Bartwuchs,
- die tiefe Stimme.

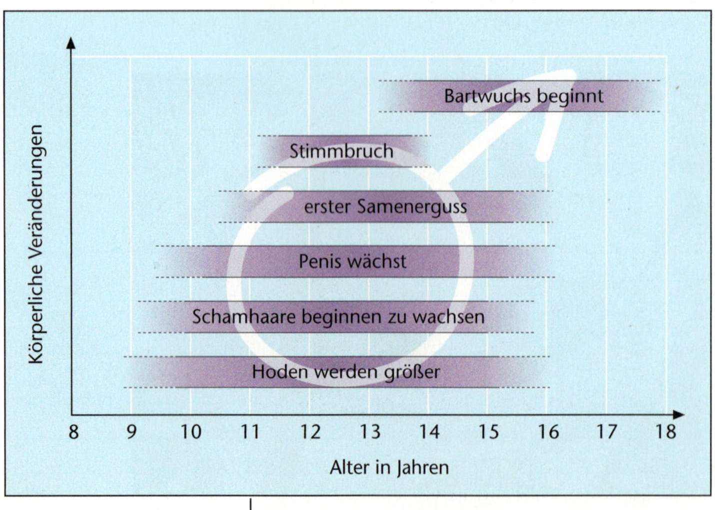

2 Entwicklung bei Jungen

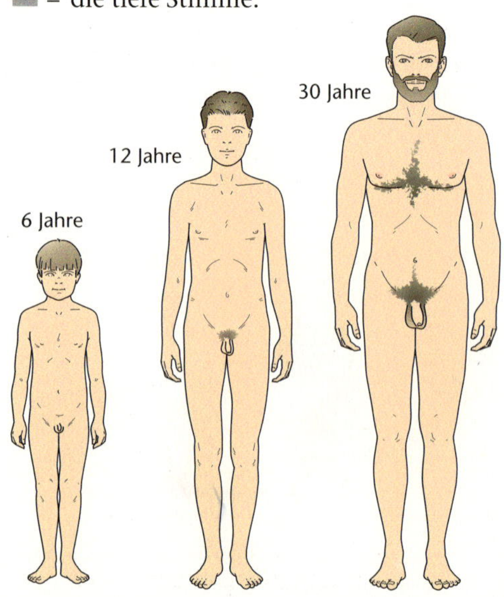

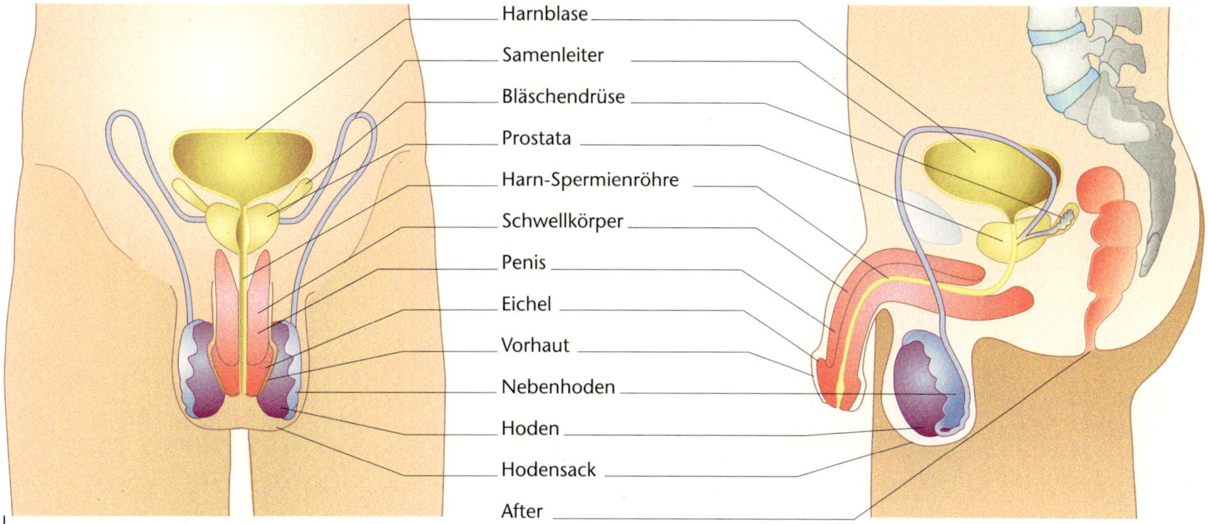

3 Männliche Geschlechtsorgane

Männliche Geschlechtsorgane
In der Pubertät wachsen auch Penis, Hoden und Hodensack.
In den Hoden entstehen die männlichen Keimzellen oder **Spermien**, die ab jetzt ein Leben lang nachgebildet werden. Es sind täglich mehrere Millionen, die sich in den Nebenhoden sammeln.

Vorne am Penis befindet sich die Eichel. Sie ist sehr empfindlich und wird durch die Vorhaut bedeckt. Der Penis kann sich aufrichten und steif werden, weil sich die Blutgefäße in den Schwellkörpern prall mit Blut füllen. Eine solche Gliedversteifung heißt **Erektion**.

Anschließend können die Spermien durch die beiden Samenleiter zusammen mit Flüssigkeiten aus Bläschendrüse und Vorsteherdrüse, der Prostata, durch die Harnröhre nach außen gelangen. Das weißliche Gemisch aus Spermien und Drüsenflüssigkeit heißt **Sperma**.

Was bedeutet eigentlich „geschlechtsreif" sein?
Der erste Samenerguss erfolgt meist unbewusst im Schlaf. So eine Pollution ist ein ganz natürlicher Vorgang.
Der Junge ist mit dem ersten Samenerguss geschlechtsreif und könnte nun ein Kind zeugen.

Auch eigene Berührungen oder Gedanken, Träume und Bilder führen manchmal zu einer Erektion. Dabei empfinden Jungen und Männer ein erregendes Gefühl. Durch Reiben des Penis kommt es zum Höhepunkt der Lust, dem Orgasmus, der mit einem Samenerguss verbunden ist. Dieses Selbstbefriedigen oder Onanieren ist ganz normal und nicht schädlich.

Wenn sich die männlichen Geschlechtsorgane vergrößert haben, bilden die Hoden Spermien.
Ab dem ersten Samenerguss ist der Junge geschlechtsreif und kann Kinder zeugen.

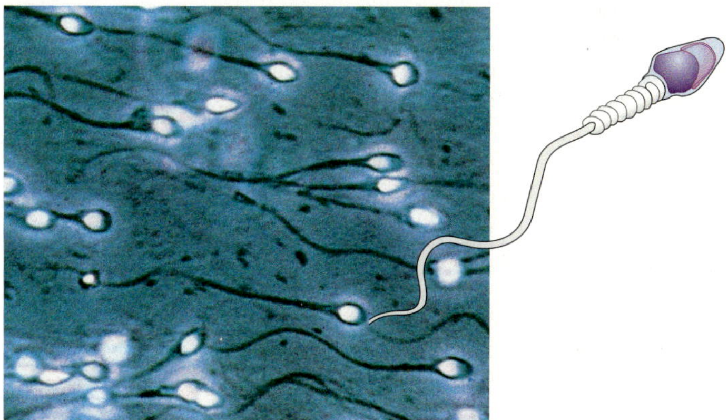

4 Menschliche Spermien (1 000fach vergrößert)

Aufgaben

1 Beschreibe mit eigenen Worten die Entwicklung vom Jungen zum Mann.

2 Erkläre, wie die Veränderungen während der Pubertät ausgelöst werden.

3 Beschreibe den Unterschied zwischen Spermien und Sperma.

1 Am Strand

Dein Körper verändert sich
Während der Kindheit wachsen die Geschlechtsorgane, die du von Geburt an hast, einfach mit deinem Körper mit und verändern sich nur wenig.
Diese **primären Geschlechtsorgane** liegen beim Mädchen verborgen im Unterleib: Gebärmutter, Eierstöcke mit unreifen Eizellen und Eileiter. Äußerlich sind nur die großen Schamlippen sichtbar.

Mit Einsetzen der Pubertät bilden die Eierstöcke Botenstoffe oder **Hormone**, die über das Blut auf die verschiedenen Organe einwirken. Deshalb entwickeln sich nun auch die **sekundären Geschlechtsmerkmale**, die den Körper einer erwachsenen Frau vom kindlichen Mädchenkörper unterscheiden.

Zu Beginn der Pubertät verändert sich die Figur des Mädchens. Die Hüften werden breiter und die Taille bildet sich aus. Fetteinlagerungen in der Unterhaut machen den Körperumriss runder und weicher.
Wenn die Brüste zu wachsen beginnen, wachsen auch die Haare im Schambereich und etwas später in den Achselhöhlen.

Manche Mädchen warten sehnsüchtig darauf, dass sie Brüste bekommen und die Körperform weiblicher wird. Andere sind über die sichtbaren Veränderungen ihres Körpers noch nicht so glücklich. Mal empfinden sie sich als zu dick, mal als zu dünn, mal als zu früh fraulich oder noch zu kindlich.

Manchmal versuchen Mädchen sogar, mit ihren Essgewohnheiten die Körperveränderungen gewaltsam zu beeinflussen.

Botenstoffe oder Hormone bewirken die Ausbildung der sekundären Geschlechtsmerkmale:
- die typisch weibliche Körperform,
- Scham- und Achselhaare,
- Brüste.

Weibliche Geschlechtsorgane
Die äußerlich sichtbaren primären Geschlechtsorgane, die großen Schamlippen, sind weiche Hautfalten. Sie überdecken und schützen die kleinen Schamlippen, den Kitzler und den Eingang zur Scheide. Der Kitzler ist eine sehr empfindsame Stelle und etwa so groß wie eine Erbse.

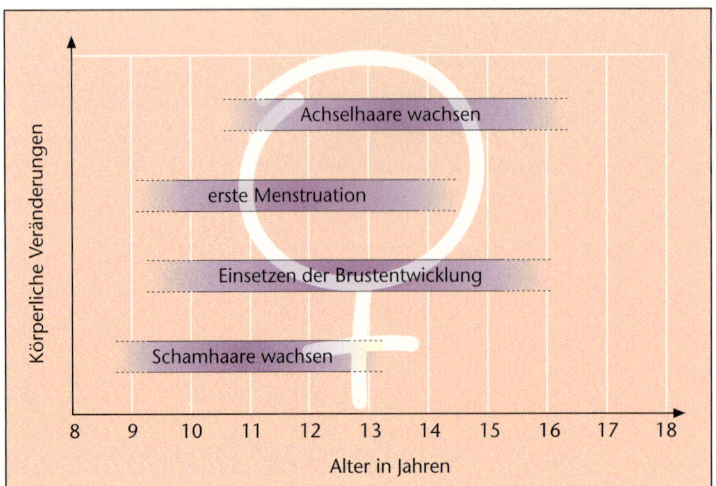

2 Entwicklung bei Mädchen

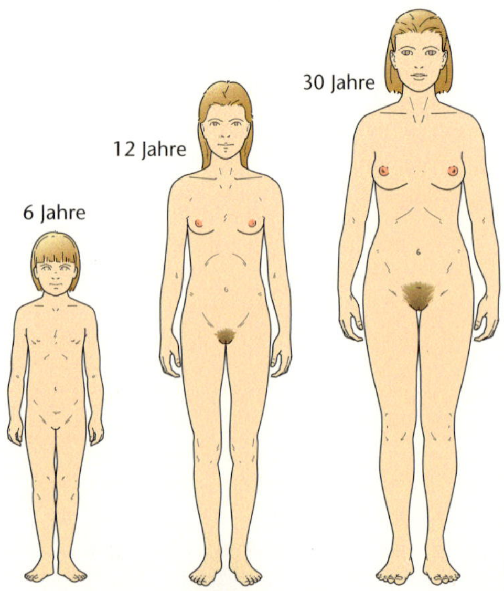

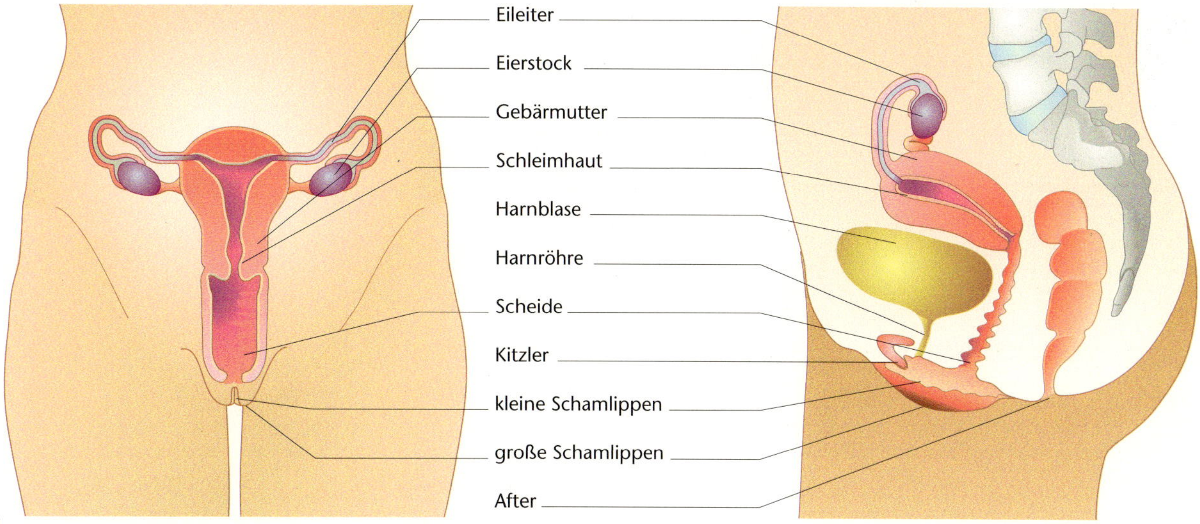

3 Weibliche Geschlechtsorgane

Die Verbindung von außen zur Gebärmutter ist die Scheide. Bei jungen Mädchen ist der Scheideneingang durch ein feines Häutchen, das Jungfernhäutchen, teilweise umrandet.

Das unverletzte Jungfernhäutchen wird oft als Beweis dafür verstanden, dass ein Mädchen noch Jungfrau ist. Eine Jungfrau ist eine Frau, die noch nie mit einem Mann geschlafen hat, egal ob das Häutchen gerissen ist oder nicht. Das kann auch schon vorher ohne Geschlechtsverkehr passieren, z. B. beim Sport.

Was heißt eigentlich „geschlechtsreif" sein?
Die Gebärmutter ist ein sehr dehnbares Organ. Sie hat die Form und Größe einer kleinen Birne. Während der Schwangerschaft kann sie sich so ausdehnen, dass in ihr ein Baby bis zur Geburt Platz findet. Rechts und links von der Gebärmutter führt je ein Eileiter zu einem Eierstock. Die beiden Eileiter verbreitern sich vor den Eierstöcken zu einem Eitrichter.

Ab der Pubertät reifen in den Eierstöcken die weiblichen Keimzellen, die Eizellen. Dann ist ein Mädchen geschlechtsreif und könnte ein Kind bekommen.

Mädchen können durch Streicheln der äußeren Geschlechtsorgane intensive Lustgefühle haben und sich selbst befriedigen. Dabei erleben sie den Höhepunkt der Erregung als Orgasmus.
Selbstbefriedigung ist ein ganz natürlicher Vorgang und schadet nicht.

Von den primären weiblichen Geschlechtsorganen sind äußerlich nur die großen Schamlippen zu erkennen. Gebärmutter, Eierstöcke und Eileiter liegen geschützt im Becken.
Mädchen sind geschlechtsreif, wenn reife Eizellen gebildet werden.

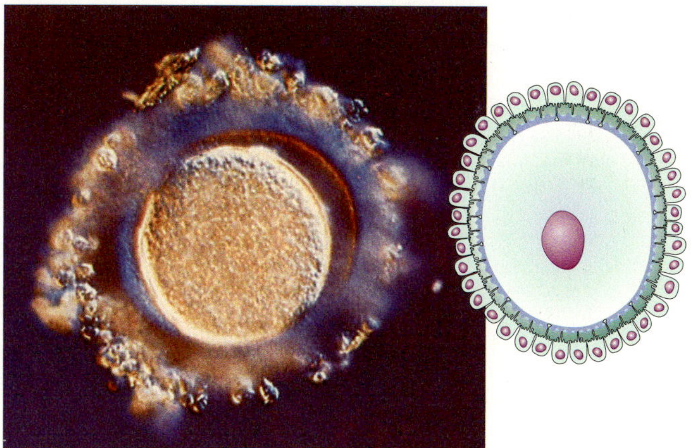

4 Menschliche Eizelle 270fach vergrößert

Aufgaben

1 Beschreibe die unterschiedlichen Geschlechtsmerkmale auf dem Foto / der Grafik in Abbildung 1 und 2.

2 Beschreibe mit eigenen Worten die Entwicklung vom Mädchen zur Frau.

3 Erkundige dich bei Mitschülerinnen anderer Kulturen über Verhaltensregeln, die sie ab dem Beginn der Pubertät einhalten müssen.
Berichte darüber.

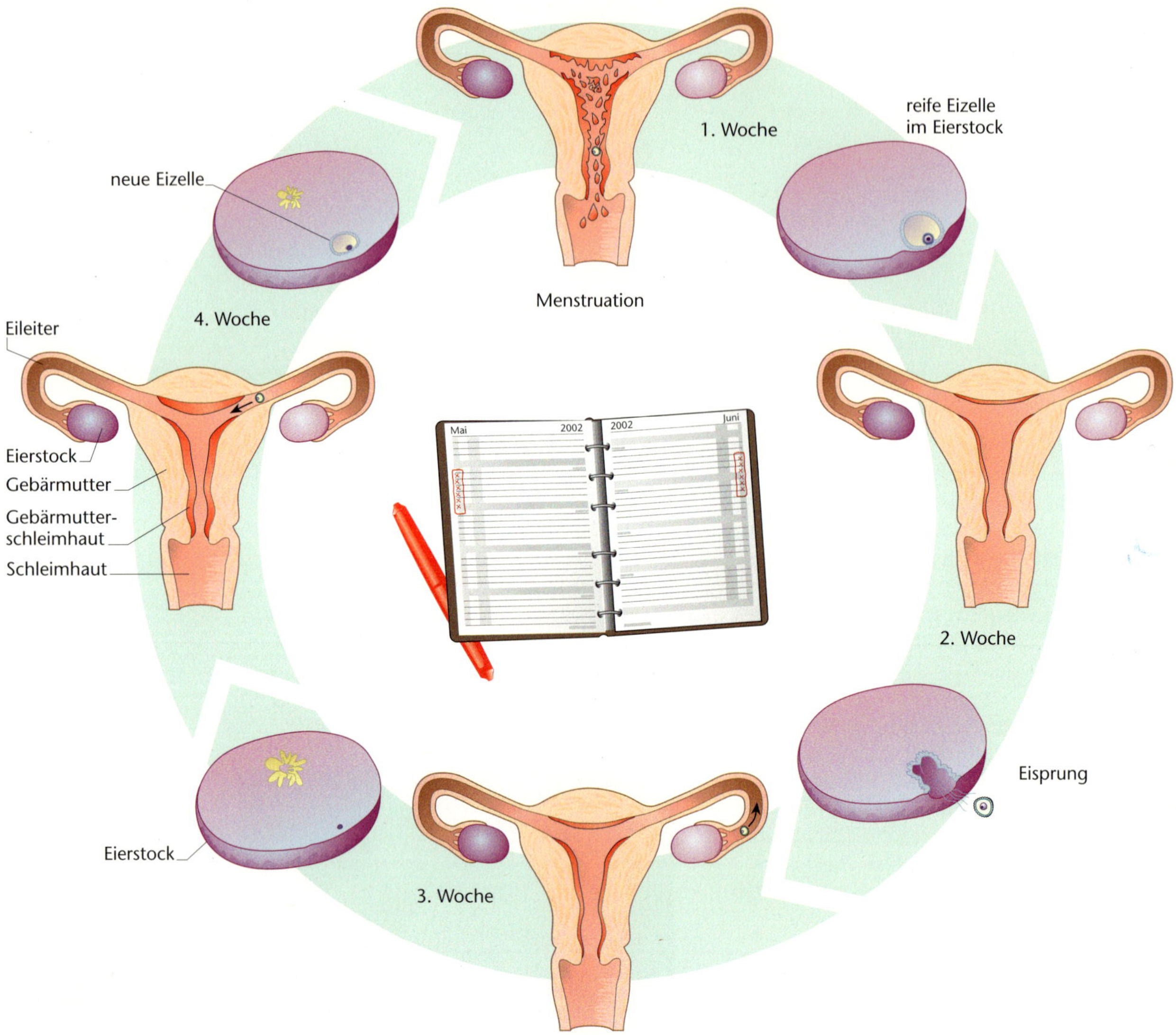

1 Menstruationszyklus

Eine Eizelle reift heran
In den Eierstöcken liegen die weiblichen Keimzellen, die Eizellen. Schon von Geburt an hat jedes Mädchen etwa 400 000 Eizellenanlagen in den Eierstöcken, aber nur 400–500 davon werden im Laufe eines Lebens heranreifen.

Zu Beginn der Pubertät bewirken bestimmte Hormone, dass sich alle 26–30 Tage abwechselnd im linken und rechten Eierstock eine Eizelle entwickelt. Sie wächst in einem flüssigkeitsgefüllten Bläschen heran, das nach etwa 14 Tagen aufplatzt und die reife Eizelle freisetzt. Das ist der **Eisprung**.

Der Trichter des Eileiters fängt die Eizelle auf. Da sich die Eizelle nicht selbst fortbewegen kann, tragen die Bewegungen feinster Härchen an den Innenwänden der Eileiter die Eizelle zur Gebärmutter.
Die Eizelle könnte jetzt von einem Spermium befruchtet werden.

Eine befruchtete Eizelle beginnt sich zu teilen und nistet sich nach einigen Tagen in der Gebärmutterschleimhaut ein. Die Frau ist dann schwanger.

Menstruation – die Regelblutung
Wird die Eizelle nach dem Eisprung nicht befruchtet, stirbt sie ab. Nach ungefähr 14 Tagen löst sich dann die Gebärmutterschleimhaut ab. Schleimhautfetzen und Blut werden durch die Scheide ausgeschieden. Die Blutung dauert einige Tage und tritt ab jetzt fast regelmäßig einmal im

Monat auf. Deshalb wird diese Blutung auch **Regelblutung**, Monatsblutung, Periode oder einfach „Tage“ genannt. Ärzte sprechen von **Menstruation**.
Die erste Blutung in der Pubertät zeigt an, dass das Mädchen **geschlechtsreif** ist.

Schon während der Regelblutung reift in dem anderen Eierstock eine neue Eizelle heran und der ganze Vorgang beginnt von Neuem. Da es sich um einen immer wiederkehrenden Kreislauf handelt, wird er mit dem Fremdwort **Zyklus** bezeichnet.

Was ist ein Menstruationskalender?

Am Anfang der Pubertät ist der Zyklus noch alles andere als regelmäßig. Auch die Dauer kann schwanken und damit verschiebt sich der Zeitpunkt der nächsten Regelblutung. Es ist deshalb wichtig, einen **Menstruationskalender** zu führen. Darin werden alle Tage der Blutung eingetragen. Etwa 26–30 Tage später ist dann mit der nächsten Blutung zu rechnen. Regelmäßige Eintragungen helfen, die persönlichen Abweichungen zu erkennen.

An manchen Tagen ...

Viele Mädchen fühlen sich kurz vor und zu Beginn der Regelblutung nicht wohl. Bauch- und Rückenschmerzen oder auch Kopfschmerzen können auftreten, verschwinden aber allmählich wieder. Bei sehr starken, krampfartigen Schmerzen sollte ein Arzt oder eine Ärztin befragt werden.
Die Regelblutung ist ein ganz natürlicher Vorgang und keine Krankheit. Leichter Sport ist gut und kann Krampfschmerzen entgegenwirken.
Mit etwa 50 Jahren hört die Regel wieder auf. Frauen können dann keine Kinder mehr bekommen.

▶ Kommt es nicht zur Befruchtung, löst sich die Gebärmutterschleimhaut ab und wird mit Blut ausgeschieden. Dieser einmal pro Monat wiederkehrende Vorgang heißt Regelblutung oder Menstruation.

Hygiene während der „Tage“

Aus der Gebärmutter fließen während der Periode etwa 120 ml Blut – das entspricht ungefähr einer halben Tasse.
Hygiene ist in dieser Zeit besonders wichtig, denn Blut und Schleimhautreste lassen Krankheitserreger besonders gut wachsen. Diese könnten jetzt leicht bis in die Gebärmutter vordringen.

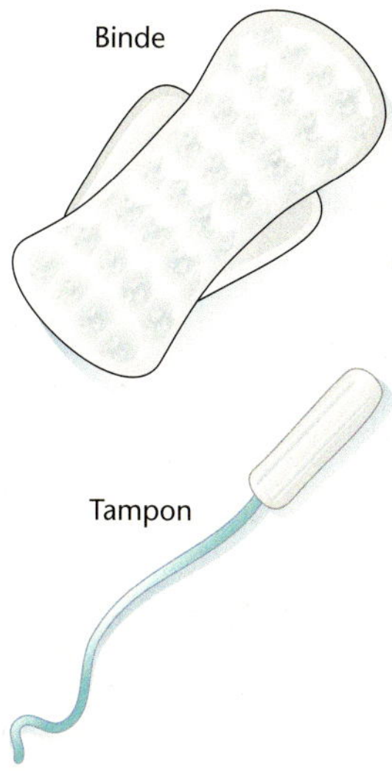

Saugfähige **Binden** fangen das ausfließende Blut außerhalb des Körpers auf. Sie werden in die Unterwäsche eingelegt und kleben dort rutschfest.

Tampons sind kleine Watteröllchen, die in die Scheide eingeführt werden und das Blut bereits im Körper aufnehmen. Mit einem speziellen Rückholfaden können sie wieder herausgezogen werden (▷B2). Dünne Tampons passen durch die Öffnung des Jungfernhäutchens und beschädigen es normalerweise nicht.

Blut selbst riecht nicht. An der Luft wird es aber durch Bakterien zersetzt. Dadurch entstehen unangenehme Gerüche. Binden und Tampons müssen deshalb alle paar Stunden gewechselt werden. Sie gehören niemals in die Toilette, sondern in den Mülleimer.

Die äußeren Geschlechtsorgane sollen während der Regelblutung sorgfältig gewaschen werden. Duschen ist erlaubt und schadet nicht.

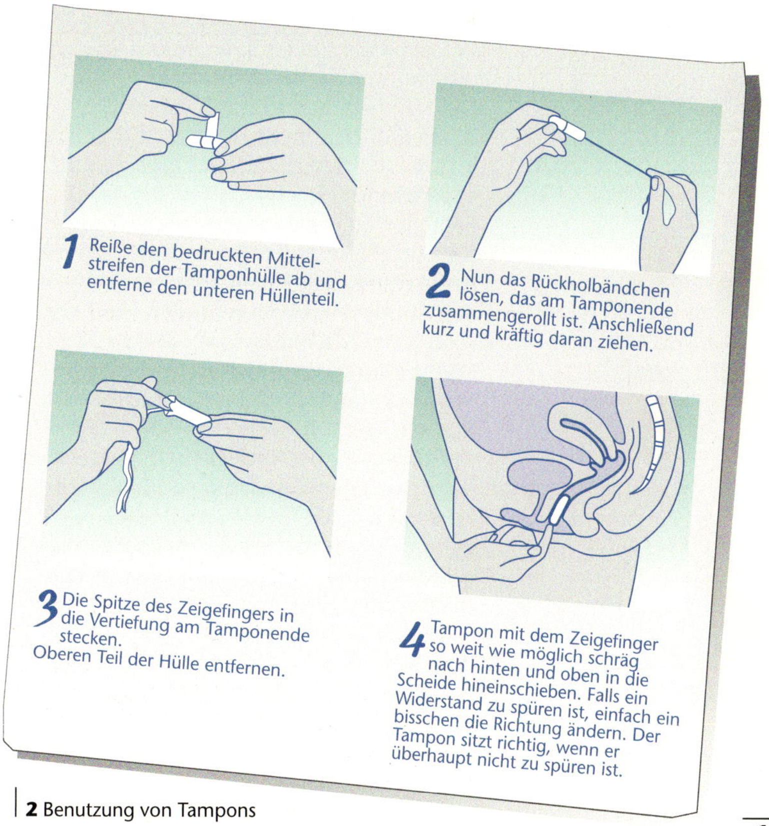

2 Benutzung von Tampons

1 Waschorgie

2 Sport

3 Gruppenarbeit

Waschen – wann und wie?
Während der Pubertät verändert sich auch die Haut und verlangt besondere Pflege. Der Körpergeruch nimmt zu, weil die Schweißdrüsen mehr Flüssigkeit abgeben. Schweiß ist eigentlich geruchlos. Der unangenehme Geruch entsteht erst, wenn Bakterien Schweiß, abgestorbene Hautzellen und Hautfett zersetzen. Diese Bakterien sind keine Krankheitserreger, sondern kommen immer auf einer gesunden Haut vor.

Wenn du stark geschwitzt hast, ist es besonders wichtig, dass du dich wäschst und die Wäsche wechselst. Dabei darfst du Strümpfe oder Socken nicht vergessen, denn auch die Fußsohlen sondern mehr Schweiß ab.
Deos verhindern zwar den Schweißgeruch, sollten aber keinesfalls zum Überdecken des Geruchs verwendet werden.
Dennoch ist auch zu häufiges Duschen ungesund und trocknet die Haut nur unnötig aus.

Bei der täglichen Körperpflege darfst du die Geschlechtsorgane, also den Intimbereich, nicht auslassen.

Die Jungen müssen beim Waschen die Vorhaut des Penis vorsichtig zurückschieben und die talgähnlichen Absonderungen entfernen. Neben unangenehmem Geruch können sonst auch Entzündungen entstehen. Mädchen müssen bei der Intimpflege und auf der Toilette besonders darauf achten, sich von vorne nach hinten zu reinigen. Sonst können Bakterien vom Darm in die Scheide gelangen.

Weil in der Pubertät die Schweißdrüsen verstärkt Schweiß absondern, ist regelmäßige Körperpflege besonders wichtig.

Keine Frage – eine Plage: Pickel, Akne, Mitesser
Hast du im Gesicht, vor allem um die Nase herum, auch schon mal schwarze Pünktchen entdeckt?
Das sind **Mitesser.** So werden die dunklen Stellen genannt, die meist auf fettiger Haut zu sehen sind. Talgdrüsen produzieren unter dem Einfluss von Geschlechtshormonen besonders viel Talg, der die Drüsenausgänge verstopft. An der Hautoberfläche verfärbt er sich schwarz. Aus den Mitessern können leicht **Pickel** entstehen. Hautbakterien gelangen in die Talgdrüsen, es bildet sich Eiter. Wenn der Pickel „reif" ist, sind die äußeren Hautschichten ganz dünn geworden und können aufreißen. Aufkratzen oder ausdrücken darfst du sie auf keinen Fall, denn so werden die Bakterien unnötig verteilt. Außerdem entstehen vielleicht hässliche Narben.

Treten im Gesicht oder auf dem Rücken viele solcher Pickel auf, dann hast du **Akne.** Sie ist eine typische Erscheinung in der Pubertät und kein Zeichen von nachlässiger Hautpflege.
Oft hilft es schon, wenn du dich anders er-

4 In der Disko

nährst. Zuviel Fett, Süßigkeiten oder stark gewürzte Speisen fördern die Aknebildung. Starke Akne solltest du immer vom Hautarzt behandeln lassen.

Mitesser, Pickel und Akne sind Hautunreinheiten, die besonders häufig in der Pubertät vorkommen.

Aufgaben

1 Erstelle einen Ratgeber für richtige Körperpflege von Kopf bis Fuß.

2 Erarbeitet in Gruppen Vorschläge, wie ihr eine Mitschülerin oder einen Mitschüler freundlich darauf aufmerksam machen könnt, dass sie/er die Körperpflege vernachlässigt.

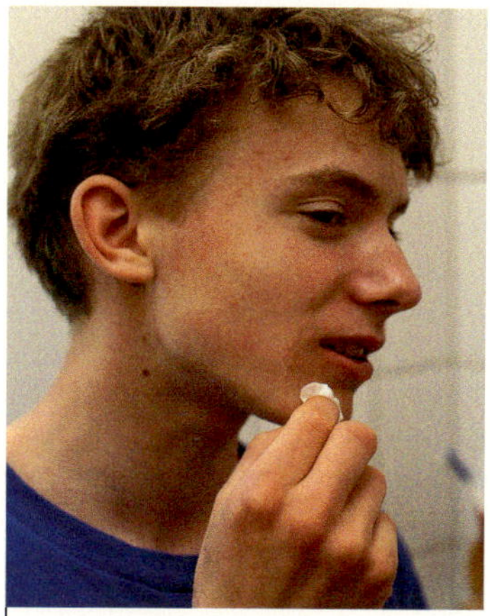

5 Hautpflege ist wichtig.

6 Hilfe, ein Pickel!

Zeitpunkt

Ohne Wasser stinkt's gewaltig

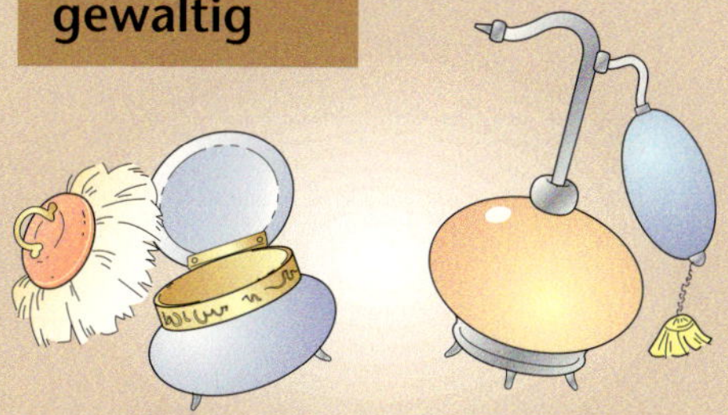

Da es im 17. Jahrhundert nicht üblich war sich zu waschen, muss es gewaltig gestunken haben.
Wer es sich leisten konnte, kaufte sich jede Menge Parfüms und Puder, um den eigenen Gestank zu überdecken.

Die prunkvollen Kleider der Leute am Hofe des Königs LUDWIG XIV (1635–1715) in Versailles konnten nie gewaschen werden. Flöhe und auch Läuse vermehrten sich besonders gut.
Wenn ihre weißen Perücken schmutzig waren, kam einfach viel weißer Puder darauf. So sammelten sich nach Jahren ganze Puderschichten auf Haar und Haut. Pickel wurden mit seidenen „Schönheitspflästerchen" einfach überklebt.

Da es keine Toiletten gab, brachten Diener den Adeligen und Geistlichen am Hof spezielle Pfannen zum Auffangen der Fäkalien hinter die riesigen Vorhänge. Nicht selten machten sie einfach auf Treppen und in die Kamine.

In den Städten wurden nachts die Inhalte aus Eimern und Nachttöpfen achtlos auf die Straße gekippt und in Rinnen weitergeleitet. Es stank bestialisch!

Kein Wunder also, wenn es viele Krankheiten gab. Ärzte konnten auch nicht helfen, weil das Wissen um die Gefahren noch nicht bekannt war.
Durch mangelnde Hygiene starben häufig auch Mütter bald nach der Geburt eines Kindes an einem damals noch unerklärlichen Fieber. Richtiges Waschen der Hände, Bettlaken und Nachthemden hätte vielen Müttern und Babys das Leben gerettet.

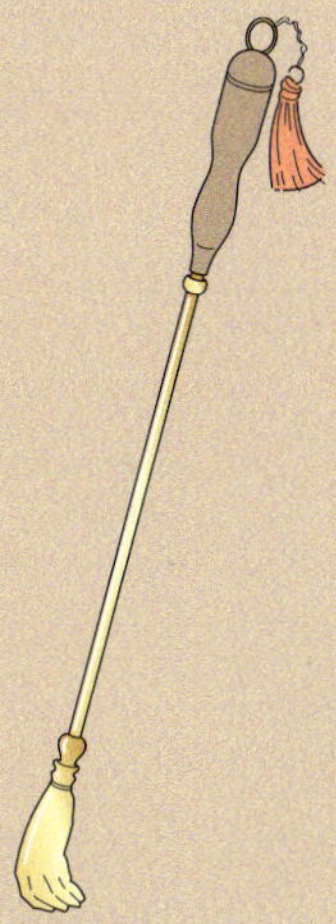

1 Kratzhand

1 Höfische Gesellschaft zur Zeit LUDWIGS XIV

Geschlechtliche Vereinigung
Im Verlauf der Pubertät entwickelt sich zum ersten Mal der Wunsch, einem vertrauten und geliebten Partner auch körperlich ganz nah zu sein. Küssen und Streicheln des ganzen Körpers verstärken das Verlangen. Eine sexuelle Erregung entsteht und die Partner wollen „miteinander schlafen". Das ist nur eine Umschreibung für Geschlechtsverkehr, Liebe machen oder Sex haben.

Bei der geschlechtlichen Vereinigung gleitet der steife Penis in die Scheide. Drüsen in der Scheide sondern Gleitflüssigkeit ab und machen die Scheide feucht. Beide Partner bewegen sich stürmisch oder sanft hin und her und können dabei einen **Orgasmus** erleben. Kommt es beim Mann zum Samenerguss, schwimmen Millionen Spermien in Richtung Eizelle.

Jede geschlechtliche Vereinigung kann zu einer Befruchtung und damit zu einer Schwangerschaft führen.

Eine Eizelle wird befruchtet
Nur das erste Spermium, das die Eizelle erreicht, kann mit seinem Kopf eindringen und dann mit der Eizelle verschmelzen. Das ist die **Befruchtung**. Danach bildet die Eizelle eine Schutzhülle, die verhindert, dass weitere Spermien eindringen. Die Eizelle kann nur in den ersten 12 Stunden nach dem Eisprung befruchtet werden.

Der Keim nistet sich ein
Die befruchtete Eizelle teilt sich auf dem Weg durch den Eileiter mehrmals. Nach fünf Tagen nistet sie sich als vielzellige Kugel in der verdickten Gebärmutterschleimhaut ein. Die Frau ist **schwanger**. Die Gebärmutterschleimhaut wird nicht abgestoßen und die Regelblutung bleibt aus. Ab der dritten Schwangerschaftswoche wird der Keim **Embryo** genannt.

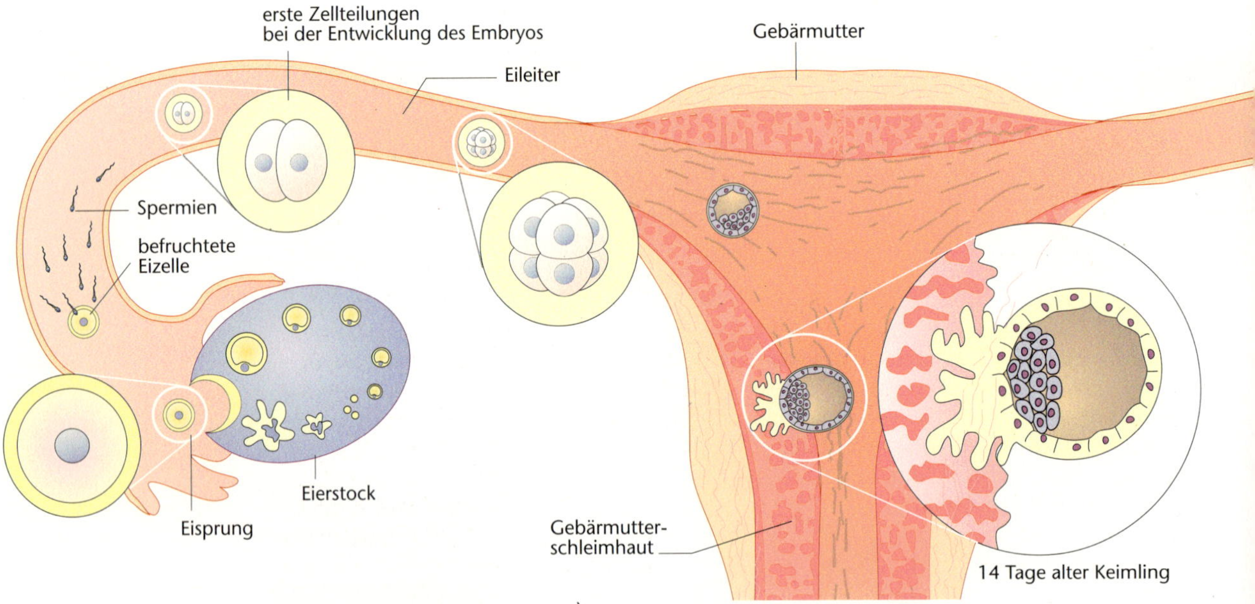

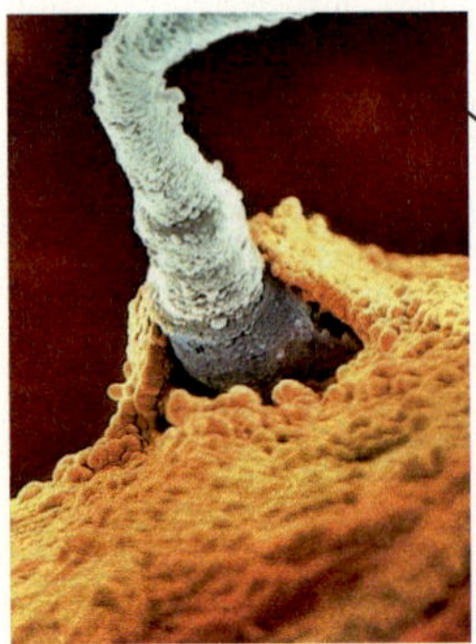

1 Befruchtung

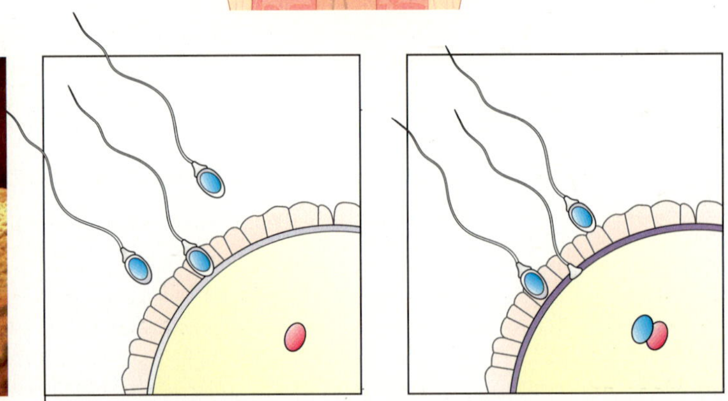

2 Vorgang der Befruchtung

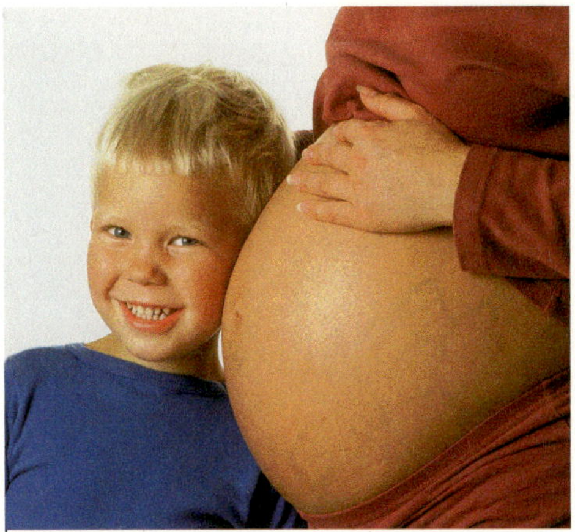

3 Schwangere mit Kleinkind

Der Embryo bekommt menschliche Gestalt

Ein Teil des bläschenförmigen Keims bildet zusammen mit der Gebärmutterschleimhaut die **Plazenta**. Von dort erhält der Embryo durch eine Nabelschnur alle Nährstoffe aus dem mütterlichen Blut. Der wachsende Embryo sieht zunächst einem Baby noch gar nicht ähnlich. Er liegt geschützt in der Fruchtblase, die mit Fruchtwasser gefüllt ist.

In den ersten acht Wochen werden schon alle Organe angelegt, obwohl der Embryo am Ende des 2. Monats erst etwa 4 cm groß ist und 1 g wiegt. Inzwischen ähnelt er einem winzigen Baby. Im 3. Monat werden Augen, Ohren, Nase und Mund weiter ausgebildet.
Der Embryo heißt ab jetzt **Fetus**, er misst 12 cm und wiegt 30 g.
Ab dem 5. Monat bewegt sich der Fetus so heftig, dass die Mutter die Bewegungen spüren kann. Er nimmt Geräusche und Musik von außen wahr und hört die Stimme seiner Mutter. Außerdem können Ärzte auf dem Ultraschallbild erkennen, ob es ein Mädchen oder ein Junge ist.
Nach sieben Monaten könnte ein Fetus schon gut überleben, wenn er als Frühgeburt oder „Frühchen" auf die Welt kommt. Bis zur Geburt vergehen normalerweise 40 Wochen oder etwas mehr als neun Monate.

In den ersten drei Monaten der Entwicklung im Mutterleib werden alle Organe beim Embryo angelegt. Danach nimmt der Fetus hauptsächlich an Größe und Gewicht zu.
Ein werdendes Kind braucht ganz besonderen Schutz für seine gesunde Entwicklung.

Die Verantwortung für ein Kind fängt schon früh an

Schon bevor ein Baby auf die Welt kommt, kann es bei den Eltern für manche Aufregung sorgen. Der Körper der werdenden Mutter verändert sich und sie muss ihr Leben darauf einstellen. Neben der Freude stellt sich jede Mutter auch immer wieder die ängstliche Frage: Wird sich mein Baby normal entwickeln und gesund zur Welt kommen?

Sie selbst kann viel dazu beitragen, wenn sie sich richtig ernährt, nicht raucht, keinen Alkohol trinkt oder andere Drogen nimmt. Durch regelmäßige Vorsorgeuntersuchungen überwacht die Ärztin oder der Arzt die Gesundheit von Mutter und Kind.

Erkrankt die Mutter während der Schwangerschaft an **Röteln**, kann das schlimme Folgen für das Baby haben. Es wird durch Giftstoffe des Krankheitserregers körperlich und geistig schwer geschädigt. Deshalb sollten alle Mädchen schon vor der Pubertät gegen Röteln geimpft werden. Auch in deiner Schule werden sicher jedes Jahr Impfaktionen durchgeführt.

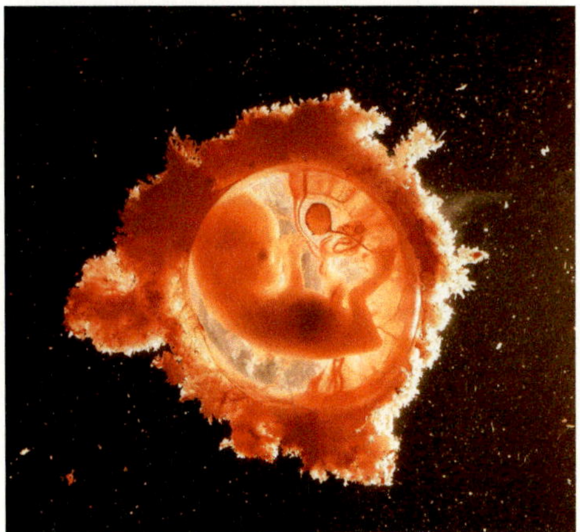

4 Fetus

Aufgaben

1 Erkläre, was Befruchtung bedeutet.

2 Beschreibe die Vorgänge von der Befruchtung der Eizelle bis zur Einnistung.

3 Beschreibe den Fetus auf dem Foto und gib an, welche Körperteile du erkennen kannst.

4 Wie ansteckend sind Röteln? Informiert euch im Internet und berichtet.

3. Schwangerschaftsmonat

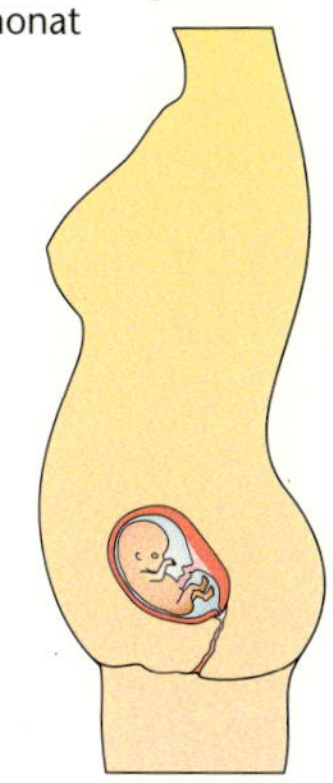

7. Schwangerschaftsmonat

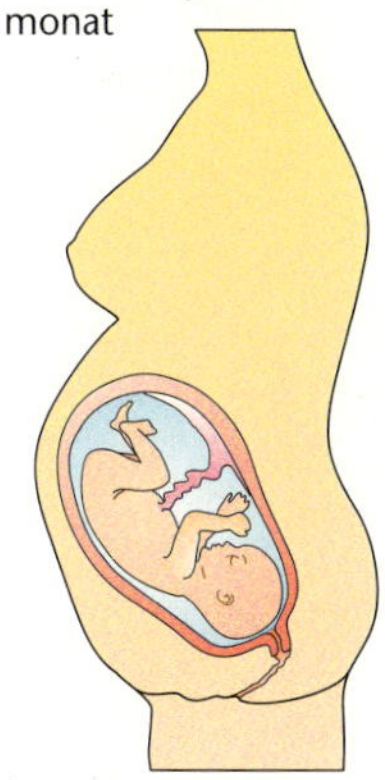

5 Entwicklung vom Embryo zum Fetus

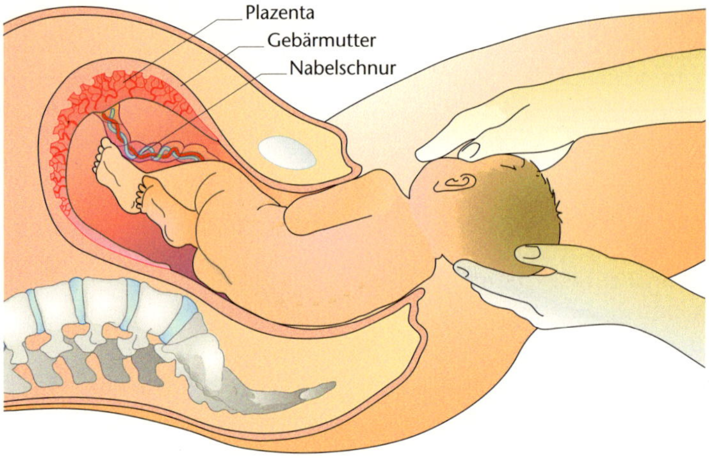

1 Austreibungsphase

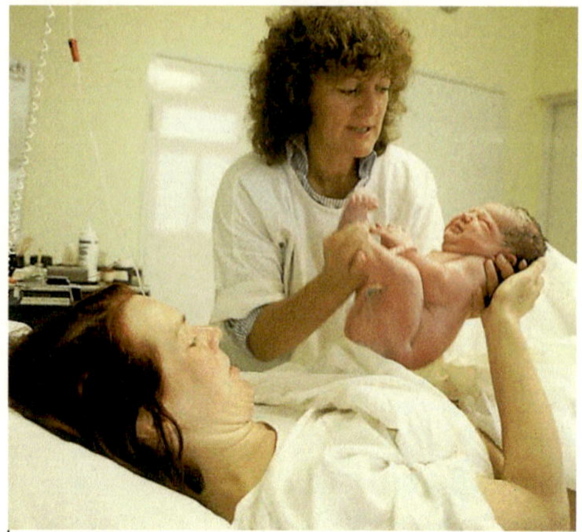

3 Die Hebamme hilft auch nach der Geburt.

Geburtstag
Gegen Ende der Schwangerschaft ist der Bauch der werdenden Mutter so dick, dass ihr auch leichte Tätigkeiten schwer fallen. Das wachsende Kind braucht immer mehr Platz und drückt die Organe seiner Mutter nach oben. Immerhin ist das Kind kurz vor der Geburt 50 bis 55 cm groß und wiegt manchmal bis zu 4000 g. Die Mutter spürt schon einige Tage vor der **Geburt**, dass die Schwangerschaft zu Ende geht.

Ziehende Schmerzen im Rücken und im Bauch, die **Wehen**, kündigen die Geburt an. Die Muskulatur der Gebärmutter zieht sich zusammen und drückt das Baby im Normalfall mit dem Kopf in Richtung Scheidenausgang.
Die Fruchtblase platzt und das Fruchtwasser läuft aus. Danach wird das Kind mit Presswehen durch die Gebärmutteröffnung, den Muttermund, aus der Scheide herausgepresst. Die Mutter hilft mit, indem sie ihre Bauchmuskulatur fest anspannt. Hebamme, Arzt oder Ärztin unterstützen sie dabei. Sie führen und halten das Köpfchen des Kindes bis es geboren ist. Häufig erlebt auch der Vater die Geburt seines Kindes mit. Viele Mütter finden es beruhigend und schön, ihren Partner während diesem besonderen Ereignis bei sich zu haben.
Direkt nach der Geburt wird die Nabelschnur ohne Schmerzen abgebunden und durchtrennt. Daher hat die **Entbindung** ihren Namen.

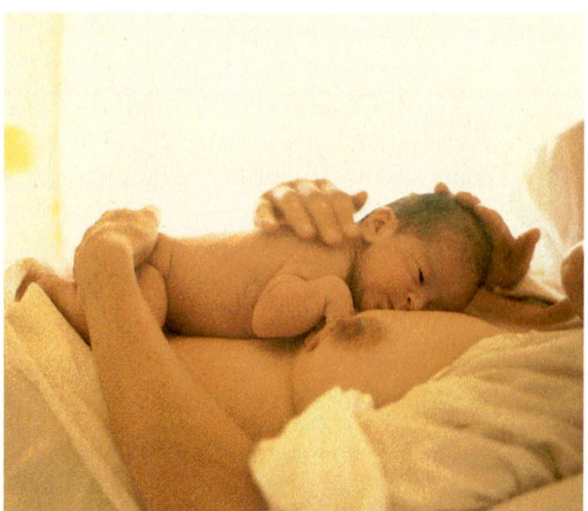

2 Neugeborenes auf dem Bauch der Mutter

Der erste Schrei
Mit dem ersten Schrei atmet das Neugeborene selbstständig. Die Plazenta wird mit einer Wehe als Nachgeburt ausgestoßen. Hebamme, Arzt oder Ärztin legen der Mutter ihren Säugling gleich nach der Geburt auf den Bauch. Die vertrauten Herztöne der Mutter und der Hautkontakt sind Erholung nach der anstrengenden Geburt.

Die Geburt beginnt mit Wehen. Mit der Entbindung wird das Neugeborene von der versorgenden Plazenta der Mutter getrennt.

Aufgaben

1 Woran erkennt eine werdende Mutter, dass die Geburt unmittelbar bevorsteht?

2 Erkläre, was mit Entbindung gemeint ist.

3 Informiere dich über die Aufgaben einer Hebamme und berichte.

4 Lasse dir von deiner Mutter über Einzelheiten deiner Geburt berichten.

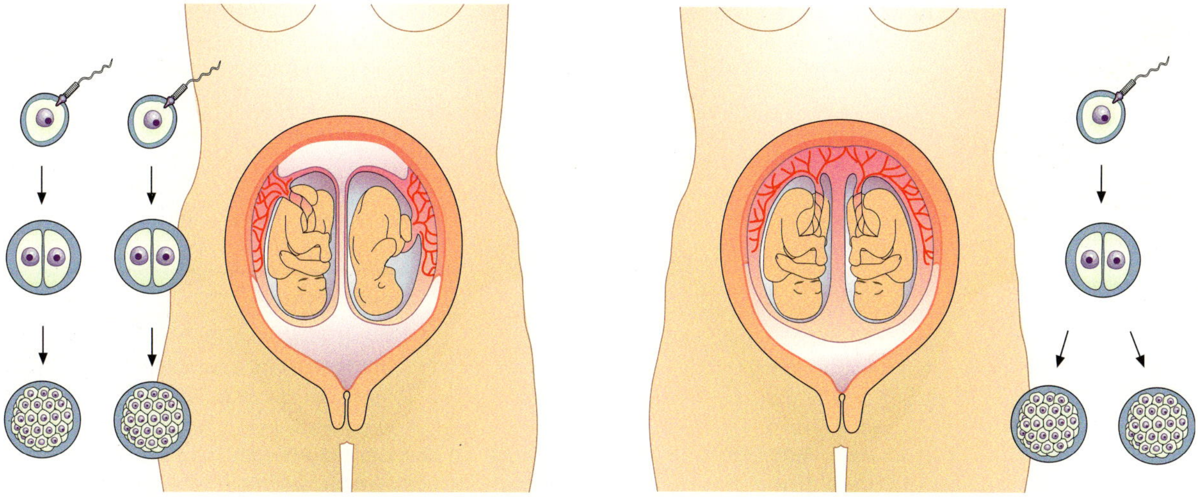

1 Zweieiige Zwillinge

2 Eineiige Zwillinge

Zehn Minuten älter
Als Christina und Mark in die neue Klasse kamen, schauten ihre Mitschülerinnen und Mitschüler ganz ungläubig, als beide der Lehrerin gegenüber behaupteten: „Wir haben das gleiche Geburtsdatum, aber Mark ist älter." Christina und Mark sind also nicht nur Geschwister, sondern Zwillinge. Mark kam zehn Minuten eher auf die Welt und ist deshalb ein bisschen älter als seine Schwester.

Werden beim Eisprung ausnahmsweise zwei reife Eizellen abgegeben, können diese dann jeweils von einem Spermium befruchtet werden. Die beiden Embryonen entwickeln sich zu zwei Babys. Es können zwei Jungen, zwei Mädchen oder ein Junge und ein Mädchen geboren werden.

Christina und Mark sind also **zweieiige Zwillinge** und gleichen sich deshalb nicht mehr als Geschwister mit verschiedenen Geburtstagen.

Zum Verwechseln ähnlich
„Die gleichen sich ja wie ein Ei dem anderen", hast du sicherlich auch schon einmal Leute erstaunt sagen hören. Gemeint sind Zwillinge, die man nach ihrem Aussehen kaum unterscheiden kann. Wie ist so etwas möglich? Sie sind aus einer befruchteten Eizelle entstanden. Nach der ersten Teilung der befruchteten Eizelle haben sich die beiden Zellen vollständig voneinander getrennt und unabhängig voneinander weiter entwickelt. So sind **eineiige Zwillinge** entstanden. Diese Geschwister sind immer zwei Mädchen oder zwei Jungen.

Zweieiige Zwillinge entstehen, wenn zwei Eizellen befruchtet werden. Eineiige Zwillinge entstehen aus einer befruchteten Eizelle.

Aufgabe

1 Erkläre, warum Christina und Mark nur zweieiige Zwillinge sein können.

Gute Geheimnisse – schlechte Geheimnisse
Tom schwärmt Peter von einem Mädchen aus der Parallelklasse vor. Er findet sie ganz süß und würde gern mal mit ihr ins Kino gehen. Peter soll sein Ehrenwort geben, dass er es keinem weitererzählt. Natürlich hält Peter sich daran und freut sich, als er erfährt, dass die beiden schon miteinander telefoniert haben.

Mandy scheint still und zurückgezogen. Ihre Freundinnen finden sie verändert und fragen schon ein paar Mal nach, was denn los sei. Schließlich vertraut Mandy ihrer engsten Freundin Lydia ein Geheimnis an: Der Freund von Mandys Vater will Mandy immer wieder streicheln und küssen, wenn sie alleine sind. Er hat ihr gesagt, dass sie niemandem davon erzählen dürfe, weil es ihr gemeinsames Geheimnis wäre.

Wie soll es nun weitergehen?

Hier findest du Hilfe:
Frauen- und Mädchenberatungsstellen,
pro-familia,
Notruf für Frauen und Mädchen,
Kinderschutzbund,
Vertrauenslehrerin,
Jugendämter

1 „Nein" heißt „nein"

Aufgaben

1 Wann würdest du ein Ehrenwort oder Verbot übertreten, etwas weiterzuerzählen? Spielt das jeweilige Gespräch vor.

2 Gib Lydia einige Tipps, an wen sie sich wenden soll mit ihrem Geheimnis über Mandy.

3 Sag Mandy selbst, wen sie um Hilfe und Rat bitten sollte.

4 Stelle dir vor, du wärst in Mandys Situation.
Wie würdest du als Mandy diesen Mann zurückweisen?

5 Ordne in einer Tabelle die Aussagen aus Bild 2 den Überschriften „Wann ich NEIN sage" und „Was ich zulasse" zu.

Lexikon

Verhütung – erst recht beim ersten Mal

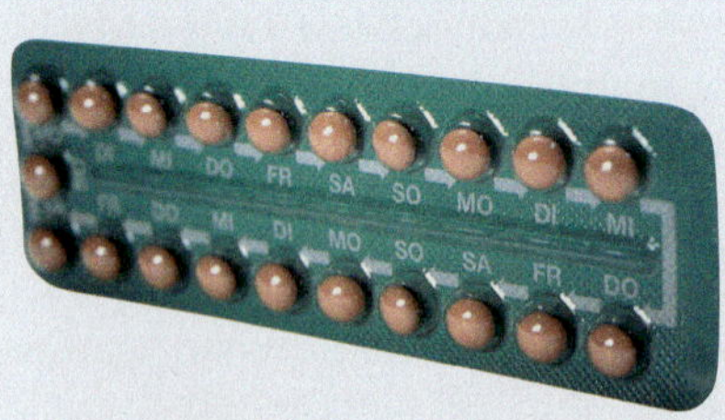

Viele Paare wollen Sex haben, ohne ein Kind zu zeugen. Kinder und Jugendliche können die große Verantwortung für ein Kind noch nicht übernehmen. Schon vor dem ersten Mal müssen Mädchen und Jungen unbedingt an Verhütung denken.
Es gibt viele Möglichkeiten eine Schwangerschaft zu verhindern. Die bekanntesten sind die Antibabypille und das Kondom.

Das **Kondom** ist eine dünne Gummihülle. Vor dem Geschlechtsverkehr wird es über den steifen Penis gerollt. An der Spitze fängt ein kleiner Hohlraum das Sperma auf. Kondome verhindern eine Schwangerschaft, wenn sie richtig und nur einmal benutzt werden.
Sie schützen außerdem vor der Übertragung von ansteckenden Krankheiten.

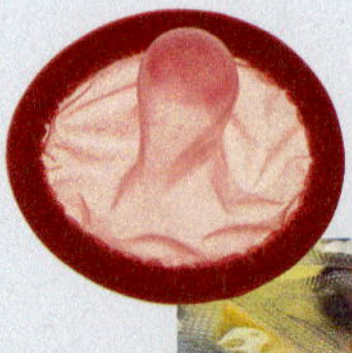

Die **„Pille"** verhindert, dass eine Eizelle im Eierstock heranreift. Sie muss als rezeptpflichtiges Medikament von einem Arzt oder einer Ärztin verschrieben werden, da sie Hormone enthält. Nach Vorschrift eingenommen, ist sie ein sicheres und weit verbreitetes Verhütungsmittel.

Wie ich mich kleide, so wirke ich
In diesem Sommer findet Birgit ihr neues bauchfreies Top und die eng anliegende kurze Hose total schick. Sie hat sich vorm Spiegel hin und her bewegt und von allen Seiten begutachtet. Die Mädchen-Models in ihrer Lieblings-Zeitschrift sehen nicht besser aus. Ihre Figur zeigt schon deutlich mehr Frauliches als noch vor Monaten.

Mit ihren langen, schlanken Beinen in der ganz knapp sitzenden Hose, die hinten etwas von den Pobacken frei lässt, fühlt sie sich beneidenswert gut aussehend.
Zum ersten Mal hat sie sich Gesicht, Mund und Augen geschminkt. So bewundert sie sicher jeder, weil sie so hübsch ist.

Wer sich körperlich aufreizend gibt, zieht die Blicke mancher Leute auf sich. Ob Birgit bewusst ist, dass die Reaktionen auf ihre Reize auch lästig werden können?

Selbstbewusstsein ist wichtig
Trotzdem darf niemand ein Mädchen oder einen Jungen belästigen! Wir haben alle das Recht, uns schön anzuziehen.
Auch wenn dir jemand nachpfeift oder dich anmacht, sag bestimmt und selbstbewusst, dass du das nicht magst.

„Mein Körper gehört mir!"
Dein Körper bist du. Du hast das Recht, allein über ihn zu bestimmen. Nur deinen Gefühlen solltest du trauen.

Für jeden Menschen ist es schön, Zärtlichkeit, Liebe und Sexualität zu erleben. Aber leider gibt es Erwachsene, die ihre Macht benutzen, um ihre eigene Lust durch Kinder befriedigen zu lassen.

Die Täter sind häufig gar nicht fremde Menschen. Oft missbrauchen Personen aus der Nachbarschaft oder Bekanntschaft oder sogar aus der eigenen Familie das ehrlich aufgebaute Vertrauen von Kindern.

Immer wenn du ungute Gefühle hast und dir jemand aufdringlich vorkommt, solltest du mit einem Menschen, dem du traust, darüber reden.

Jedes Kind hat das Recht zu bestimmen, wer es wann, wo und wie anfassen darf.
Jedes Mädchen oder jeder Junge sollte über sexuelle Belästigungen oder den Missbrauch an sich oder anderen reden.

3 Wie ich mich kleide, so wirke ich.

2 Mein Körper gehört mir!

Eine neue Zeit beginnt

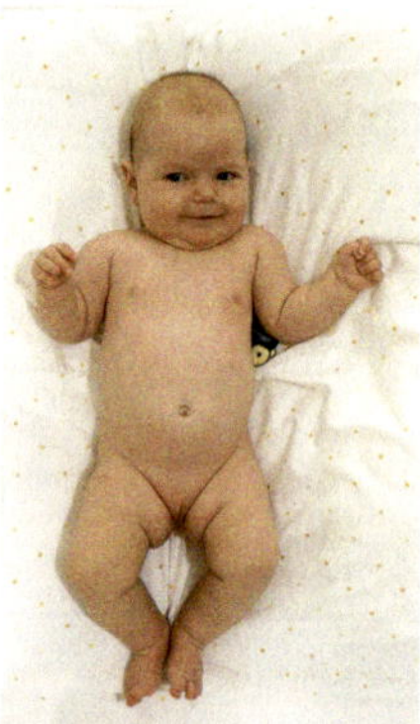

1 Säugling

Junge oder Mädchen?
Von Geburt an unterscheiden sich Jungen und Mädchen durch die äußerlich sichtbaren und die im Körper liegenden primären Geschlechtsmerkmale.

Pubertät – Zeit der Veränderungen
Der Entwicklungszeitraum vom Kind zum geschlechtsreifen Erwachsenen wird Pubertät genannt. Sie beginnt bei Jungen und Mädchen unterschiedlich zwischen dem 9. und 16. Lebensjahr.
Botenstoffe oder Hormone bewirken die Ausbildung der körperlichen und seelischen Veränderungen in der Pubertät.

Gefühle, Einstellungen und Interessen wechseln häufig
Oft lehnen Jugendliche die Regeln der Erwachsenen ab und wollen selbstständig sein. Nur durch gegenseitiges Verständnis können Konflikte gelöst und Streit geschlichtet werden.

Sekundäre Geschlechtsmerkmale
Durch sekundäre Geschlechtsmerkmale wird ein Junge zum Mann und ein Mädchen zur Frau.

Wann sind Jungen geschlechtsreif?
Jungen werden geschlechtsreif, wenn ihre Hoden Spermien bilden. Zusammen mit Drüsenflüssigkeiten entsteht Sperma. Als Zeichen der Geschlechtsreife gilt die Pollution.

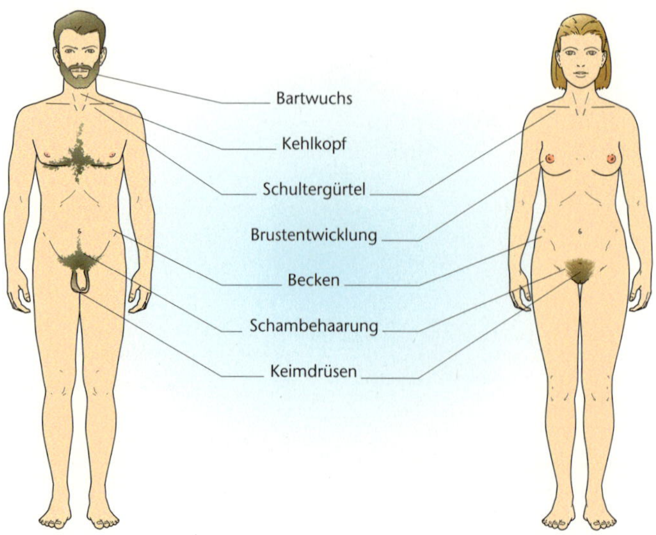

2 Sekundäre Geschlechtsmerkmale

Wann sind Mädchen geschlechtsreif?
Sobald in den Eierstöcken Eizellen heranreifen, werden Mädchen geschlechtsreif. Bei der monatlichen Menstruation wird die Eizelle mit Blut und Schleimhautresten aus der Gebärmutter ausgeschieden.

Körperhygiene ist wichtig
In der Pubertät beginnen Schweißdrüsen vermehrt Schweiß zu produzieren. Deshalb ist es wichtig, dass Jungen und Mädchen sich ab jetzt regelmäßig waschen. Wichtig: Die äußeren Geschlechtsorgane nicht vergessen. Auch die Kleidung sollte häufiger gewechselt werden.

Befruchtung
Beim Geschlechtsverkehr wird der steife Penis in die Scheide eingeführt. Nach dem Samenerguss schwimmen die Samenzellen, die Spermien, von der Scheide durch die Gebärmutter in den Eileiter. Treffen sie auf eine Eizelle, kommt es zur Befruchtung, wenn ein Spermium in die Eizelle eindringt.

Ein neuer Mensch entsteht
Eine Schwangerschaft beginnt mit dem Einnisten der mehrfach geteilten Eizelle in die Gebärmutterschleimhaut. Der Embryo besitzt nach drei Monaten alle Organanlagen. Danach wächst er als Fetus weiter heran und wird größer und schwerer.

Geburtstag
Nach neun Monaten zieht sich die Gebärmuttermuskulatur zusammen und presst mit Wehen das Kind heraus. Mit der Durchtrennung der Nabelschnur ist ein neuer Mensch als Säugling auf die Welt gekommen.
Zwillinge können aus einer oder zwei Eizellen entstehen.

Kondome und Pille verhüten
Wer die Verantwortung für ein Kind nicht tragen kann oder will, sollte mit Kondomen oder der Pille verhüten.

Dein Körper gehört dir!
Über Missbrauch solltest du unbedingt mit einer Vertrauensperson sprechen. Jedes Mädchen und jeder Junge hat das Recht „NEIN“ zu sagen, wenn jemand ihn oder sie sexuell belästigt.

Aufgaben

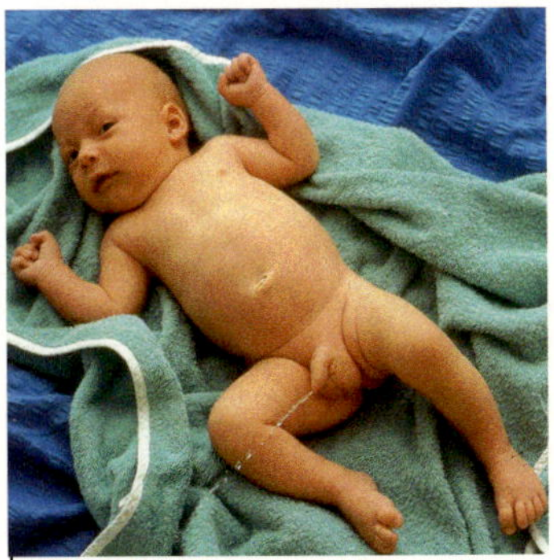

3 Säugling

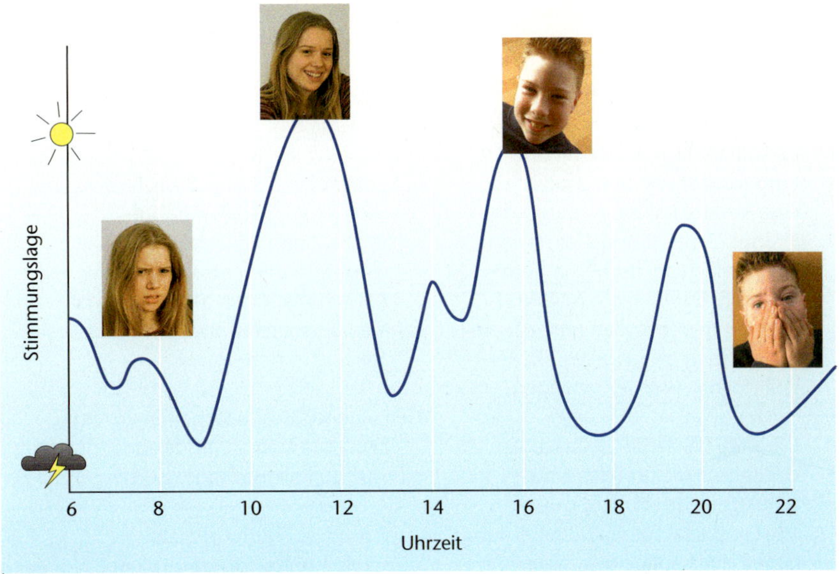

4 Zu Aufgabe 4

1 a) Welche primären Geschlechtsorgane hat ein Junge schon bei der Geburt? Liste auf.
b) Erstelle eine entsprechende Liste für ein Mädchen.

2 Zähle auf, welche sekundären Geschlechtsmerkmale sich entwickeln
a) bei einem Jungen
b) bei einem Mädchen

3 „Himmelhoch jauchzend – zu Tode betrübt", lautet eine Redewendung.
Finde eine Erklärung für dieses „Achterbahnfahren" deiner Stimmungen.

4 Ordne den Fotos der Mädchen und Jungen in Abbildung 4 ihre jeweiligen Gefühle zu. Versetze dich in eine der Personen.
Schreibe eine kleine Geschichte in der Ich-Form, die zu der jeweiligen Stimmungslage geführt haben könnte.

5 Stelle dir vor, du bist mit dem Mädchen oder dem Jungen auf den Fotos in Bild 4 eng befreundet: Wie reagierst du? Schreibe dein Gespräch mit ihr oder ihm auf.

6 Erkläre, wie ein Pickel entsteht.

7 Begründe, warum es wichtig ist, sich gründlich überall zu waschen, frische Kleidung zu tragen und gut zu riechen.

8 Beschreibe den Weg der Spermien von der Entstehung bis zum Samenerguss.

9 Erkläre, wo die weiblichen Keimzellen entstehen und wann sie befruchtungsfähig sind.

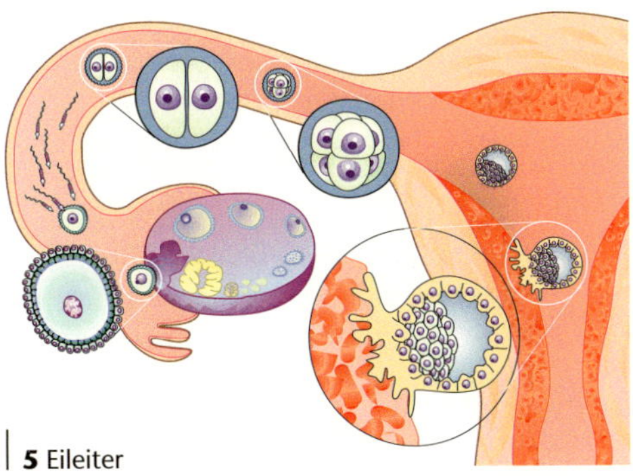

5 Eileiter

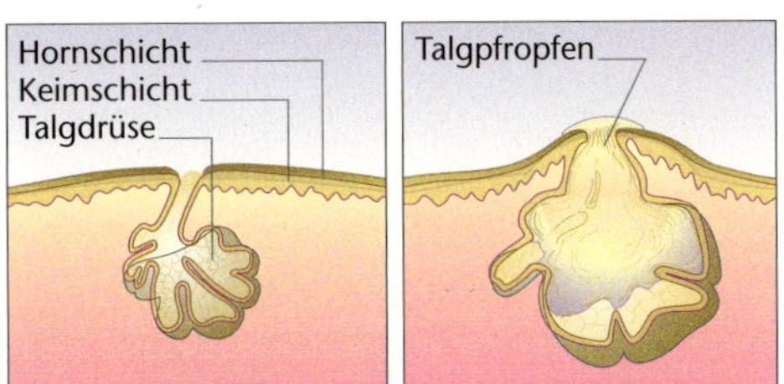

6 Entstehung eines Pickels

10 Beschreibe genau den Vorgang der Befruchtung.

11 Ist es möglich, dass eine Eizelle von mehreren Spermien befruchtet wird?
Begründe deine Aussage.

12 Wie entstehen Zwillinge? Zeichne beide Möglichkeiten in dein Heft und beschrifte.

13 Beschreibe den Menstruationszyklus.

14 Warum ist Hygiene an den „Tagen" besonders wichtig? Schreibe die Gründe auf.

15 Plant einen Besuch eurer Klasse bei einer Frauenärztin oder einem Frauenarzt.

16 Notiere dir drei weitere Fragen zum Thema Pubertät in dein Heft.
Suche im Internet auf der Homepage der Bundeszentrale für gesundheitliche Aufklärung, BzgA, nach Antworten. Trage die Antworten in dein Heft ein.

Pflanzen und Tiere im Schulumfeld

1 Die Pflanze müsste harte Blätter und Stängel haben, die nur schwer zu zerreißen sind. Die Blätter sollten flach auf dem Boden ausgebreitet sein und möglichst eine Rosette bilden. Es dürfte der Pflanze nichts ausmachen, wenn gelegentlich auf ihr herumgetreten wird. Die Wurzeln müssten sehr tief in den Boden reichen, damit sie auch bei längerer Trockenheit noch an Wasser gelangen.

3 Die alten Nester besitzen wegen der Benutzung und der Witterungseinflüsse oft nicht mehr ihre alte Form und Stabilität. Außerdem haben sich häufig auch zahlreiche kleine Insekten (Parasiten) eingefunden, die den Vogeljungen gefährlich werden könnten.

Der Wald – ein Lebensraum für Pflanze, Tier und Mensch

1 Wenn die hohen Bäume noch genügend Licht durch das „Blätterdach" hindurch lassen, entstehen darunter weitere Pflanzenschichten aus Sträuchern und niedrig wachsenden Kräutern. Im dichten Rotbuchenwald gibt es meistens nur eine Krautschicht, während der lockere Stieleichen-Birkenmischwald über eine Strauch- und eine Krautschicht verfügt.

8 Während des Winters auf der Nordhalbkugel ist auf der Südhalbkugel Sommer. Die Pflanzen dieser Länder und auch der tropischen Länder geben genügend Sauerstoff ab. Daneben gehören die Meeresalgen zu den wirkungsvollsten Sauerstoffproduzenten der Erde. Sie geben auch im Winter Sauerstoff ab.

Anpassung an den Lebensraum

1 Durch Verbissschäden werden vor allem junge Bäume geschädigt. Sie wachsen dann verkrüppelt. Das Fegen von zu vielen Rehböcken und Hirschen schadet der Rinde der Bäume und Sträucher. Die Bäume und Sträucher werden verletzt und sind dann anfällig für Schädlinge und Krankheiten.

6 Der Stoffwechsel der wechselwarmen Tiere ist stark herabgesetzt, sodass kaum Sauerstoff benötigt wird. Zur Aufrechterhaltung der Körperfunktionen gelangt ausreichend Sauerstoff über die Hautatmung in den Körper.

12 Folgende Besonderheiten ermöglichen den Vögeln das Fliegen:
- stromlinienförmiger Körper
- Federn
- kräftige Flugmuskulatur
- luftgefüllte Röhrenknochen
- Lunge mit Luftsäcken

14 Der Strauß hat keine Schwungfedern, die ihn beim Fliegen tragen würden. Wie im Bild zu sehen ist, sind seine Federn luftdurchlässig und deshalb zum Fliegen nicht geeignet.

16 In der Technik besitzen viele Fahrzeuge (Autos, Flugzeuge, Raketen wie das Space Shuttle oder U-Boote) die Stromlinienform.
Der Vorteil dieser Bauform liegt in der Verringerung des Luft- bzw. Wasserwiderstandes. Dadurch können höhere Geschwindigkeiten bei einem geringeren Benzin- bzw. Energieverbrauch erzielt werden.

17 Wegen der vor allem nachts stark absinkenden Temperaturen würde die Entwicklung der Embryonen in den Eiern aussetzen. Im Körper der Reptilien werden starke Temperaturschwankungen ausgeglichen.

21 Die Entwicklung der Fische kann am Beispiel der Forellen beschrieben werden: Aus den befruchteten Eiern schlüpfen Larven, die sich zuerst von den Nährstoffen des Dottersacks ernähren. Mit dem Verbrauch der Nährstoffe wird der Dottersack zurückgebildet. Die jungen Forellen ernähren sich von wirbellosen Kleinlebewesen (z.B. Insektenlarven). Im Verlauf von drei bis vier Jahren wachsen die Tiere heran und werden geschlechtsreif. Die erwachsenen Forellen leben räuberisch von kleineren Fischen. Um Skizzen der Stadien anzufertigen, kannst du dich an den Bildern auf Seite 52 orientieren.

24 Das Leben in Schwärmen bietet den Heringen Schutz vor Fressfeinden. In einem Schwarm sind einzelne Tiere nicht so leicht zu erkennen und zu ergreifen. Der Schwarm als Ganzes wirkt wie ein Einzellebewesen. Dadurch wird der Strömungswiderstand herabgesetzt und somit beim Schwimmen weniger Energie verbraucht. Außerdem finden die Fische in einem Schwarm leichter einen Partner, mit dem sie sich paaren können. In einem Schwarm können die Jungfische von den anderen Fischen lernen.

Körper in Bewegung

8 a) 130 km/h : 3,6 = 36 m/s; die Aussage ist richtig
b) 130 km/h · 0,5 h = 65 km; die Aussage ist richtig
c) 130 km/h · 2,5 h = 325 km; die Aussage ist falsch
d) 130 km : 60 min = 2,2 km/min; die Aussage ist richtig

11 a) Die durchschnittliche Geschwindigkeit der Seilbahn beträgt 10,8 km/h.
b) Zeit-Weg-Diagramm:

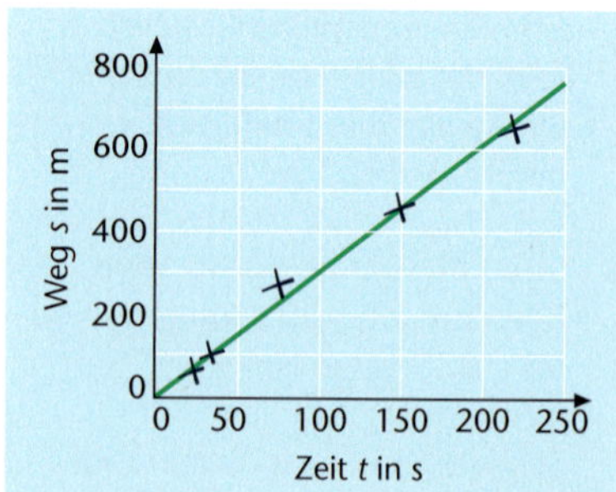

c) Die Seilbahn bewegt sich nicht immer gleichförmig – mal beschleunigt sie, mal bremst sie ab. Aus diesem Grund unterscheiden sich die Geschwindigkeiten.

Bewegung hält fit und macht Spaß

1 Schädel: schützt Gehirn
Brustkorb: schützt Lunge, Herz
Becken: schützt Blase, Darm, weibliche Geschlechtsorgane; auch Stützfunktion
Wirbelsäule: schützt Rückenmark; auch Stützfunktion

4 a) Es gibt Scharniergelenke, Kugelgelenke, Drehgelenke und Sattelgelenke.
b) Scharniergelenk: Knie-, Ellbogen-, Finger- und Zehengelenk
Kugelgelenk: Hüft- und Schultergelenk
Drehgelenk: zwischen den obersten zwei Wirbeln (Atlas, Axis)
Sattelgelenk: Daumengrundgelenk

Luft und Feuer

3 Wenn es brennt, muss zuerst die Feuerwehr alarmiert werden. Erst anschließend beginnt man mit der Brandbekämpfung. Das hat den Vorteil, dass die Feuerwehr schon unterwegs ist, wenn man die eigene Situation nicht richtig eingeschätzt hat oder einem beim Löschen etwas zustoßen sollte.

Brennendes Fett in einer Pfanne darf man nicht mit Wasser löschen, sondern durch Abdecken mit einem passenden Deckel oder mithilfe eines Feuerlöschers (kein Wasserlöscher). Das Feuer wird gelöscht, weil man die Luftzufuhr unterbricht.

5 Bedingungen einer Verbrennung:
- Ein brennbarer Stoff muss vorhanden sein (Holz, Streichholz).
- Luft muss Zutritt zum brennbaren Stoff haben (offenes Reagenzglas).
- Die Zündtemperatur des brennenden Stoffs muss erreicht sein (durch das Erhitzen des Reagenzglases).
- Luft und brennbarer Stoff müssen im richtigen Mengenverhältnis vorliegen (begrenzte Luftmenge im Reagenzglas).

Alles nur Luft

5 Die Spritzpistole enthält eine Luftpumpe, die mit dem Wassertank verbunden ist. Drückt man den „Abzugshebel", wird die Luft im Inneren der Pumpe zusammengepresst. Der Luftdruck steigt an und presst über die Verbindung zum Wassertank das Wasser durch die Düse.

10 Die Atemluft strömt durch den Mund über den Rachen, die Luftröhre und die Bronchien in die beiden Lungenflügel bis zu den Lungenbläschen.

13 Menschen und Tiere atmen Kohlenstoffdioxid in die Luft aus und die Pflanzen benötigen Kohlenstoffdioxid zur Fotosynthese. In diesem Sinne ist Kohlenstoffdioxid ein natürlicher Luftbestandteil. Übermäßig an die Luft abgegebenes Kohlenstoffdioxid, welches aufgrund seiner Menge von den grünen Pflanzen nicht vollständig gebunden werden kann, trägt zur Erwärmung der Erdatmosphäre bei und wird in diesem Sinne als Luftschadstoff angesehen.

17 Die Bergleute überlebten in einer Luftblase. Es drückte zwar Wasser in den Stollen, in dem sie eingeschlossen waren, allerdings war der leicht ansteigende Stollen abgeschlossen. Aus diesem Grund konnte die darin enthaltene Luft nicht entweichen und der Stollen lief nicht ganz mit Wasser voll. Im Stollen herrschte jedoch ein höherer Luftdruck als an der Erdoberfläche. Aus diesem Grund wurde über der Bohrung eine Druckkammer angebracht. Sie verhinderte, dass die Luft durch das Bohrloch entweichen konnte.

19 Die warme Luft im Inneren der Ballonhülle ist leichter als die Luft der Umgebung. Dadurch steigt der Ballon auf.

Wetter und Klima

1 Das Thermometer muss draußen an einem schattigen Platz aufgehängt werden. Beim Ablesen ist die Skala des Thermometers senkrecht und auf Augenhöhe zu halten.

14 Wir leben in der Westwindzone.

22 Die Kerzenflammen erwärmen die Luft. Die warme Luft ist leichter als die Umgebungsluft und steigt auf. Es entsteht eine Luftbewegung, wodurch die Flügel angetrieben werden.

26 Die Ringelgänse sind Zugvögel, die auf ihrem Weg ins Winterquartier auf der Hallig Hooge Zwischenstation machen. Weil die Winter im Norden Europas kalt sind und in dieser Jahreszeit kaum Pflanzen wachsen, finden die Vögel nicht genügend Nahrung. Aus diesem Grund ziehen sie jedes Jahr im Herbst in Quartiere, die in wärmeren Gebieten der Erde liegen. Im Frühjahr kehren die Vögel wieder zurück.

Eine neue Zeit beginnt

1 Primäre Geschlechtsorgane beim Jungen:
Penis, Hodensack mit Hoden und Nebenhoden
primäre Geschlechtsorgane beim Mädchen:
Gebärmutter, Eierstöcke mit Eileiter, Schamlippen

2 Die sekundären Geschlechtsorgane beim Jungen sind: typisch männliche Körperform, Körperbehaarung, tiefe Stimme.
Die sekundären Geschlechtsorgane beim Mädchen sind: weibliche Körperform, Brüste, Scham- und Achselbehaarung.

9 Jeden Monat reift in einem der Eierstöcke eine Eizelle heran. Etwa am 14. Tag gelangt sie nach dem Eisprung in den Eileiter und ist dort befruchtungsfähig.

8.1 Mauritius (Enzinger), Mittenwald – **9.2,3** Reinhard-Tierfoto, Heiligkreuzsteinach – **9.4** Greiner&Meyer (Meyer), Braunschweig – **10.1** Manfred Pforr, Langenpreising – **11.1** Tilman Wischuf, Brackenheim – **11.2,3** Silvestris, Dießen – **12.1** Reinhard-Tierfoto, Heiligkreuzsteinach – **12.2** Okapia (R. Müller-Rees), Frankfurt – **12.3** Reinhard-Tierfoto, Heiligkreuzsteinach – **12.4** ARDEA London Limited (John Daniels), London – **12.5,6** Okapia, Frankfurt – **13.7** Bruce Coleman Collection (Hans Reinhard), Cahlfont St Peter Bucks – **13.8** Okapia (Stefan Meyers), Frankfurt – **13.9** Reinhard-Tierfoto, Heiligkreuzsteinach – **13.10** Okapia (NAS St. Maslowski), Frankfurt – **13.11** Okapia, Frankfurt – **13.12, 14.1** Reinhard-Tierfoto, Heiligkreuzsteinach – **14.2** Okapia (Norbert Fischer), Frankfurt – **15.1** Angermayer, Holzkirchen – **15.B1,3-4, 15.2** Reinhard-Tierfoto, Heiligkreuzsteinach – **15.B4A, 15.B2** Okapia (Hans Reinhard), Frankfurt – **15.B1A** Okapia (Josef Ege), Frankfurt – **16.1** Dr. Helmut Schmalfuss, Stuttgart – **16.2** Silvestris (R. Wilmshurst), Dießen – **16.3,4, 17.1** Okapia, Frankfurt – **17.2** Getty Images (Neil McIntyre), München – **17.4** Okapia (Hans Dieter Brandl), Frankfurt – **18.1** Silvestris (Brockhaus), Dießen – **18.2,3** Okapia, Frankfurt – **19.1** Angermayer (Hans Pfletschinger), Holzkirchen – **19.2-4** Silvestris, Dießen – **20.2** Reinhard-Tierfoto, Heiligkreuzsteinach – **20.3** Angermayer (Hans Pfletschinger), Holzkirchen – **20.4** Silvestris (Jürgen Lindenburger), Dießen – **20.5** Tilman Wischuf, Brackenheim – **20.6** Manfred Pforr, Langenpreising – **20.7-9** Reinhard-Tierfoto, Heiligkreuzsteinach – **22.1** Ulrich Niehoff, Bienenbüttel – **22.3** Action Press (Guido Ohlenbostel), Hamburg – **22.3** Mauritius (O'Brien), Mittenwald – **22.4** Stihl Andreas AG & Co. KG, Waiblingen – **22.5** Angermayer (Hans Pfletschinger), Holzkirchen – **23.6** Okapia, Frankfurt – **23.7,8** Tilman Wischuf, Brackenheim – **24.1,2** Ulrich Niehoff, Bienenbüttel – **24.3** Staatliches Forstamt (Jutta Wagner), Schleiden – **26.2** MEV, Augsburg – **26.3** Okapia (Hans Reinhard), Frankfurt – **27.1** Silvestris (Norbert Schwirtz), Dießen – **27.2, 28.2** Okapia, Frankfurt – **28.1** Tilman Wischuf, Brackenheim – **28.3** Prof. Dr. Horst Müller, Dortmund – **29.1** Okapia (Claudia Schäfer), Frankfurt – **29.2**-4 Silvestris, Dießen – **29.6** Reinhard-Tierfoto, Heiligkreuzsteinach – **29.7** Greiner&Meyer (Greiner), Braunschweig – **30.1** Helga Lade (Lange), Frankfurt – **30.2** Juniors Bildarchiv (M. Danegger), Ruhpolding – **30.3** Okapia (Günther Bachmeier), Frankfurt – **30.4** Reinhard-Tierfoto, Heiligkreuzsteinach – **30.5** Helga Lade, Frankfurt – **30.6** S. Meyers – **31.2** Reinhard-Tierfoto, Heiligkreuzsteinach – **31.4,5** Okapia, Frankfurt – **31.6** Angermayer, Holzkirchen – **32.1** Reinhard-Tierfoto, Heiligkreuzsteinach – **33.4** Manfred Danegger, Owingen – **33.5A** Okapia (E. Pott), Frankfurt – **33.5,6** Reinhard-Tierfoto, Heiligkreuzsteinach – **35.1** Silvestris (Josef Zachl), Dießen – **35.2** Corbis (Duomo), Düsseldorf – **35.3** MEV, Augsburg – **35.4** Prof. Dr. Horst Müller, Dortmund – **36** MEV, Augsburg – **37.2** Corbis (Will & Deni McIntyre), Düsseldorf – **37.6** Creativ Collection Verlag GmbH, Freiburg – **38.1** Tilman Wischuf, Brackenheim – **39.2** Okapia (Ingo Arndt), Frankfurt – **39.3** Silvestris (Dietmar Nill), Dießen – **39.4** Okapia (Robert Maier), Frankfurt – **39.5** Silvestris (Wolfgang Willner), Dießen – **39.6, 40.1** Reinhard-Tierfoto, Heiligkreuzsteinach – **40.2** Okapia (Klein&Hubert), Frankfurt – **40.3** Silvestris (Stefan Meyers), Dießen – **41.5** Okapia (L. Martinez), Frankfurt – **42** Reinhard-Tierfoto, Heiligkreuzsteinach – **44.2, 45.5** Okapia, Frankfurt – **45.6** Angermayer (Hans Pfletschinger), Holzkirchen – **46.1** Okapia (NAS J.L. LEPORE), Frankfurt – **47.3** Marion Barmeier, Essen – **47.2A-C** Okapia, Frankfurt – **48.1, 52.2,3** Reinhard-Tierfoto, Heiligkreuzsteinach – **52.4,5** Okapia, Frankfurt – **52.6** Silvestris (Heppner), Dießen – **53.2,3** Okapia, Frankfurt – **53.4** Mauritius (Frei), Mittenwald – **55** Okapia, Frankfurt – **56.2** AKG, Berlin – **56.3** Getty Images Stone (Frans Lanting), München – **57.2** SAVE-Bild (F. Rauschenbach), München – **57.3,5** Angermayer (Hans Pfletschinger), Holzkirchen – **58.1,2** Tilman Wischuf, Brackenheim – **58.7,8, 59.3** Angermayer (Hans Pfletschinger), Holzkirchen – **59.4** SAVE-Bild (M. Ochse), München – **59.5,6** Angermayer (Hans Pfletschinger), Holzkirchen – **60.1** Silvestris (Martin Wendler), Dießen – **60.2,3** Tilman Wischuf, Brackenheim – **61.4** Okapia (Herbert Schwind), Frankfurt – **62.1,2** Tilman Wischuf, Brackenheim – **62.3** Okapia (Michel Gunther), Frankfurt – **63.2** Tilman Wischuf, Brackenheim – **63.3, 64.1** Angermayer (Hans Pfletschinger), Holzkirchen – **65.1** Tilman Wischuf, Brackenheim – **65.2** Staatliches Museum für Naturkunde (Dr. Axel Kwet), Stuttgart – **66.1** Tilman Wischuf, Brackenheim – **66.3** Natural History Phot. Agency (Anthony Bannister), Ardingly Sussex – **66.4** Silvestris, Dießen – **66.5** Wildlife (B. Stein), Hamburg – **66.6** Okapia (Werner Layer), Frankfurt – **67.2** Manfred Bergau (Autor), Bohmte – **68.3** Staatliches Museum für Naturkunde (Rotraud Harling), Stuttgart – **69.1** Mauritius (Phototeque SDP), Mittenwald – **72.1** Okapia (Stefan Meyers), Frankfurt – **72.2** Wildlife (Delpho), Hamburg – **74.1** Silvestris (F. Pölking), Dießen – **74.2** Wildlife (H. Thoms), Hamburg – **74.3** Silvestris (Raimund Cramm), Dießen – **74.4** Okapia (Manfred Danegger), Frankfurt – **75.1** Silvestris (Frank Hecker), Dießen – **75.2** Okapia (BIOS/F. Cahez), Frankfurt – **75.3** IFA (R. Maier), Ottobrunn – **75.4-6** Okapia, Frankfurt – **76.3** Silvestris (Erich Kuch), Dießen – **77.1,2** Okapia, Frankfurt – **77.3** Tilman Wischuf, Brackenheim – **77.4** Okapia (Manfred Danegger), Frankfurt – **78** Tilman Wischuf, Brackenheim – **79.5** Silvestris (Fischer), Dießen – **79.6** IFA (Schösser), Ottobrunn – **79.7, 81.6A-D** Okapia, Frankfurt – **82.1** Reinhard-Tierfoto, Heiligkreuzsteinach – **82.4** Silvestris (Aitken Kelvin), Dießen – **83.1** Angermayer (Pfletschinger), Holzkirchen – **86.1** Das Fotoarchiv (Jerry Irwin), Essen – **86.2** Bongarts (Kienzler), Hamburg – **87.1** Helga Lade, Frankfurt – **87.3** IFA (LDW), Ottobrunn – **87.5** Corbis (Mark Jenkinson), Düsseldorf – **87.6** Mauritius (Nill), Mittenwald – **89.1** Sporting Pictures, London – **89.2-4, 91.2** Sportpressephoto Bongarts, Hamburg – **92.1** Getty Images (Taxi / Denis Boissav), München – **93.1** Marion Barmeier, Essen – **94.2A** IVB-Report (IVB-Report), Kappelrodeck – **94.2B, 98.2A** Sportpressephoto Bongarts, Hamburg – **98.2B** Corbis (2001), Düsseldorf – **99.1** Helga Lade (KaKi), Frankfurt – **99.4-6** Europa-Park, Rust – **100.1** Action Press, Hamburg – **100.2** Corbis (Mark A. Johnson), Düsseldorf – **101.3** Mauritius, Mittenwald – **101.4** Action Press, Hamburg – **101.5** Mauritius (Pöhlmann), Mittenwald – **103.1** Reinhard-Tierfoto, Heiligkreuzsteinach – **103.3,4** Dr. Bernd Thomas, Bergatreute – **105.3** JMS-Edition, Gandria – **109.3** Corbis (Steve Prezant), Düsseldorf – **111.1** Ulrich Niehoff, Bienenbüttel – **113.1** Das Fotoarchiv (Rupert Oberhäuser), Essen – **113.2** Gert Haala, Wesel – **113.3** Getty Images, München (allsport photographic plc) – **116.1** FIRE Foto - Thomas Gaulke (Thomas Gaulke), München – **116.2** Superbild, Unterhaching / München – **117.3,4, 118.1** Mauritius, Mittenwald – **119.1** aus O. Krätz Faszination Chemie, Callwey Verlag, München – **119.1A** Aventinum Publishing House, Praha – **119.3** Deutsches Museum, München – **120.1** Mauritius (Gatzen), Mittenwald – **122.5** Okapia (Wolfgang Weinhäupl), Frankfurt – **123.1** Mauritius (Eye-Press), Mittenwald – **123.2** Helga Lade, Frankfurt – **125.1** Mauritius (erich), Mittenwald – **125.2** IMAGINE, Hamburg – **125.4** Bongarts, Hamburg – **125.3B** Thomas Seilnacht, Mühlheim/Donau – **126.2** FIRE Foto - Thomas Gaulke (Thomas Gaulke), München – **127.5** IMAGO (Peter Widmann), Berlin – **128** FIRE Foto - Thomas Gaulke, München – **129.1** Fire Foto, München – **129.2** Anne Schlumbom, Köln – **130.2** Mauritius (Hubatka), Mittenwald – **131.1,3** MEV, Augsburg – **131.6** IMAGO (Sämmer), Berlin – **132.2** Corbis (Joseph Sohm, ChromoSohm Inc.), Düsseldorf – **133.3** Mauritius, Mittenwald – **133.4** Helga Lade (BAV), Frankfurt – **134.1** Picture-Alliance (dpa-Fotoreport/Rainer Jensen), Frankfurt – **134.2** DaimlerChrysler, Stuttgart – **136.1** MEV, Augsburg – **136.2** Helga Lade, Frankfurt – **136.3** Stockbyte, Tralee, County Kerry – **137.3** Deutsches Museum, München – **138.2** Okapia (Emu), Frankfurt – **139.1** Picture-Alliance (dpa-Fotoreport), Frankfurt – **142.1** Mauritius (Kalt), Mittenwald – **142.2** MEV, Augsburg – **142.3** Mauritius (Speedy), Mittenwald – **142.4, 143.1** Ute Schuhmacher, Stuttgart – **144.1** Helga Lade (Stock Photo), Frankfurt – **145.5** Mauritius (Weinhäupl), Mittenwald – **146.1** Helga Lade, Frankfurt – **148.2,3** Okapia (Manfred Kage), Frankfurt – **150.1,2** Mauritius, Mittenwald – **152.1** Harald Lange Naturbild, Bad Lausick – **152.5** Helga Lade (Josef Ege), Frankfurt – **152.2A,B** Stephan, Frithjof, Stuttgart – **153.2** Okapia (Alwin Fingerling), Frankfurt – **154.1** Corbis, Düsseldorf – **154.2** Deutscher Wetterdienst/ Flugwetter, Dresden – **154.3** Visum (Gebhard Krewitt), Hamburg – **154.4** MEV, Augsburg – **154.5** Corbis (Martin B. Withers,Frank Lane Picture), Düsseldorf – **155.6** Ulrich Bungarz, Köln – **155.9,10** Mauritius, Mittenwald – **155.11** Ulrich Bungarz, Köln – **156.1A-C** Mauritius, Mittenwald – **156.3A,B** Klaus Hell, Essen – **160.1** dpa (Carsten Rehder), Frankfurt – **165.3, 166.3** Klaus Hell, Essen – **168.1,2** Wilh. Lambrecht GmgH, Göttingen – **168.3,4** Klaus Hell, Essen – **168.5** dpa (Stefan Sauer), Frankfurt – **170.2** Deutscher Wetterdienst, Offenbach – **172.1A** dpa (Matthias Hiekel), Frankfurt

– **172.1B** Picture-Alliance (dpa-Fotoreport), Frankfurt – **172.4** Corbis (Wichita Eagle Beacon/Corbis Sygma), Düsseldorf – **173.5** Astrofoto, Sörth – **173.6** dpa (Dennis Sabangan), Frankfurt – **174.1,2** Corbis, Düsseldorf – **174.3** Silvestris, Dießen – **174.4** Okapia (Manfred Danegger), Frankfurt – **175.1** Corel Corporation, Unterschleissheim – **175.2** Getty Images, München – **175.3** Creativ Collection Verlag GmbH, Freiburg – **175.4** Corel Corporation, Ottawa, Ontario – **175.6** Corbis (Danny Lehmann), Düsseldorf – **176.1,2** Reinhard-Tierfoto, Heiligkreuzsteinach – **176.3** Okapia (NAS/T. McHugh), Frankfurt – **177.2** Reinhard-Tierfoto, Heiligkreuzsteinach – **177.3** Wildlife (D. J. Cox), Hamburg – **177.4** Angermayer (Fritz Pölking), Holzkirchen – **179.4** Realfoto Altemüller, Simmozheim – **179.5** Klaus Hell, Essen – **180.1** Ulrike Fehrmann – **180.2** Mauritius, Mittenwald – **181.4,5** Action Press, Hamburg – **181.6** Bilderberg (Wolfgang Kunz), Hamburg – **181.7** ZEFA (S. Oskar), Düsseldorf – **182.3** Bilderberg (Nomi Baumgartl), Hamburg – **183.6** Ulrich Niehoff, Bienenbüttel – **183.7** Mauritius (SST), Mittenwald – **184.1** Peter Widmann, Tutzing – **185.4** Mosaik Verlag (Lennart Nilsson), München – **186.1** Helga Lade (BAV), Frankfurt – **187.4** Mosaik Verlag (Lennart Nilsson), München – **190.2** DPA, Hamburg – **190.3** Mauritius (age), Mittenwald – **191.1** AKG, Berlin – **191.5** Ulrich Niehoff, Bienenbüttel – **192.1** Mosaik Verlag (L. Nilsson), München – **193.3** Okapia (A. Jorgensen /Petit), Frankfurt – **193.4** Mosaik Verlag (Lennart Nilsson), München – **194.2** Picture Press (Raith), München – **194.3** Bilderberg (Wolfgang Kunz), Hamburg – **195.2** Mauritius (age fotostock), Mittenwald – **196.1** Zartbitter e.V., Köln – **196.L1-3** Mauritius, Mittenwald – **197.3** IFA, Ottobrunn – **197.2A** Getty Images (stone/Chris Windsor), München – **197.2B** Picture Press (Frank P. Wartenberg), Hamburg – **198.1,3** Mauritius, Mittenwald – **199.4A,B** Matthias Müller, Böbingen an der Rems – **199.4C,D** Ulrich Niehoff, Bienenbüttel

Alle weiteren Fotos stammen von Werkstattfotografie Neumann und Zörlein, Stuttgart oder aus dem Archiv des Ernst Klett Verlags.

Grafiken
Christiane von Solodkoff, Neckargemünd
S. 80, Abb. 3 – **S. 80**, Abb. 4 – **S. 81**, Abb. 5